国家出版基金资助项目/“十三五”国家重点出版物
绿色再制造工程著作
总主编　徐滨士

轻质合金表面功能化技术及应用

SURFACE FUNCTIONALIZATION TECHNOLOGY AND APPLICATION OF LIGHT WEIGHT ALLOY

吴晓宏　秦 伟　卢松涛　等著

哈爾濱工業大學出版社
HARBIN INSTITUTE OF TECHNOLOGY PRESS

内容简介

本书由作者根据多年科研实践凝练而成，主要介绍了轻质合金表面功能化技术及应用。全书共分为3篇，分别是液相等离子体沉积技术、轻质合金表面PED耐磨膜层的可控制备及应用、轻质合金表面热控技术及应用。第1篇（第1~3章）介绍了液相等离子体沉积相关的基本理论与生长特性、反应系统及PED功能化膜层的评价方法；第2篇（第4、5章）介绍了铝合金表面耐磨膜层的制备、镁合金表面耐磨膜层的制备及应用；第3篇（第6~8章）介绍了航天器热控膜层技术、镁合金表面低吸高发热控膜层的构筑及高吸高发热控膜层的制备及应用。

本书可作为材料、飞行器设计、化工等领域相关科研和生产人员的参考用书，也可作为相关专业学生的教材及参考用书。

图书在版编目（CIP）数据

轻质合金表面功能化技术及应用/吴晓宏等著.—哈尔滨：哈尔滨工业大学出版社，2019.6
绿色再制造工程著作
ISBN 978-7-5603-6538-1

Ⅰ.①轻… Ⅱ.①吴… Ⅲ.①轻质材料-合金-表面性质-研究 Ⅳ.①TG13

中国版本图书馆CIP数据核字（2017）第059793号

材料科学与工程
图书工作室

策划编辑 杨 桦 许雅莹 张秀华
责任编辑 庞 雪 杨明蕾 李长波 马 媛
封面设计 卞秉利
出版发行 哈尔滨工业大学出版社
社 址 哈尔滨市南岗区复华四道街10号 邮编150006
传 真 0451-86414749
网 址 http://hitpress.hit.edu.cn
印 刷 哈尔滨市石桥印务有限公司
开 本 660mm×980mm 1/16 印张17.5 字数320千字
版 次 2019年6月第1版 2019年6月第1次印刷
书 号 ISBN 978-7-5603-6538-1
定 价 98.00元

《绿色再制造工程著作》

《绿色再制造工程著作》

丛 书 书 目

1. 绿色再制造工程导论	徐滨士　等编著
2. 再制造设计基础	朱　胜　　等著
3. 装备再制造拆解与清洗技术	张　伟　等编著
4. 再制造零件无损评价技术及应用	董丽虹　等编著
5. 纳米颗粒复合电刷镀技术及应用	徐滨士　　等著
6. 热喷涂技术及其在再制造中的应用	魏世丞　等编著
7. 轻质合金表面功能化技术及应用	吴晓宏　　等著
8. 等离子弧熔覆再制造技术及应用	吕耀辉　等编著
9. 激光增材再制造技术	董世运　等编著
10. 再制造零件与产品的疲劳寿命评估技术	王海斗　　等著
11. 再制造效益分析理论与方法	徐滨士　等编著
12. 再制造工程管理与实践	徐滨士　等编著

序　言

推进绿色发展,保护生态环境,事关经济社会的可持续发展,事关国家的长治久安。习近平总书记提出“创新、协调、绿色、开放、共享”五大发展理念,党的十八大报告也明确了中国特色社会主义事业的“五位一体”的总体布局,强调“把生态文明建设放在突出地位,融入经济建设、政治建设、文化建设、社会建设各方面和全过程,努力建设美丽中国,实现中华民族永续发展”,并将绿色发展阐述为关系我国发展全局的重要理念。党的十九大报告继续强调推进绿色发展、牢固树立社会主义生态文明观。建设生态文明是关系人民福祉、关乎民族未来的大计,生态环境保护是功在当代、利在千秋的事业。推进生态文明建设是解决新时代我国社会主要矛盾的重要战略突破,是把我国建设成社会主义现代化强国的需要。发展再制造产业正是促进制造业绿色发展、建设生态文明的有效途径,而《绿色再制造工程著作》丛书正是树立和践行绿色发展理念、切实推进绿色发展的思想自觉和行动自觉。

再制造是制造产业链的延伸,也是先进制造和绿色制造的重要组成部分。国家标准《再制造 术语》(GB/T 28619—2012)对“再制造”的定义为:“对再制造毛坯进行专业化修复或升级改造,使其质量特性(包括产品功能、技术性能、绿色性、经济性等)不低于原型新品水平的过程。”并且再制造产品的成本仅是新品的50%左右,可实现节能60%、节材70%、污染物排放量降低80%,经济效益、社会效益和生态效益显著。

我国的再制造工程是在维修工程、表面工程基础上发展起来的,采取了不同于欧美的以“尺寸恢复和性能提升”为主要特征的再制造模式,大量应用了零件寿命评估、表面工程、增材制造等先进技术,使旧件尺寸精度恢复到原设计要求,并提升其质量和性能,同时还可以大幅度提高旧件的再制造率。

我国的再制造产业经过将近20年的发展,历经了产业萌生、科学论证和政府推进三个阶段,取得了一系列成绩。其持续稳定的发展,离不开国家政策的支撑与法律法规的有效规范。我国再制造政策、法律法规经历了一个从无到有、不断完善、不断优化的过程。《循环经济促进法》《中共中央关于制定国民经济和社会发展第十三个五年规划的建议》《战略性新兴产业重点产品和服务指导目录(2016 版)》《关于加快推进生态文明建设的意见》和《高端智能再制造行动计划(2018—2020 年)》等明确提出支持再制造产业的发展,再制造被列入国家“十三五”战略性新兴产业,《中国制造 2025》也提出:“大力发展再制造产业,实施高端再制造、智能再制造、在役再制造,推进产品认定,促进再制造产业持续健康发展。”

再制造作为战略性新兴产业,已成为国家发展循环经济、建设生态文明社会的最有活力的技术途径,从事再制造工程与理论研究的科技人员队伍不断壮大,再制造企业数量不断增多,再制造理念和技术成果已推广应用到国民经济和国防建设各个领域。同时,再制造工程已成为重要的学科方向,国内一些高校已开始招收再制造工程专业的本科生和研究生,培养的年轻人才和从业人员数量增长迅速。但是,再制造工程作为新兴学科和产业领域,国内外均缺乏系统的关于再制造工程的著作丛书。

我们清楚编撰再制造工程著作丛书的重大意义,也感到应为国家再制造产业发展和人才培养承担一份责任,适逢哈尔滨工业大学出版社的邀请,我们组织科研团队成员及国内一些年轻学者共同撰写了《绿色再制造工程著作》丛书。丛书的撰写,一方面可以系统梳理和总结团队多年来在绿色再制造工程领域的研究成果,同时进一步深入学习和吸纳相关领域的知识与新成果,为我们的进一步发展夯实基础;另一方面,希望能够吸引更多的人更系统地了解再制造,为学科人才培养和领域从业人员业务水平的提高做出贡献。

本丛书由 12 部著作组成,综合考虑了再制造工程学科体系构成、再制造生产流程和再制造产业发展的需要。各著作内容主要是基于作者及其团队多年来取得的科研与教学成果。在丛书构架等方面,力求体现丛书内容的系统性、基础性、创新性、前沿性和实用性,涵盖了绿色再制造生产流程中的绿色清洗、无损检测评价、再制造工程设计、再制造成形技术、再制造零件与产品的寿命评估、再制造工程管理以及再制造经济效益分析等方面。

在丛书撰写过程中,我们注意突出以下几方面的特色:

1. 紧密结合国家循环经济、生态文明和制造强国等国家战略和发展规划,系统归纳、总结和提炼绿色再制造工程的理论、技术、工程实践等方面的研究成果，同时突出重点，体现丛书整体内容的体系完整性及各著作的相对独立性。

2. 注重内容的先进性和新颖性。丛书内容主要基于作者完成的国家、部委、企业等的科研项目，且其成果已获得多项国家级科技成果奖和部委级科技成果奖，所以著作内容先进，其中多部著作填补领域空白，例如《纳米颗粒复合电刷镀技术及应用》《再制造零件与产品的疲劳寿命评估技术》和《再制造工程管理与实践》等。同时，各著作兼顾了再制造工程领域国内外的最新研究进展和成果。

3. 体现以下几方面的"融合"：(1)再制造与环境保护、生态文明建设相融合，力求突出再制造工艺流程和关键技术的"绿色"特性；(2)再制造与先进制造相融合，力求从再制造基础理论、关键技术和应用实现等多方面系统阐述再制造技术及其产品性能和效益的优越性；(3)再制造与现代服务相融合，力求体现再制造物流、再制造标准、再制造效益等现代装备服务业及装备后市场特色。

在此，感谢国家发展改革委、科技部、工信部等国家部委和中国工程院、国家自然科学基金委员会及国内多家企业在科研项目方面的大力支持，这些科研项目的成果构成了丛书的主体内容，也正是基于这些项目成果，我们才能够撰写本丛书。同时，感谢国家出版基金管理委员会对本丛书出版的大力支持。

本丛书适于再制造领域的科研人员、技术人员、企业管理人员参考，也可供政府相关部门领导参阅；同时，本丛书可以作为材料科学与工程、机械工程、装备维修等相关专业的研究生和高年级本科生的教材。

中国工程院院士

徐滨士

2019 年 5 月 18 日

前　言

进入21世纪后,航空航天高技术产业的迅猛发展对国民经济的众多部门和社会生活的许多方面都产生了重大而深远的影响,改变着世界的面貌。航空航天飞行器在超高温、超低温、高真空等极端条件下工作,除了依靠优化的结构设计,还有赖于材料所具有的优异特性和功能。

为保障航空航天材料向高可靠性、高耐久性和长寿命的方向发展,必须应用先进制造技术提升其性能。表面工程作为先进制造工程和再制造工程的重要组成部分,为材料表面功能化的实现提供了重要的技术支撑。材料表面功能化是表面预处理后,通过表面涂覆、表面改性或多种表面工程技术进行复合处理,改变材料表面的形态、化学组成及结构等,从而获得所需性能的系统工程。材料表面功能化技术的最大优势是能够制备出优于本体性能的表面功能膜层,赋予材料防腐蚀、耐磨损、防辐射、消杂光及热控等性能,实现结构功能一体化。

本书由作者根据多年科研实践凝练而成,以理论设计—可控制备—实际应用为主线,着重介绍了铝合金和镁合金表面耐磨膜层和热控膜层的制备技术及应用。全书共分为3篇,分别是液相等离子体沉积技术、轻质合金表面PED耐磨膜层的可控制备及应用、轻质合金表面热控技术及应用。第1篇(第1~3章)介绍了液相等离子体沉积相关的基本理论与生长特性、反应系统及PED功能化膜层的评价方法;第2篇(第4、5章)介绍了铝合金表面耐磨膜层的制备、镁合金表面耐磨膜层的制备及应用;第3篇(第6~8章)介绍了航天器热控膜层技术、镁合金表面低吸高发热控膜层的构筑及高吸高发热控膜层的制备及应用。

本书由吴晓宏、秦伟及卢松涛等撰写,其中,卢松涛参与撰写第4章、第5章;李杨参与撰写第1章、第7章和第8章;秦伟参与撰写第2章、第6章;吴金珠参与撰写第3章;全书由吴晓宏进行统稿。

在本书的撰写过程中，哈尔滨工业大学的姜兆华教授和姚忠平副教授给予了热情的支持和帮助，在此表示感谢。

轻质合金表面功能化技术种类繁多，应用领域广泛，虽然作者在撰写过程中力求做到内容安排合理和文字表述准确，但由于作者水平有限，书中难免存在疏漏和不足之处，恳请广大读者批评指正。

作　者

2018 年 **12** 月

于哈尔滨工业大学

目　录

第3篇　轻质合金表面热控技术及应用

第1篇

液相等离子体沉积技术

第1章 基本理论与生长特性

1.1 基本理论

1.1.1 液相等离子体沉积技术的发展历程

液相等离子体沉积(Plasma Electrolytic Deposition, PED)是一种直接在Al、Ti、Mg、Nb、Zr、Ta等阀金属(valve metal)及其合金表面原位生长陶瓷氧化膜的方法,是近年来兴起的一种绿色环保型表面处理技术[1]。目前该技术主要研究的是阳极过程,因此该技术又常被称为液相等离子体电解氧化(Plasma Electrolytic Oxidation, PEO)[2,3]。在技术的发展过程中,由于不同学者研究的角度和对技术的理解不同,他们根据自己的观点提出各具特色的名称(如"阳极火花沉积(Anodic Spark Deposition, ASD)"[4]"微弧氧化(Micro-arc Oxidation, MAO)"[5]"微弧放电氧化(Micro-arc Discharge Oxidation, MDO)"[6]"火花放电阳极沉积(Anodischen Oxidation under Funkenentladung, ANOF)"[7]"火花阳极氧化工艺(Spark Anodization Process, SAP)"[8]"微等离子体氧化(Micro Plasma Oxidation, MPO)"[9]"等离子体增强电化学表面陶瓷化(Plasma Enhance Electro-chemical Surface Ceramic-coating, PECC)"[10]和"电解等离子体过程(Electrolytic Plasma Process, EPP)"[11]等)。从上述的定义可以看出,液相等离子体沉积的一个特色是反应过程中出现火花放电。20世纪30年代,德国学者Güntherschlze和Betz将铝、镁等金属在阳极氧化过程中的阳极电压引入非法拉第区,结果发现阳极表面产生"拉弧",出现了火花放电的现象[12,13],但却得出"只有在不高于火花电压时才能得到可实际应用的膜"的结论,该说法曾一度让人们认为将成膜电压限制在火花放电之前才是可行的。后来也有研究者发现利用该放电现象获得的氧化膜可用于防腐,但是并没有得到普遍的关注。直至20世纪60年代,McNeill利用火花放电在一种含铌的电解液中将铌酸镉沉积在作为阳极的金属镉上,使得"电极表面上的火花对成膜有害"的论点才被打破[14]。后来,苏联科学家Markov发现,当在铝及其合金的试样上施加的电压高于火花区电压时,可获得高质量的氧化膜层,它具有很好的耐磨损、耐腐蚀性能。他把这种在微电弧条件下获得氧化膜的过程称为微弧氧化[15,16],自此开启了液相等离子体沉积技术的研究。美国、德国和苏联都开始研究液相等离子体沉积技术,该项技术于20世纪70年代后期逐渐引起学术界的研究兴趣,于20世纪80年代成为国内外学者的热门研究课题[17-19]。目前世界上主要有俄罗斯、美国、德国等国家从事液相等离子体沉积技术的研究工作,其中俄罗斯的研发投入最大,其在基础研究和开发应用上也一直处于世界领先地位[20]。我国从20世纪90年代开始关注此项技术,该领域的研究机构也不少,如哈尔滨工业大学、北京师范大学、西安理工大学、吉林大学、中国航发北京航空材料研究院、华南理工大学、燕山大学、湖南大学及北京矿冶研究总院等。随着人们对PED技术的不断探索和研究及PED技术的优点日益展现,该技术已得到推广和应用,并成为一种重要的表面处理技术。

1.1.2 液相等离子体沉积技术的机理简介

液相等离子体沉积成膜与基体金属性质密切相关,德国学者Güntherschlze首次提出了阀金属的概念[12],认为Al、Mg和Ti等金属在金属-氧化物膜层-电解液这一体系中对阳极电流具有阻碍作用,允许较大的阴极电流通过,而能通过的阳极电流则较小,即对阳极电流具有电解阀门的作用,因而将这些金属称为阀金属。阀金属在作为阳极进行PED处理时,由于阳极电流难以通过,因此这些金属表面在阳极显示出很高的阻抗,使整个体系的压降都落到金属表面区,这就是阳极产生较高压降的原因。当阳极压降达到其击穿电压时,便产生了击穿放电,PED成膜即基于此。但随着研究的深入,早期认为不适合进行阳极PED处理的非阀金属(non-valve metal,如钢铁材料)也可用PED处理成膜[21,22],这意味着液相等离子体沉积成膜机制不是简单的“阀”问题,控制好火花状态才能得到可实际应用的膜。

1.液相等离子体沉积过程

水溶液电解中的电极过程如图1.1所示,在阳极表面会产生大量的氧气,阳极表面的金属溶解或者在其表面形成难溶的金属氧化物。与此同时,在阴极表面将释放大量的氢气。对于电镀、电化学加工或者阳极氧化这样传统的电解过程,则通常把它简化为两相的系统来考虑,即金属-电解液或氧化物-电解液系统,同时释放气体的过程不予考虑或者只考虑特殊的修正因子(如电流产生系数或电极遮蔽系数等)。

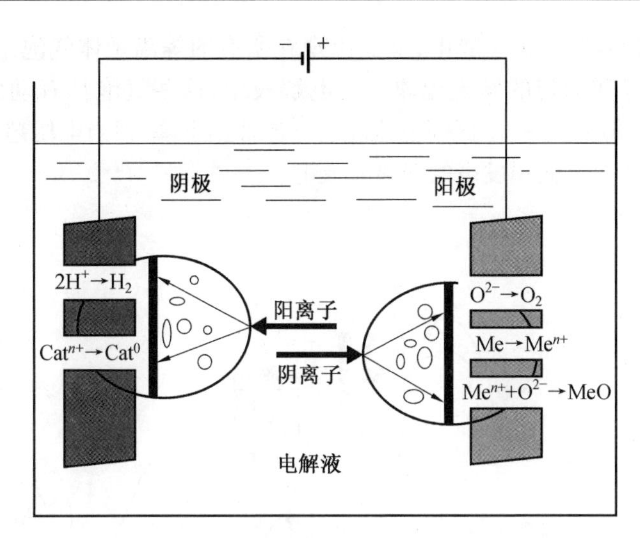

图 1.1 水溶液电解中的电极过程

（Cat^{n+} 代表阳离子，Cat 是 Cation 的简写；Me^{n+} 代表金属离子，Me 是 Metal 的简写）

在液相等离子体沉积过程中，由于电极表面有大量气体释放并在阳极表面形成金属氧化物，电极表面被击穿的介质包括电极表面钝化膜和气体膜两种，因而在电化学系统中表现出不同的电流与电压特性曲线，如图 1.2 所示。Yerokhin 等人[1]认为液相等离子体沉积过程中化学氧化、电化学氧化和等离子体氧化同时存在，因此陶瓷氧化膜的形成过程非常复杂。根据电压-电流曲线，阀金属液相等离子体沉积一般可分为 4 个阶段。图中的曲线 a 代表在阳极表面释放气体过程中，金属-电解液系统中电流与电压的变化关系；曲线 b 代表有氧化膜出现时电流与电压的变化关系。当电极间的电压较低时，这两个电解过程都符合法拉第定律，电解池中的电流和电压的特性曲线符合欧姆定律，所以，电压的增加会导致电流的相应增加（如曲线 a 中的 $0 \sim U_1$ 区间和曲线 b 中的 $0 \sim U_4$ 区间）。然而，当电极间的电压超过某一临界电压时，这种特殊系统的性质将发生显著变化。

对于曲线 a，在 $U_1 \sim U_2$ 区间时，随着极间电压的增加，电流发生振荡，并伴随电极表面的发光。电极表面的部分区域被产生的氢气或氧气遮挡，导致电流的增加受到限制。然而，电极表面其他与电解液相接触区域的电流密度会继续增加，这会使该区域的电解液局部沸腾。当电压达到 U_2 时，电极表面全部被连续产生的低电导率的气泡遮盖，这样极间的电压几乎全部降在电极表面这一很薄的区域上。理论计算表明，该区域的电场强度为 $10^6 \sim 10^8$ V/cm，这一电场足以使该区域的气泡电离。这种现象首先在分散气泡中出现瞬间火花放电，继而出现在所有的等离子体气泡中，从而使这些区域呈现均匀的发光现象。在电解液中，这些气泡具有动力学稳定性，因而导致在 $U_2 \sim U_3$ 区间电流随电压增加而下降，但当电压超过 U_3 时，发光放电转变成低频发声的强弧光放电。

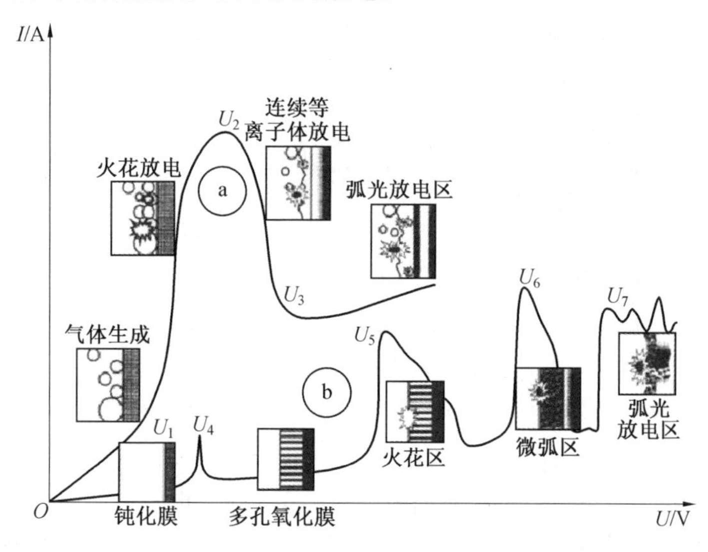

图 1.2 电化学系统中两种电流与电压的特性曲线图

a—在电极附近区域放电现象的变化过程；

b—在电极表面绝缘氧化膜上放电现象的变化过程

对于曲线 b，它的特性则更复杂。首先，当极间电压达到 U_4 时，原来在阳极表面形成的钝化膜开始溶解，实际上 U_4 的值和该阳极材料的腐蚀电位相当。然后，在 $U_4 \sim U_5$ 区间重新钝化，在阳极表面形成多孔的氧化膜，这时极间电压大部分降在这层氧化膜上。当电压达到 U_5 时，氧化膜中的电场强度达到了足以产生由碰撞或隧道效应电离引起的电击穿临界值，这时在氧化膜的表面会观察到迅速移动的微小放电火花，随着电压的增加，微小放电火花的数量也相应增加。当电压达到 U_6 时，碰撞电离被热电离代替，这时产生较大的微弧放电，但弧点的移动比较缓慢。进入 $U_6 \sim U_7$ 区间后，由于氧化膜厚度增加，因此部分热电离被大量聚集的负电荷阻止，微弧放电的高温作用使氧化膜局部熔化，并与电解液中的部分元素结合而形成化合物。当电压超过 U_7 时，将会引起弧光放电，导致液相等离子体沉积膜产生热破裂而被破坏，因此，这一过程包含以下几个基本过程：空间电荷在氧化物基体中形成；在氧化物气孔中产生气体放电；膜层材料局部熔化；热扩散、胶体微粒沉积；带负电的胶体微粒迁移进入放电通道和等离子体化学与热化学反应等。

Van 等人[23]较早地研究了液相等离子体沉积过程中阳极(试样为阳极)的电势变化情况。他们发现等离子体的电解氧化中所施加的电压绝大多数压降在阳极工件表面,整个阴极、阳极之间的电势在电解液中变化很缓慢,但在电解液与阳极交界处 0.5 mm 的范围内,电势急剧变化,达 10^6 V/m 数量级。因此,传统电解过程中的简单两相模型必须用更复杂的四相模型来代替(即金属-绝缘氧化膜-气体-电解液模型),并考虑所有可能的相边界。

另外,关于阀金属表面 PED 膜层的生长和相构成机理,有学者进行了较为详细的研究[24],提出了一种机理模型,如图 1.3 所示。该研究认为液相等离子体沉积的击穿分为三步:第一步,不均匀氧化膜某些区域的电导率提高,导致膜层丧失绝缘性,从而在氧化膜中形成导电通道。该区域被电子雪崩产生的大电流加热到约 10^4 K,在 10^6 V/m 的强电场作用下,电解液中的阴离子被注入导电通道,同时由于高温作用,作为阳极的阀金属或其合金被熔融后脱离基体而进入导电通道。在此过程的作用下,导电通道中形成等离子体柱。第二步,在通道中的等离子体柱导致放电通道内压力增大,造成等离子体柱的体积相应变大。同时,由于电场的作用,带相反电荷的离子也出现在导电通道之中,但静电力的作用使阳离子从通道中被注入电解液。第三步,随着放电能量的流失,等离子体柱消失,从放电通道中喷出的反应产物被电解液冷淬,在放电通道的内壁上沉积或留在氧化物膜层表面。

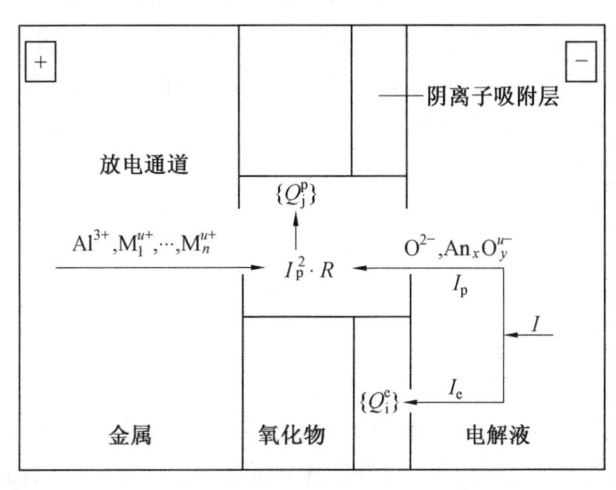

图 1.3　液相等离子体沉积过程中电流在金属-氧化物-电解液系统中的分布

2. 液相等离子体沉积的击穿机制

关于液相等离子体沉积的击穿机制，研究者提出了多种假设和模型。其中公认的是电击穿机理，击穿理论经历了热作用机理、机械作用机理以及电子雪崩机理等不同的发展阶段。

（1）热作用机理和机械作用机理。

众所周知，阳极氧化电流由离子电流和电子电流共同组成，而前者的贡献远远大于后者。因此，很容易联想到电击穿是由于离子电流的作用产生的。但是，离子电流机理一直没有得到试验证实，成为最早被淘汰的理论假设。

热作用机理是由 Young[25] 提出来的。该理论认为，界面膜层存在一个临界温度 T_m，当膜层中的局部温度超过 T_m 时，便产生电击穿。温度的变化由氧化过程中产生的焦耳热所引起，因此称为热作用机理。实际研究结果表明，只有当电流密度超过 10 mA/cm^2 时，才可能因焦耳热作用导致局部温度发生显著的变化而引起电击穿。热作用机理没有提出定量的模型，虽然可以定性地解释大电流密度时的电击穿现象，但对某些小电流密度产生的电击穿现象无法解释，仍有待进一步的发展和完善。

Yahalom 和 Zahavi 提出了机械作用机理[26,27]。他们认为，电击穿产生与否主要取决于氧化膜与电解液界面的性质，杂质离子的影响是次要的。氧化时，膜层厚度增加，造成膜层中压应力增大，于是产生裂纹，电流从裂纹处流过，而局部微裂纹中流经的大电流密度将导致电击穿。此外，局部的大电流密度产生大量的焦耳热，促进膜层局部晶化，从而产生更多的裂纹或提高膜层的离子或电子的导电性，有利于进一步产生电击穿。若存在杂质离子，则更容易产生电击穿。可惜的是，其并未提出定量的理论模型，且不能完全解释其他研究者的试验现象。

（2）电子雪崩机理。

Wood 和 Pearson 提出了电子雪崩机理[28]。他们在研究阀金属的电击穿现象时发现，电击穿产生与否与氧化膜的性质以及电解液的组成密切相关，而与杂质离子或缺陷的存在与否关系不大。他们认为，电子从溶液中注入氧化膜后，被电场加速，并与其他原子发生碰撞，电离出电子，这些电子以同样的方式促使更多的电子产生，这一过程称为电子雪崩。电子电流随电子雪崩的出现而增大，从而引起氧化膜绝缘性能的破坏，产生电击穿。溶液中的阴离子也有可能因电场作用被捕获进入氧化膜，引起电子雪崩。Vijh 等人[29,30] 在研究 Al、Mg 等阀金属氧化时发现电子雪崩机理比电子隧道机理更能为析氧反应提供较低的活化能,从而为电子雪崩机理提供了依据。

关于电子雪崩机理,Ikonopisov、Kadary 和 Klein、Albella 和 Montero 分别提出了 Ikonopisov 理论模型、连续雪崩击穿模型和杂质中心放电模型。

①Ikonopisov 理论模型。Ikonopisov 理论模型如图 1.4 所示。Ikonopisov 等人[31,32]在总结前人和自己研究成果的基础上指出,氧化过程中离子电流只是保持膜层的不断增厚,对电击穿不直接起作用;电子电流以漏电流的形式存在,对膜层生长不起作用,但会引起电击穿。漏电流[33]主要是由膜层中的微裂纹、杂质离子掺入或基体本身的微量合金元素所引起的。

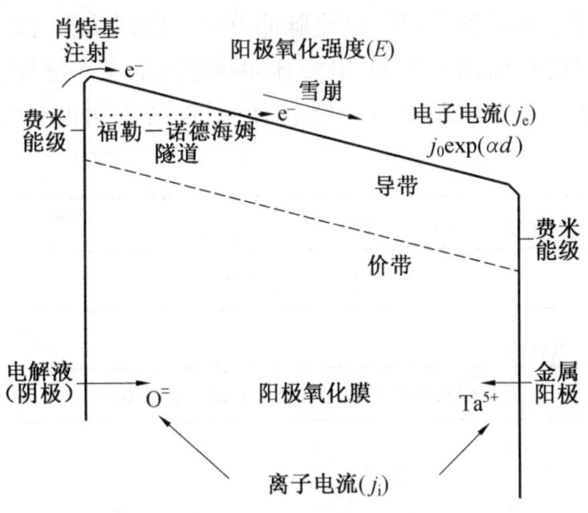

图 1.4 Ikonopisov 理论模型

根据这一模型,Ikonopisov 得到其理论的一般方程为

$$U_B=\frac{\varepsilon_m}{r_e}[\ln j_B-\ln j_e(0)] \tag{1.1}$$

式中,U_B 为击穿电压;ε_m 为电子被加速后拥有的能量;r_e 为系数;j_B 为发生电击穿时的临界电子电流密度;$j_e(0)$ 为膜与溶液界面处的雪崩电子电流密度。

若将低电场强度条件下 $j_e(0)$ 与 E(电场强度)、T(温度)、M(基体金属)、ξ(电解液组成)、ρ(电阻率)之间的定量关系推广到高电场强度条件下使用,则该模型成为液相等离子体沉积机理模型,Ikonopisov[31]首次用定量的理论模型揭示了液相等离子体沉积机理。他引入陶瓷膜层击穿电压(U_B)的概念,认为击穿电压 U_B 主要取决于基体金属的性质、电解液的组成及溶液的导电性，而电流密度、电极形状以及升压方式等对 U_B 的影响较小。在此基础上，他建立了 U_B 与溶液的电导率以及 U_B 与溶液温度之间的关系：

$$U_B = a_B + b_B \lg \rho \tag{1.2}$$

式中，ρ 为溶液电导率；a_B、b_B 为与基体金属有关的常数。

$$U_B = \alpha_B + \beta_B / T \tag{1.3}$$

式中，T 为溶液温度；α_B、β_B 为与电解液有关的常数。式(1.2)和式(1.3)能较好地解释许多试验现象。因此，Ikonopisov 理论模型得到了广泛的认同，成为目前解释电击穿现象及液相等离子体沉积机理的理论依据。

②连续雪崩击穿模型。1980 年，Kadary 和 Klein 在研究 Al、Ta 的电击穿现象时发现了恒流氧化时的电流脉冲效应。他们认为，该效应是丝状电流从小孔或缝隙中溢出引起的，电流脉冲频率高低在一定程度上反映了电击穿速率的大小。在此基础上，他们提出了连续雪崩击穿模型，如图 1.5 所示[34,35]。

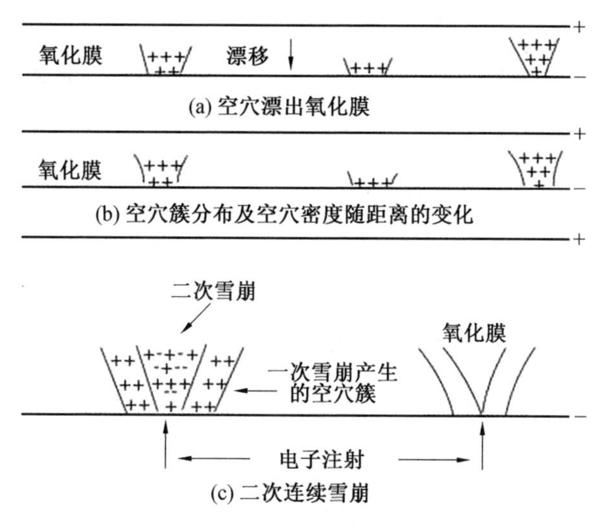

图 1.5 连续雪崩击穿模型

该模型认为，注入氧化膜的电子在引起电子雪崩的同时，也留下了许多载流空穴。空穴在电场的作用下向阴极漂移，从而增强了阴极附近局部的电场强度，有利于电子的持续注入和载体的倍增。载体的倍增又将引发更大的电子雪崩和更多的载流空穴产生，整个过程呈正反馈状态，直至发生极限雪崩。雪崩产生的电子将在皮秒量级内穿越氧化膜，而载流空穴穿越氧化膜到达溶液侧的时间则在微秒或毫秒数量级。因此，在氧化膜溶液侧有载流空穴簇的形成。尽管大部分的空穴簇漂出氧化膜，但因漂移时间上的差异，仍有少部分空穴簇在还没有漂出氧化膜时就被从溶液注入的电子再次击中，发生二次雪崩，如图 1.5(c)所示。这种自发、随机性的连续雪崩将导致电流的溢出，从而产生电流的脉冲效应。根据以上分析，Kadary 和 Klein 得到了电击穿速率的一般方程式为

$$R_r = K\exp[-BL_{fl}/E - N_1\exp(-\alpha d)] \tag{1.4}$$

式中，R_r 为电击穿速率；E 为电场强度；N_1 为极限雪崩电子数；α 为碰撞电离系数；d 为膜厚；K、L_{fl}、B 为常数。

式(1.4)与试验所测得的曲线能较好地吻合，由此计算出的 α 值也与其他研究者得到的 α 值相近，从而为其模型的正确性提供了有力的佐证。但连续雪崩击穿机理没有更多的定量关系式来解释其他许多试验现象，从而限制了它的进一步推广。

③杂质中心放电模型。1984 年，Albella 和 Montero 等人在完善 Ikonopisov 理论模型的基础上，进一步提出了杂质中心放电模型。Albella 等人[36,37]认为，若电子真如 Ikonopisov 模型所述，由溶液中注入氧化膜，则应在试样表面析出大量的气体，但他们在研究磷酸中的钽氧化电击穿现象时，并未观察到这种现象。此外，由表面分析发现，所形成的氧化膜中外层表面每摩尔 Ta 的氧化物中含有摩尔分数为 3% ~5% 的杂质阴离子，而电子电流密度 j_e 与离子电流密度 j_i 之间存在 $j_e/j_i = 4\%$ 的关系，因此，Albella 等人认为电子电流密度来源于外层氧化膜中摩尔分数为 3% ~5% 的杂质阴离子，提出了杂质离子中心放电模型，如图 1.6 所示。从图中看出，总电流密度由一部分离子电流密度 j_1、杂质阴离子消耗的另一部分离子电流密度 j_2 以及电子电流密度 j_e 组成，而且有 $j_2 = \gamma j_1$。而电子来源于进入氧化膜后的杂质阴离子按 Poole-Frenkel 电子发射机理向导带释放的电子，这些电子进入导带后被高电场加速，通过碰撞电离引发电子雪崩，导致电击穿。

Albella 等人提出了以下两个重要方程式：

$$U_B = E/\alpha\ln(Z/\eta\gamma) \tag{1.5}$$

式中，E 为电场强度；α 为碰撞电离系数；Z、η、γ 为系数。

$$U(t) = \frac{1+A\gamma}{1+\gamma}Kjt - \frac{\gamma\eta}{1+\gamma}\cdot\frac{E}{\alpha}\cdot[\exp(\alpha U/E) - 1] \tag{1.6}$$

式中，A 为混合物与纯阳极氧化物等效质量的比值；K 为纯金属氧化时单位电流密度的电压波动速率；j 为总电流密度；t 为时间。

式(1.6)中，$\frac{1+A\gamma}{1+\gamma}$表示阴离子掺入对电压曲线的影响，而式中后一项

则表示电子雪崩引起的电击穿对电压曲线的影响。由式(1.5)可以推导出式(1.7),该式定义了 U_B 与 c 的关系;从式(1.6)可以看出电压的波动效应。Albella 等人的理论既综合了 Ikonopisov 理论模型的静态定量关系,又体现了连续雪崩机理的动态波动效应,因此已成为目前应用最广的电击穿机理。Albella 等人将其理论用于解释液相等离子体沉积,提出了放电的高能电子来源于进入氧化膜中的电解质的观点[38],即电解质粒子进入氧化膜后,形成杂质放电中心,产生等离子体放电,使氧离子、电解质离子与基体金属强烈结合,同时放出大量的热,使形成的氧化膜在基体表面熔融、烧结,形成具有陶瓷结构的膜层。与此同时,Albella 还进一步完善了 Ikonopisov 的定量理论模型,提出了 U_B 与电解质浓度及膜层厚度与电压间的关系:

$$U_B = E/\alpha\{\ln(Z/a\eta) - b\ln c\} \tag{1.7}$$

式中,a、b 为常数;Z、η 为系数,$Z>0$,$\eta<1$;c 为电解质浓度。

$$d = d_i \exp[K(U - U_B)] \tag{1.8}$$

式中,d 为膜层厚度;d_i、K 为常数;U 为最终成膜电压。

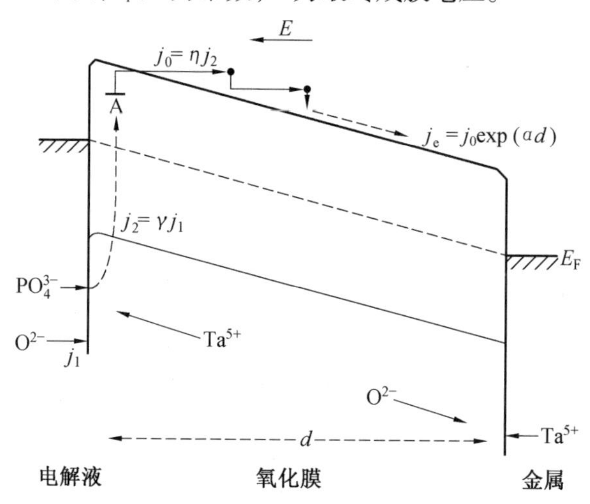

图1.6　杂质离子中心放电模型

综上所述,电击穿理论和液相等离子体沉积机理的研究经历了一个从简单到复杂、从定性到定量、从考察单一因素到考察综合因素的过程。鉴于液相等离子体沉积陶瓷膜层的形成过程是一个包含化学和电化学过程以及光、电、热等作用的复杂行为,其理论研究十分困难。到目前为止,尚无一种理论模型能定量圆满地解释所有的试验现象和全面描述陶瓷膜层的形成。因此,对液相等离子体沉积机理仍需进一步地探索和完善。

1.2 生长特性

1.2.1 液相等离子体沉积膜层的生长过程概述

液相等离子体沉积技术在较高的电压下进行,完全超出了阳极氧化的电压范围,将处理电压由法拉第区引入到高压放电区域。液相等离子体沉积反应包括化学氧化反应、电化学氧化反应和等离子氧化反应,陶瓷氧化膜的形成过程非常复杂,所以研究难度较大,至今还没有形成一个全面合理的模型。

液相等离子体沉积处理时将 Al、Mg、Ti 等阀金属浸在一定的溶液中,以阀金属为阳极,以镍板或不锈钢板为阴极,在阴、阳极之间施加较高的处理电压和适当的电流。接通电源后,在金属表面立即生成一层很薄的初始氧化膜,这是进行液相等离子体沉积处理的必要条件。随着电压的升高,超过临界值后,最初形成的氧化膜被击穿,发生微区弧光放电现象,微弧瞬间形成超高温区域,可以使氧化物和基体金属被熔融,甚至汽化。当熔融物与溶液接触后,因激冷而形成陶瓷膜层。由于微弧总是在氧化膜相对薄弱的部位发生,当氧化膜被击穿后,在该部位又会形成新的氧化膜,微弧则转移到其他相对薄弱的区域,因此液相等离子体沉积膜层是均匀的。

液相等离子体沉积处理时,在试样表面出现无数个游动的弧点和火花。弧点存在的时间很短,没有固定位置,并在材料表面形成大量等离子体微区。这些微区的瞬间温度可达 $10^3 \sim 10^4$ K,压力可达 $10^2 \sim 10^3$ MPa。高的能量作用为引发各种化学反应创造了有利条件。液相等离子体沉积过程通常可以分为 3 个电压区间,即法拉第区、火花放电区和弧光放电区,如图 1.7 所示[39]。

(1)法拉第区。

试样放入液相等离子体沉积溶液,通电后,工件阳极表面和阴极表面出现细小均匀的白色气泡。气泡尺寸随电压增加而逐渐变大,气泡的生成量也不断增加。这一阶段与传统的阳极氧化相似,处理电流较大,电压较低(尚未达到击穿电压),被称为阳极氧化阶段。在此阶段,电压迅速上升,电流迅速下降。工件表面形成一层很薄的初始表面膜(钝化膜)。

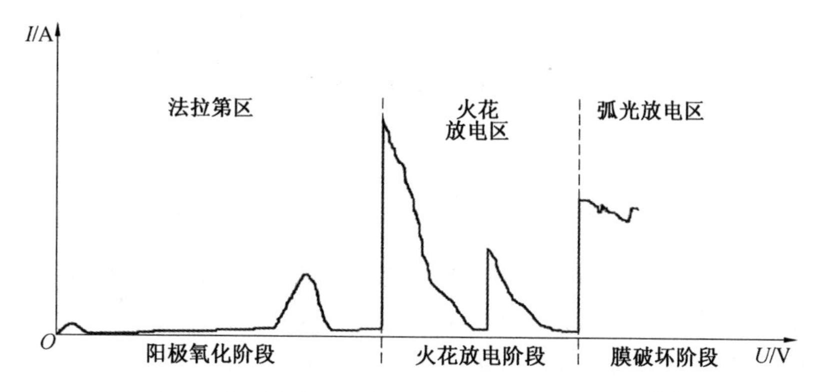

图1.7　膜层生长阶段与对应电压区间的关系模型[39]

(2)火花放电区。

当处理电压达到击穿电压时,在工件表面出现细小的银白色微区弧光放电的弧点。这些弧点的密度较小,但分布较为均匀,微弧形成时伴随反应产生的声音,这一阶段属于火花放电阶段。进入此阶段后,工件表面开始形成氧化膜,但由于电压较低,金属发生液相等离子体沉积反应成膜的速度较慢,因此膜层生长速率缓慢。随着电压继续增加,微区弧光放电的弧点逐渐变大变亮,密度增大。弧点在工件的表面不断地游动,直至覆盖工件的整个表面。随着电流密度的增加,弧点会由银白色变为橙黄色,并伴有强烈的爆鸣声。这时进入微弧放电阶段,在此阶段单个弧点具有很高的能量,氧化膜层生长速率较快。当工件表面的弧点均匀分布时,对氧化膜的生长最有利,膜层的生长大部分在此阶段进行;当弧点聚集成为弧斑时,对膜层的生长作用不大,但可以提高氧化膜的致密性并降低表面粗糙度。火花放电阶段是成膜的主要阶段,对膜层的厚度、表面粗糙度和综合性能都起到决定性的作用。随着时间的延长和电压的升高,工件表面的弧点逐渐发生聚集,形成大而稀疏的弧斑。

(3)弧光放电区。

在火花放电阶段末期,当电压达到一定值时,膜层的生长将出现两种现象:一种是弧点越来越少,最终消失,反应的爆鸣声停止,成膜过程也随之结束,这一阶段称为熄弧阶段;另一种是工件表面的弧点几乎完全消失,但在个别部位突然出现较大的弧斑,形成连续的击穿放电,这些较大的弧斑能量极高,并且长时间持续不动,产生大量气体,反应爆鸣声增强,该阶段称为弧光放电阶段。试样表面发生弧光放电时,氧化膜会遭到破坏,基体也会出现烧蚀现象。因此，弧光放电阶段对于氧化膜的形成尤为不利，在实际操作中应尽量避免该现象的发生。

1.2.2　液相等离子体沉积膜层的生长机制

液相等离子体沉积技术虽是在传统阳极氧化技术的基础上发展而来，但其与传统阳极氧化技术的膜层生长机理有很大不同。液相等离子体沉积膜层的生长主要是发生在微弧放电通道内部和放电通道附近。因为这些区域为能量的释放区域，众多反应易在此处发生，并且也是高温熔融基体金属涌出的位置。Gu 等人[40]和 Sundararajan 等人[41,42]认为，微弧放电产生的高温、高压致使放电通道处基体金属熔融，沿放电通道喷出并被氧化，最终在电解液的冷却作用下冷凝在膜层表面。Xue 等人[43]认为，膜层生长是通过击穿孔内气泡，进而在膜层中形成放电通道，之后基体金属熔融物在高温、高压作用下涌出放电通道，最终在膜层表面形成粗糙多孔的形貌。Mécuson 等人[44]结合液相等离子体沉积膜层的表面及截面形貌结果同样认为，膜层是先通过氧化膜的击穿，进而经过熔融物质涌出、氧化、冷却和凝固实现生长的，如图 1.8 所示。

Voevodin 等人[6]在对液相等离子体沉积膜层的研究中发现，液相等离子体沉积膜层的生长是靠向内、向外同时生长实现的。Xue 等人[45]基于对不同处理时期氧化试样尺寸变化的考察，对液相等离子体沉积膜层的生长特点进行了研究。结果发现，氧化初期膜层以向外生长为主，而后期向内部生长的趋势变得明显。其分析认为，在处理初期（恒压模式），放电较为剧烈，熔融的基体金属容易向外喷出，在基体表面形成粗糙多孔的形貌。随着氧化时间的延长，膜层厚度增加，击穿放电难度增大，此时放电微弧虽然减弱，但仍在膜层内部进行，膜层主要表现为向基体内部的生长方式。此外，外部膜层的存在阻碍了熔融物质的喷出，有利于致密膜层的形成。Li 等人[46]在$(NaPO_3)_6$和Na_2SiO_3两种溶液中对铝合金液相等离子体沉积膜层的生长特点也进行了研究，同样得出了膜层的上述先外后内生长特性的结论。相对$(NaPO_3)_6$溶液而言，Na_2SiO_3溶液中膜层向外生长特性更为明显。其分析认为，造成上述两种溶液中膜层生长特性不同的原因主要是SiO_3^{2-}的吸附能力相对较强。

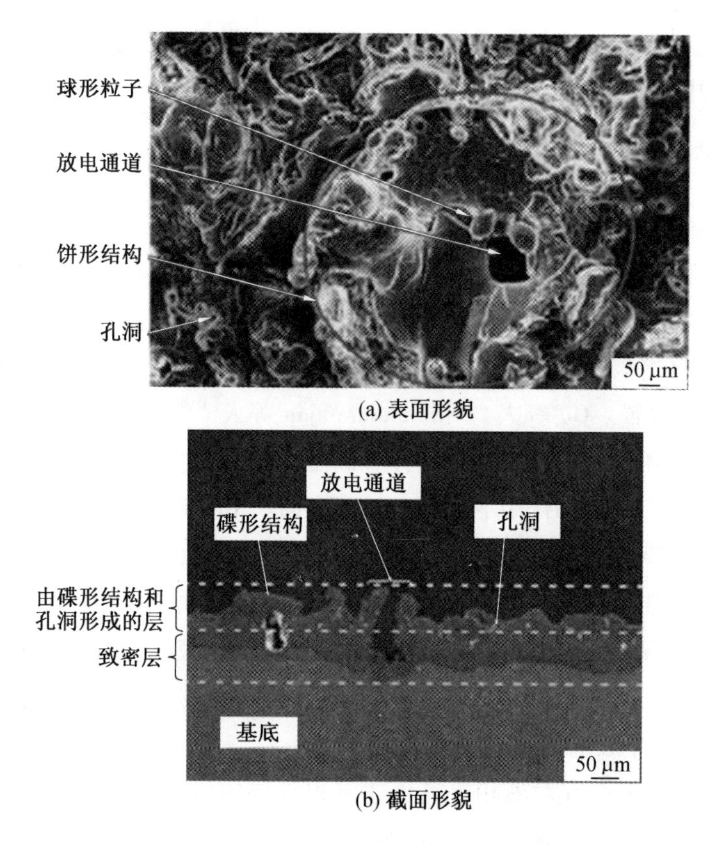

(a) 表面形貌

(b) 截面形貌

图 1.8 液相等离子体沉积膜层的表面及截面形貌

Monfort 等人[47]将 Al 基体先在硅酸盐中进行了膜层制备,紧接着又在磷酸盐中进行氧化成膜,电子探针显微分析显示,溶液中的 P 元素通过放电通道、孔洞及裂纹等途径进入到膜层内部,而 Si 元素一直主要存在于膜层外部及表面区域。这说明经过一段时间氧化成膜后(1 800 s),液相等离子体沉积的膜层生长发生在膜/基界面处,即通常所说的内部生长机制。Matykina 等人[48]对 Ti 金属基体进行了先硅酸盐再磷酸盐的液相等离子体沉积处理。研究发现,后续氧化处理溶液中的 P 元素进入膜层内部,且发现先期膜层中的组分 Ti 和 Si 元素进入溶液中,Monfort 分析认为上述膜层元素主要是从微等离子体放电通道涌出。Mécuson 等人[44,49]借助光谱和快速摄影对铝合金液相等离子体沉积的放电火花及不同阶段的放电特性进行了研究。由特征谱线分析结果可知,基体金属及电解液组分元素同时参与了膜层形成,如图 1.9 所示。Mécuson 等人认为,微弧放电产生的基体熔融物从放电通道涌出,并在此过程中被氧化进而转变为基体氧化物陶瓷。

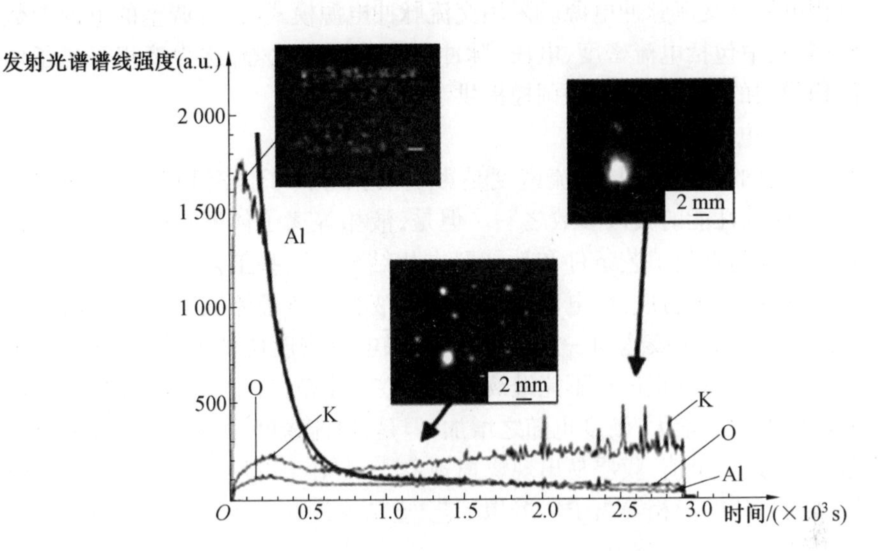

图 1.9 液相等离子体沉积过程中的发射光谱分析

Arrabal 等人[50]同样借助光谱和高速摄影手段对偏铝酸盐中的镁合金液相等离子体沉积成膜特性进行了研究。据其研究可知，氧化初期的谱线中 Al 原子的强度较强，并从中得知，液相等离子体沉积过程中基体金属和溶液组分中的一些元素同时参与了反应。同时，Arrabal 等人还提出，反向脉冲工作时产生的 H_2 能够清除膜层微孔、裂纹等缺陷处“捕捉”的气体（大部分为 O_2），有利于电解液的渗入，有效地降低了膜层的电导率，使得放电更为容易。此外，Matykina 等人[51]通过数码成像技术对 Ti 液相等离子体沉积的放电行为进行了考察，研究发现放电斑点在试样表面快速移动，且随着处理时间的延长，弧斑尺寸和颜色均发生了变化。同时其还指出，微弧放电时的振动冲击作用，使得放电斑点附近的气体脱离试样表面，并得出氧化过程中的气体（氧气、氢气及水蒸气等）是在放电击穿时的电化学、热化学等作用下形成的。

1.2.3 液相等离子体沉积膜层生长特性的影响因素

1. 电源参数

电源参数是影响液相等离子体沉积膜层形成、组织结构和性能的重要因素，可供调节的电源参数种类及范围与液相等离子体沉积设备有极大的关系。目前使用的液相等离子体沉积氧化电源主要包括直流电源、直流脉冲电源、交流脉冲电源及复杂波形的电源。目前使用最多的液相等离子体沉积电源是交流脉冲电源。采用交流脉冲电源模式时，可调整的电源参数较多，其中包括电流密度、电压、脉冲频率及占空比等，这为液相等离子体沉积膜层的结构和性能的调控提供了更大的空间。

（1）电流密度。

已有的研究表明，电流密度是影响液相等离子体沉积膜层表面粗糙度、厚度等性能的关键参数之一。但是，液相等离子体沉积电流密度的选定还必须与其他工艺条件和性能要求相结合。这些工艺条件包括电解液组成和温度、基材成分、电源模式等。当液相等离子体沉积初期形成的一层致密初始氧化膜达到一定厚度后，如果电流密度还低于某一低限值，则液相等离子体沉积过程不能继续进行。在一定范围内，膜层厚度随着电流密度的增大而增大，硬度也随之增加，但是，电流密度对膜层增长有一个极限值，超过这个值，膜层易出现烧损现象[52]。对于以形成耐磨、耐蚀、耐热膜层为目的的液相等离子体沉积工艺，电流密度在5～40 A/dm^2 范围内选定是适宜的[53]。

（2）电压。

电压是影响液相等离子体沉积的另一个重要的电源参数。不同的溶液有不同的工作电压范围。工作电压过低，陶瓷层生长速率过慢、陶瓷层较薄、颜色浅、硬度也低；工作电压过高，工件易出现烧蚀现象[54]。另外，在液相等离子体沉积过程中，加压速度和一次加压幅度等都会对膜层外观和厚度造成很大的影响[55]。

（3）脉冲频率。

脉冲频率对液相等离子体沉积膜的生长也有一定的影响，但是脉冲频率对膜层厚度的影响并不大，远小于电流密度的影响。研究表明[56]，镁合金液相等离子体沉积的起弧电压随脉冲频率的增加而升高，随着频率的增加，放电孔径逐渐增大，孔数逐渐减少；放电孔形状不规则，膜层表面粗糙度增加。高频时，膜层中非晶态相的比例远远高于低频时的情况，微孔孔径小且分布均匀，整个表面比较平整、致密，膜生长速率快，但极限厚度较薄。低频时，微孔孔隙大而深，且试样易被烧损。

（4）占空比。

占空比是脉冲电路中正脉冲的持续时间与脉冲总周期的比值。在液相等离子体沉积过程中，当正脉冲加载时，陶瓷层处于生长阶段，而当负脉冲加载时，陶瓷层生长间断，而且在负脉冲阶段陶瓷层发生溶解反应。随着占空比的增大，在相同的液相等离子体沉积时间内，相当于液相等离子体沉积实际反应的时间增多了，也就是液相等离子体沉积的效率提高了，但是具有一定的局限性[57,58]。

2. 工艺参数中的非电源参数

非电源参数主要指的是电解液参数和时间参数，也是影响液相等离子体沉积膜层结构和性能的重要因素。

(1)电解液参数。

①电解液配方。电解液配方对膜层质量至关重要。液相等离子体沉积电解液分为酸性和碱性两类：酸性电解液通常使用硫酸、磷酸或磷酸盐电解液，并加入相应适量的添加剂，工艺成熟的酸性电解液可以获得强度、硬度适中，且结合力、耐蚀性和导热性优良的膜层；相对而言，碱性电解液居多，陶瓷膜层对液相等离子体沉积处理液中的离子吸附有选择性，在所有的离子中，吸附强弱依次是 SiO_3^{2-}、PO_4^{3-}、VO_4^{3-}、MoO_4^{2-}、WO_4^{2-}、$B_4O_7^{2-}$、CrO_4^{2-}，其中以含 SiO_3^{2-} 的体系最多[57-64]。

实际配制电解液时，往往将几类电解质配合使用，并适当加入某些添加剂[65]。按照各自所起的作用不同，可将它们大致分为主成膜剂、性能改善剂、辅助添加剂及 pH 调节剂等。电解质可分为以下几类：第一类电解质，如硼酸、柠檬酸、酒石酸、磷酸等，对合金表面有较强的钝化作用，利用这一特性可以较易实现火花放电和微弧放电，但它们的导电性不高，降低了氧化膜的形成速度，使用这一类电解质获得的氧化膜较薄；第二类电解质，如草酸、硫酸等，当处在足够大的通电条件时，这类电解质对合金表面氧化物有相对较和缓的溶解作用，使用这类电解质可以使合金表面获得较厚的液相等离子体沉积膜，但时间较长，此外，使用硫酸等做电解液，还必须考虑对环境的影响；第三类电解质，如氢氧化钠、氢氧化钾等，与其他电解液相比导电性很强，当电解液中此类电解质浓度适度时，可以获得足够厚的氧化膜；第四类电解质，如琥珀酸、乳酸、醋酸等，对合金的钝化效果差，用这类电解质进行液相等离子体沉积则很难起弧。

②电解液浓度。电解液浓度是指电解液配方中各个成分的含量，对液相等离子体沉积反应及其膜层质量均有影响。电解液浓度随着液相等离子体沉积反应的进行而降低，导致电解液的电导率降低，不利于液相等离子体沉积反应的进行。当电解液浓度低到一定数值时，液相等离子体沉积膜层的质量会降低，也可能导致液相等离子体沉积反应无法继续进行。当电解液浓度过高时，电解液的电导率会增大，使得液相等离子体沉积反应加剧，导致生成的膜层质量欠佳[66-70]，所以选择适当的电解液浓度就显得至关重要。

③电解液温度。电解液温度过高,可以直接导致液相等离子体沉积的失败。在液相等离子体沉积过程中,电火花的出现在放电微孔区产生了瞬间的高温,将放电孔周围局部的物质熔融。随着电火花的熄灭,熔融物质在电解液的“冷淬”作用下,凝结在微孔处。如果电解液温度过高,熔融的物质不能及时凝结,将会使得微孔区长时间放电,导致陶瓷氧化膜孔隙过大,甚至局部击穿破坏[71,72]。

④电解液电导率。溶液电导率反映了溶液的导电能力。电解质溶液是靠离子定向移动而导电的,其电导率与溶液所含离子数、每个离子所带电荷及离子迁移速度成正比。在恒定电流条件下,溶液的电导率越大,液相等离子体沉积过程中溶液产生的热量也越小,用于陶瓷膜层形成与生长的能量越大,因而越有利于减少能耗及维持溶液的温度稳定。一般来说,在电导率与浓度关系曲线中存在一个极大值[57,64,73]。

(2)氧化时间。

氧化时间对膜层的厚度、致密度和相组成均有很大影响。刚开始通电时,工件表面产生大量气泡,金属光泽逐渐消失,合金发生钝化,此阶段为火花前阶段。当电压达到击穿电压值,电流密度迅速增加并达到最大值时,此时对应为膜的击穿,工件表面也随之出现大量细小的白色火花,这是膜击穿产生的微区弧光放电现象,此为火花阶段。当稳定的放电火花在工件表面建立时,电流密度有所下降,均匀的白色火花逐渐变为分散的橘黄色火花在工件表面快速游动,电流密度进一步下降,火花密度逐渐减小,但强度有所增加,此为微弧阶段。膜层在火花阶段增长较快,同时电流密度也下降很多,随后进入局部弧光阶段,此时工件表面局部出现红色斑点并慢速移动,电流密度变得更低且变化稍平缓,更小的电流密度对应更厚膜的形成。有时强烈的电弧爆发时导致电流波动,膜层局部可能会发生烧损现象[57,74-77]。因此为了得到符合一定性能要求的膜层,必须充分考虑各个阶段所得的膜层特点,选取恰当的氧化时间。

其实在研究中选定了电解液配方后,电解液浓度和电导率都是根据电解液配方确定的,而电解液的温度则可以利用冷却系统来控制,所以在液相等离子体沉积工艺参数的非电源参数中,时间参数的变化范围很大,同时对液相等离子体沉积膜层结构和性能的影响也比较显著,另外氧化时间的长短还直接关系到工业生产中的效率,已成为研究者关注的重要工艺参数之一。

1.2.4 液相等离子体沉积膜层的制备方法

1. 根据所采用电解液的种类分类

液相等离子体沉积膜层的制备方法有很多,根据所采用电解液的种类[78]可以分为酸性电解液氧化法和碱性电解液氧化法两大类。

(1)酸性电解液氧化法。

酸性电解液氧化法是最初用液相等离子体沉积技术制备陶瓷膜层的方法。Bakovets 等人[79]曾在 500 V 左右的电压下,以浓硫酸为电解液,制成了氧化物陶瓷薄膜,并对其性能进行了分析研究。除此之外,还采用了磷酸或磷酸盐溶液在铝及其合金的表面进行恒流氧化,再经铬酸盐处理,从而可以获得较厚的氧化膜[80]。

(2)碱性电解液氧化法。

与酸性电解液氧化法相比,碱性电解液氧化法对环境的影响较小,且在其阳极生成的金属离子还可以转变为带负电的胶体粒子而被重新利用。同时,电解液中其他的金属离子也可以进入膜层,调整和改变膜层的微观结构,使其获得新的特性。目前常用的电解液有[81-83]:硅酸盐体系、铝酸盐体系及磷酸盐体系等,其中以硅酸盐体系最为常见。研究表明,氧化膜在碱性电解液中有部分溶解,所以试验研究通常采用呈弱碱性的电解液。

2. 根据所采用电源的特征分类

另外一种分类方法是根据所采用电源的特征[84],将制备方法分为直流氧化法、交流氧化法和脉冲氧化法。

(1)直流氧化法。

20 世纪 30 年代初,研究人员发现在高压电场下,浸在某种电解液中的金属表面出现火花放电现象,可生成氧化膜。此技术最初采用直流模式,主要应用在合金的防腐性能研究上[85]。

(2)交流氧化法。

交流电源包括对称交流电源和不对称交流电源。20 世纪 70 年代中后期俄罗斯科学院西伯利亚分院无机化学研究所采用对称交流电源模式,开始了对液相等离子体沉积技术的研究,使用的电压比火花放电阳极氧化的电压高,并称为阳极火花沉积[23],后来逐步发展为不对称交流电源,这是液相等离子体沉积电源模式的发展方向之一。

(3)脉冲氧化法。

脉冲电源包括单向脉冲和双向不对称脉冲。20 世纪 70 年代,德国卡尔-马克思城工业大学开始采用单向脉冲电源进行此项技术的研究。脉冲电压特有的针尖作用,使得液相等离子体沉积膜的表面微孔相互重叠,膜层质量好,脉冲交流电源可对正、负脉冲幅度和宽度进行优化调整,使液相等离子体沉积层性能达到最优,并能有效地节约能源[84]。

1.2.5　液相等离子体沉积膜层的特点

液相等离子体沉积技术对 Mg、Al、Ti 等阀金属及其合金材料进行表面氧化处理,具有工艺过程简单、占地面积小、处理能力强、生产效率高及适用于工业化生产等优点。由于该技术大多采用碱性溶液,不含有毒物质和重金属元素,且电解液具有抗污染能力强、重复使用率高等特点,因此其对环境污染小,满足绿色环保生产的需求。该技术工艺处理能力强,对材料的适应性强,可通过改变工艺参数获取具有不同特性的氧化膜,以满足不同目的的需求。如通过改变或调节电解液的成分使膜层具有某种特性或呈现不同颜色,或采用不同的电解液对同一工件进行多次液相等离子体沉积处理,可以获得具有多层不同性质的氧化膜。在液相等离子体沉积过程中,溶液温度以室温为宜,温度变化范围较宽,溶液温度对液相等离子体沉积的影响小。液相等离子体沉积处理的工件形状可以比较复杂,工件的内、外表面可以分别处理。Krysmann 等人[7]提出的火花沉积过程模型认为,采用液相等离子体沉积技术之所以能在形状复杂及空心部件上形成均匀的氧化膜,是阳极表面附近类阴极的形成使极化变得均匀的结果。由于该工艺主要靠物理化学作用形成氧化膜,因此成膜速度比传统的成膜速度要快几倍,且还可有效地增加膜层厚度。该工艺可在氧化过程中一次性将零件处理成纯白色、咖啡色或黑色等多种颜色,所以零件在使用时,即使遇到诸如酒精、丙酮、二甲苯等有机溶剂也不会掉色。

综上所述,液相等离子体沉积技术具有很多优点,如工艺简单、不引入有毒物,符合当今环保工艺发展的要求,处理零件能力强,特别是对异形零件、孔洞、焊缝的可加工能力强于其他表面陶瓷化工艺,得到的膜层性能优异。将采用液相等离子体沉积工艺与阳极氧化工艺所得膜层的性能进行对比,可以得出,液相等离子体沉积工艺克服了阳极氧化工艺的缺点,极大地提高了膜层的综合性能,综合起来有以下特点[86-89]:

(1)在液相等离子体沉积过程中,等离子体放电通道内温度高达 2 000 ~8 000 ℃(但电解液、基体的温度为室温,对其热处理效应小),压强可达 100 MPa 以上,在这种极限条件下的反应过程可赋予陶瓷膜层用其他技术难以获得的优异的耐磨性、耐腐蚀性、耐热性及电绝缘性能(含高温转变相)。

(2)液相中参与反应并形成陶瓷膜层的粒子受电场力作用传输到基体附近的空间参与成膜,使陶瓷膜层的均匀性好,不受基体尺寸、形状的限制。

(3)该陶瓷膜层是在基体上原位生长的,因而与基体结合强度高,不易脱落;处理效率高,一般阳极氧化获得50 μm左右的膜层需1 ~2 h,而液相等离子体沉积只需10 ~30 min。

(4)制得的陶瓷膜层的厚度、组成、结构可以通过调节电源参数及改变电解液的成分进行控制,从而实现有目的地构造设计。

(5)对基体材料的适应性广,设备简单,操作方便,生产过程中无须气氛保护或真空条件。前处理工序少,可实现自动化生产。

虽然液相等离子体沉积技术是在阳极氧化的基础上发展而来,但其无论是在机理、工艺还是氧化膜层等方面都与阳极氧化有很多不同之处,液相等离子体沉积技术与阳极氧化及硬质阳极氧化技术的比较见表1.1[7,45,90-93]。

表1.1 液相等离子体沉积技术与阳极氧化及硬质阳极氧化技术的比较

氧化类型	液相等离子体沉积	阳极氧化	硬质阳极氧化
电压	高压	低压	较低压
电流	电流密度大	电流密度小	电流密度小
工艺流程	去油→液相等离子体沉积	碱蚀→酸洗→机械性清洗→阳极氧化→封孔	去油→碱蚀→去氧化→硬质阳极氧化→化学封闭→蜡封或热处理
处理时间/min	10 ~ 30	30 ~ 60	60 ~ 120
膜层厚度/μm	50	30 ~ 60	50
溶液性质	酸碱均可	酸性溶液	酸性溶液
工作温度/℃	小于45	13 ~ 26	-8 ~ 10
氧化类型	化学氧化、电化学氧化、等离子体氧化	化学氧化、电化学氧化	化学氧化、电化学氧化
对材料的适应性	较宽(适应阀金属及其合金)	较窄	较窄

与阳极氧化对比,液相等离子体沉积陶瓷膜层特性较显著,铝合金液相等离子体沉积膜层和硬质阳极氧化膜层的性质比较见表1.2,铝合金液相等离子体沉积膜层表面硬度是硬质阳极氧化膜层表面硬度的4倍。

表1.2　铝合金液相等离子体沉积膜层和硬质阳极氧化膜层的性质比较

膜层性质	PED膜层	阳极氧化膜层
厚度	10 ~ 300 μm	100 nm
表面硬度	HV2 000	HV500
抗磨损性	较好	较低
耐腐蚀性	较高	较低
与基体的结合力	较高	较低
膜层结构	内含圆柱结构	不含圆柱结构(密实)
热稳定性	900 ℃	较低
抗热震性	300 ℃	较低
弯角结构	连续,致密	断裂

第2章　反应系统

2.1　液相等离子体沉积电源

2.1.1　液相等离子体沉积电源概况

电源作为液相等离子体沉积技术中重要的硬件设备,是火花击穿、持续成膜和工业化生产的重要保障。液相等离子体沉积电源有直流、单向脉冲、交流、不对称交流及双向不对称脉冲电源等多种模式[94]。最早采用的是直流或单向脉冲电源,接着采用了交流电源,后来发展为不对称交流、双向不对称脉冲电源。目前,美国伊利诺伊大学、北达科他州应用技术公司和俄罗斯科学院远东分院化学研究所等单位仍然采用直流电源[7];德国卡尔-马克思城工业大学采用的是单向脉冲模式;俄罗斯科学院西伯利亚分院无机化学研究所、莫斯科国立钢铁合金学院、俄罗斯国立石油天然气大学,以及我国的北京师范大学等单位采用交流模式[95,96]。研究表明,使用不对称的交流或不对称脉冲作用在有色金属及合金表面所生长的陶瓷膜层,比采用直流脉冲所得到的陶瓷膜层的性能要好得多,因此采用不对称的交流或双向不对称脉冲工作模式的电源是液相等离子体沉积技术的重要发展方向。

双向不对称脉冲电源是目前国内运用最多的电源形式,比起其他方式它能获得较好的膜层质量,而且通过对正、负脉冲幅度和宽度的优化调整,液相等离子体沉积层性能达到最佳,并能有效节约能源[97]。目前,国内的主要电源形式有3种:①阴、阳极分别独立调压式电源(包括晶闸管整流型电源、全桥二极管整流型电源、逆变调压型电源);②两级斩波式电源;③两级逆变式电源。三相半控桥式晶闸管整流型电源的主电路拓扑结构如图2.1(a)所示,主要由正负两极变压、晶闸管整流、电容电感滤波及绝缘栅双极型晶体管(Insulated Gate Bipolar Transistor,IGBT)斩波等电路组成[98]。三相工频变压器的初级为一个绕组,次级为两个绕组工作,分别经晶闸管整流,电感、电容滤波后,产生后级斩波所需的正负两路直流,斩波电路采用两个IGBT模块串联,分别用于产生液相等离子体沉积所需的正负向脉冲。Q_1 和 Q_3 导通时，Q_2 和 Q_4 截止；Q_2 和 Q_4 导通时，Q_1 和 Q_3 截止，这样经过负载的电压是正负两路交替变换的脉冲电压，而极性转换电路的电压调节是通过单片机控制可控硅的导通角来实现的[99]。

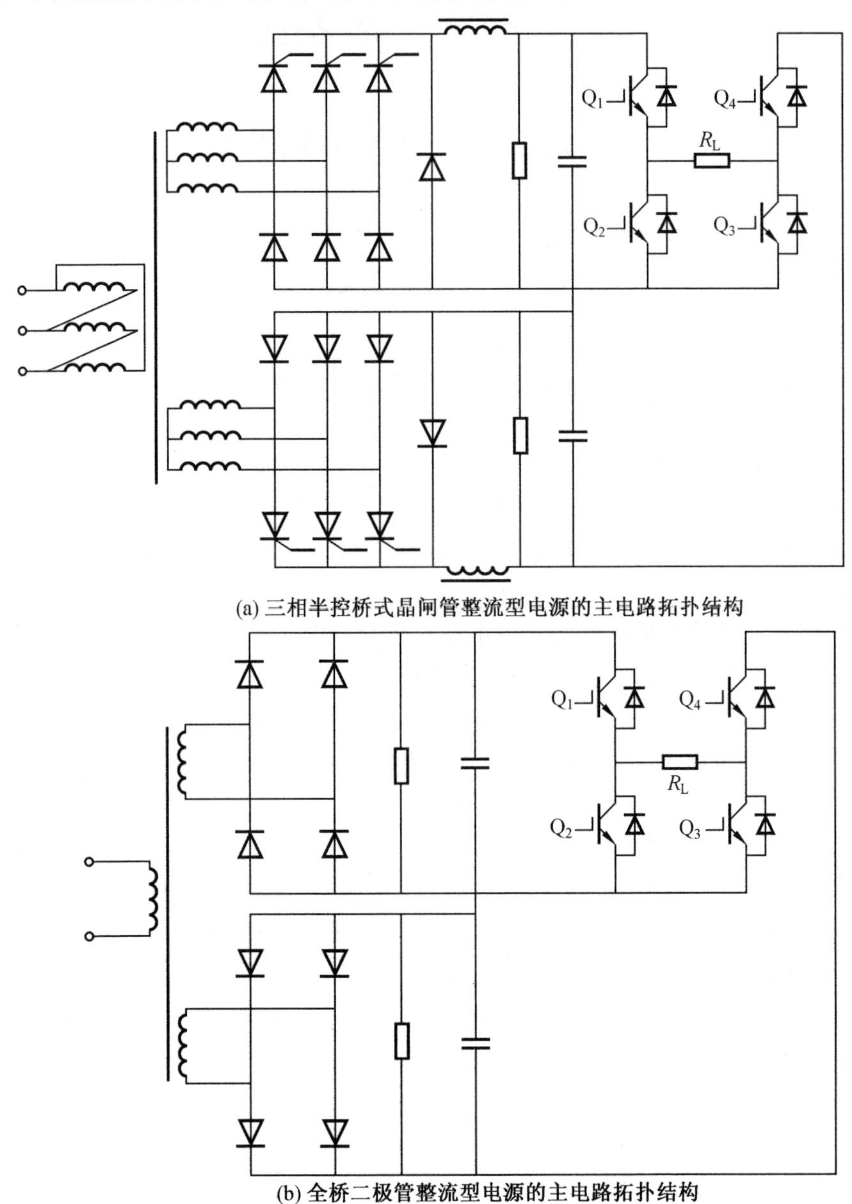

(a) 三相半控桥式晶闸管整流型电源的主电路拓扑结构

(b) 全桥二极管整流型电源的主电路拓扑结构

图 2.1　晶闸管整流型电源及逆变调压电路

图 2.1(b)所示为全桥二极管整流型电源的主电路拓扑结构,也主要包括正负极电压调节电路、整流滤波电路及斩波电路等[100]。单向工频电源经正负两个变压器调压并整流滤波后,提供后级斩波电路所需的直流。该电源能提供正向、反向和双向不对称脉冲 3 种波形。

图 2.2 所示为逆变调压型电源系统框图及逆变调压电路,其主电路由输入端整流滤波电路、逆变调压电路、输出端整流滤波电路及极性转换加工电路等组成。三相电源经整流滤波后为逆变调压电路供电,电压经逆变调压电路后再次进行整流滤波,转化成直流给桥式极性转换加工电路供电,极性转换加工电路通过 IGBT 斩波变换实现对工件的正、负极性加工[101]。

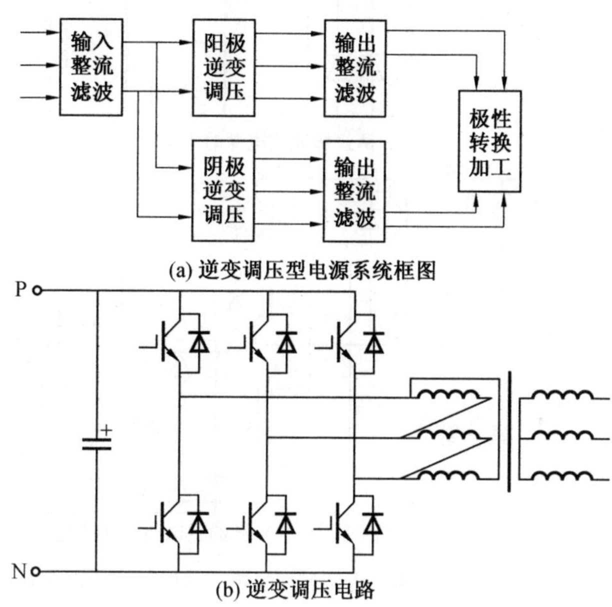

图 2.2 逆变调压型电源系统框图及逆变调压电路

两级斩波式电源的主电路在结构上分为输入整流滤波电路、斩波电路、输出整流滤波电路以及斩波逆变电路等[102],如图 2.3(a)所示。其中,Q_1 为斩波 IGBT,通过控制 Q_1 通、断来调节斩波电路输出的占空比,从而调节电压,Q_1 的输出通过滤波电感器和电容器将其转变为直流,作为由 Q_2、Q_3、Q_4 和 Q_5 构成的逆变电路的输入,将直流变成交流输出。图中通过 Q_1 形成反馈,以保证电源电流的相对稳定。

两级逆变式液相等离子体沉积电源的主电路拓扑结构如图 2.3(b)所示,由二极管三相整流电路、滤波电路、前级桥式 IGBT 逆变电路、中频变压器、二极管单相整流输出电路及 IGBT 斩波变换器等部分组成[103]。三相交流电经三相整流、电感器、电容器滤波后，获得直流电，经过 IGBT 逆变电路、高频变压器、单相整流输出电路以后，可以获得连续可调的大功率直流电源，供给后级斩波电路，以实现双向不对称脉冲。

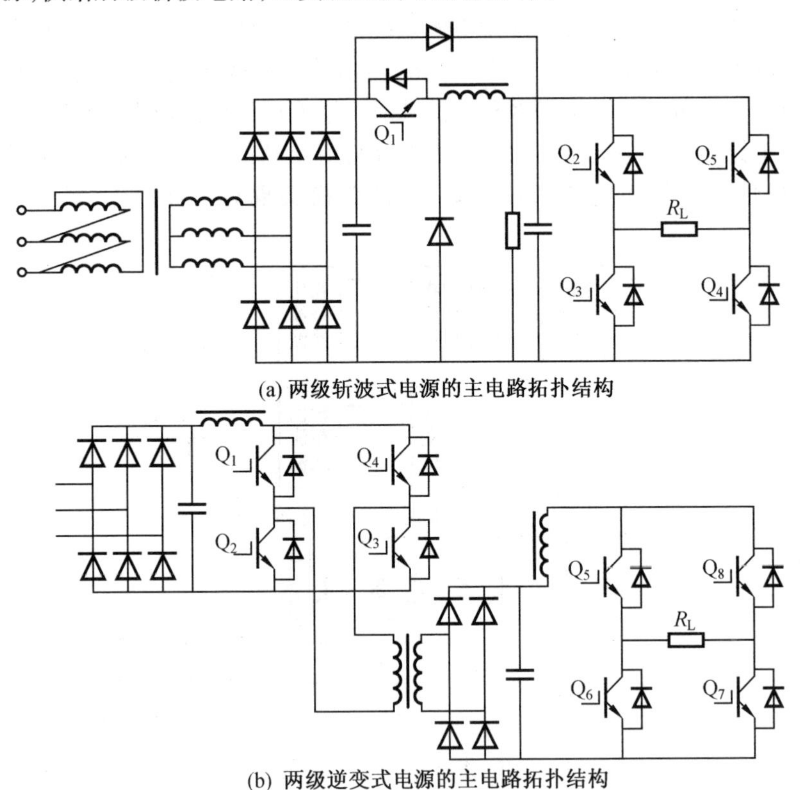

图 2.3　两级斩波式电源和两级逆变式电源的主电路拓扑结构

2.1.2　液相等离子体沉积的电源模式

随着液相等离子体沉积表面处理技术的发展，对液相等离子体沉积表面处理工艺所使用的电源也提出了许多新要求。液相等离子体沉积一般在恒压或恒流方式下研究阀金属表面所生成的陶瓷膜层性能。“恒压”是指在试验过程中维持电压幅值不变，电流随时间变化；“恒流”是指在试验过程中维持电流的幅值不变，电压随时间变化。

从电源特征看，最初是直流或单向脉冲电源，随后研制了交流电源模式，后来发展为不对称交流电源，如图 2.4 所示。现在，脉冲交流电源应用得比较广泛，其脉冲电压特有的针尖作用，使得液相等离子体沉积膜的表面微孔相互重叠，膜层性能好[104]。采用交流模式的液相等离子体沉积电源是液相等离子体沉积技术的发展方向，随着工艺的发展，随后出现了双向不对称脉冲电源，其电源输出波形如图 2.4(d)所示。

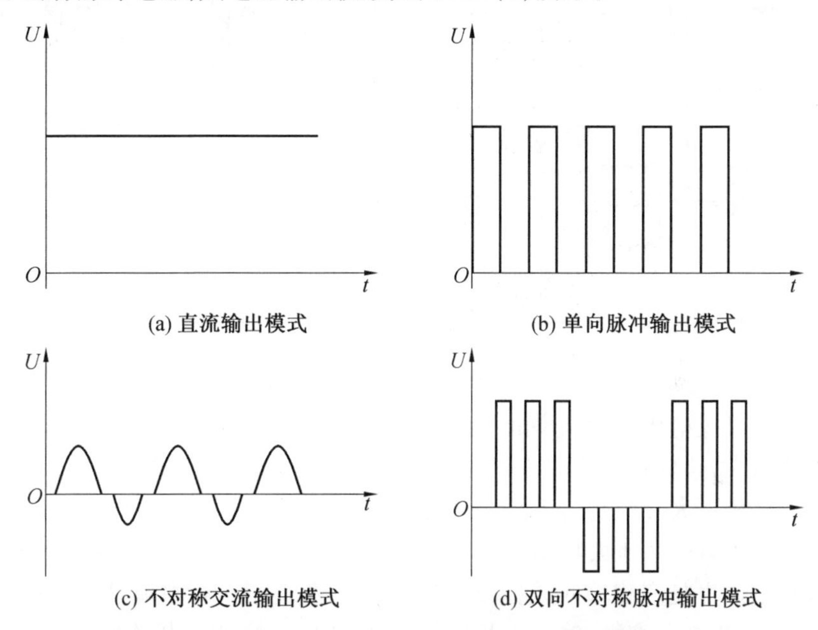

图 2.4　液相等离子体沉积电源常用的输出模式

双向不对称脉冲电源的输出波形有正向脉冲和负向脉冲。电源有两级结构，前级为直流电源模块，后级为斩波电路。为了输出正、负向脉冲，需要两个直流电源模块；两个直流电源模块共用一个斩波电路。目前，双向不对称脉冲电源主要有两种结构形式。

图 2.5 所示为三相半控桥式晶闸管整流型电源，三相调压器输出经由晶闸管组成的半控桥进行整流，整流后的母线电压仍有较大的波动，母线电压脉动频率为 300 Hz，波形与晶闸管的导通角有关。母线电压经电感器和电容器滤波后输出直流电压，但其纹波较大、精度不高。为了得到正、负向脉冲，三相调压器有一个原边、两个副边，前级两个直流电源模块的结构是相同的。斩波电路是由 4 个开关管 Q_1、Q_2、Q_3、Q_4 所组成的全桥结构，当开关管 Q_1 和 Q_3 导通时，正向电压加在负载上；开关管 Q_2 和 Q_4 导通时，负向电压加在负载上。但是 Q_1 和 Q_3 导通时，Q_2 和 Q_4 则不能导通，反之也是如此。通过控制 Q_1、Q_2、Q_3、Q_4 的通、断时序，就可以得到所需要的不对称脉冲波形。

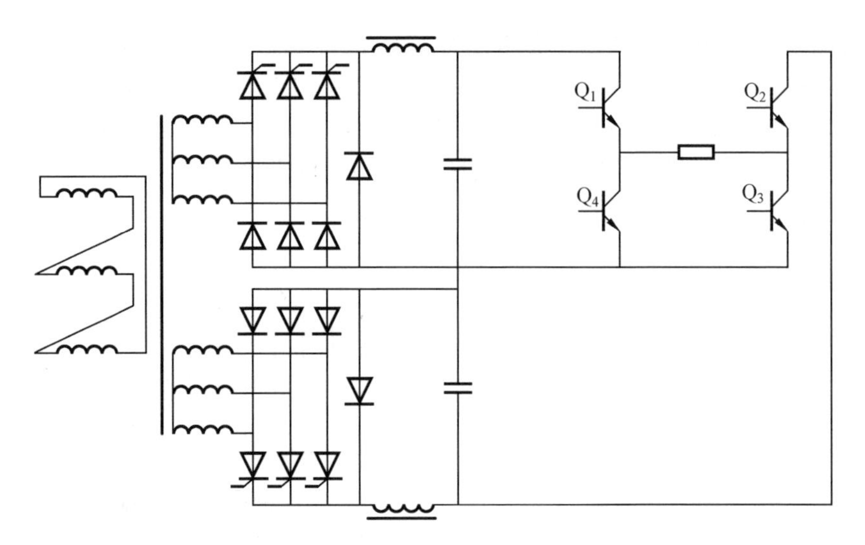

图2.5 三相半控桥式晶闸管整流型电源

因母线电压脉动频率低，为了使滤波后的电压平直，要求滤波电感的电感量大，这导致电感的体积过大；如果再加上笨重的三相调压器，会使电源的体积更大。但是由于晶闸管的容量大，因此三相半控桥式晶闸管整流型电源可以应用于大功率场合。如图2.6所示，两级逆变式液相等离子体沉积电源也是三相输入，输入经三相不可控整流桥进行整流、*LC*环节滤波后进行DC/DC变换，输出直流电压。DC/DC变换器是开关型电源，开关

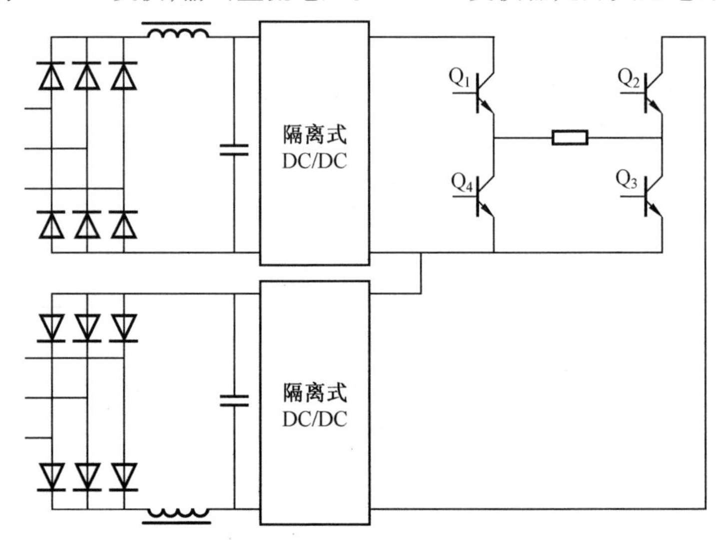

图2.6 两级逆变式液相等离子体沉积电源

频率高,变压器和电感等磁性元件的体积大为减小,输出电压纹波小,电压精度高。后级的斩波电路与三相半控桥式晶闸管整流型电源相同。两级逆变式液相等离子体沉积电源与三相半控桥式晶闸管整流型电源相比,具有输出电压精度高、电源体积小、效率高及功率密度高等诸多优点,是液相等离子体沉积用双向不对称脉冲电源发展的主流方向。

在液相等离子体沉积过程中,通过正、负脉冲幅度和宽度的优化调整,液相等离子体沉积层性能达到最佳,并能有效地节约能源。吉林大学冯欣荣等人[105]设计制作了一种多功能液相等离子体沉积电源,能提供恒定电流和恒定电压两种工作方式,设有交流、脉冲、直流和反向直流4种波形可供选择,阴、阳极电压幅值均可自动在0~1 000 V内连续调整,脉冲频率在20~10 kHz内连续可调,脉冲宽度在相应周期内的10%~90%的范围内也可连续调节。工作电压或电流的脉宽和频率等多种电参量可实时数字显示,同时可通过串行口与上位机相连,以便实时记录多种电源参数在工作过程中随时间变化的情况。主电路结构如图2.7所示,可以输出图2.8所示的电压波形。

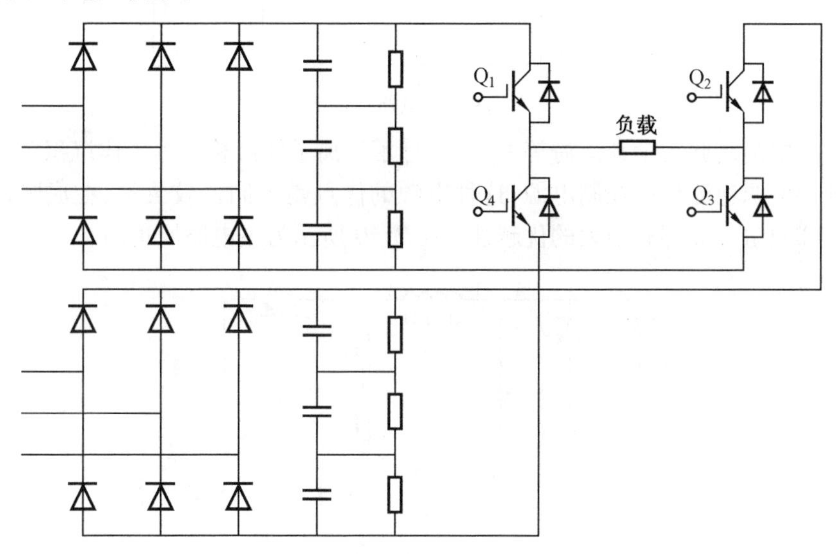

图2.7　主电路结构图

哈尔滨工业大学杨世彦等人[106]设计了一种可输出双向不对称脉冲的高压脉冲电源,该电源的脉冲幅度、脉冲频率和脉冲占空比均在一定范围内连续可调,并为此设计了以单片机为核心的智能控制电路。主电路结构如图2.9所示。

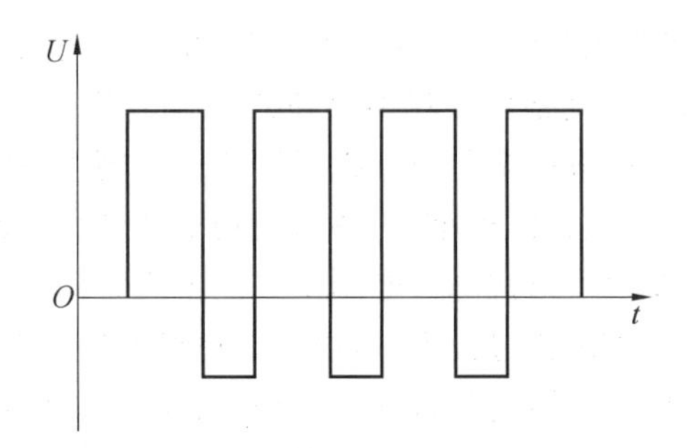

图2.8 电压波形图

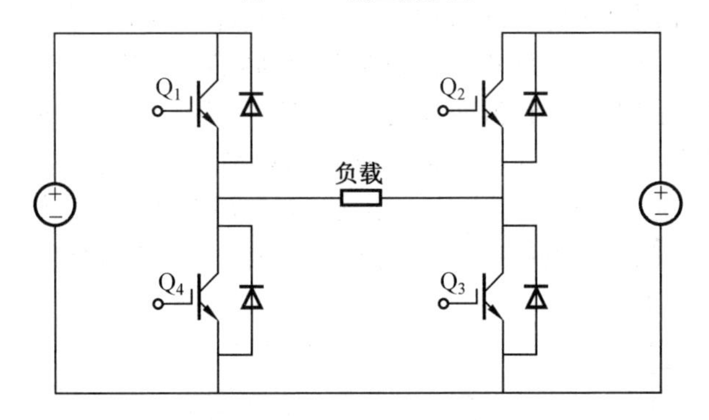

图2.9 主电路结构图

中南民族大学孙南海等人[107]设计了等离子体液相等离子体沉积双向脉冲电源稳流稳压控制电源，这种电源的优点是控制比较灵活，在成膜速度和质量方面都有很大的优越性。图2.10所示为主电路原理图。

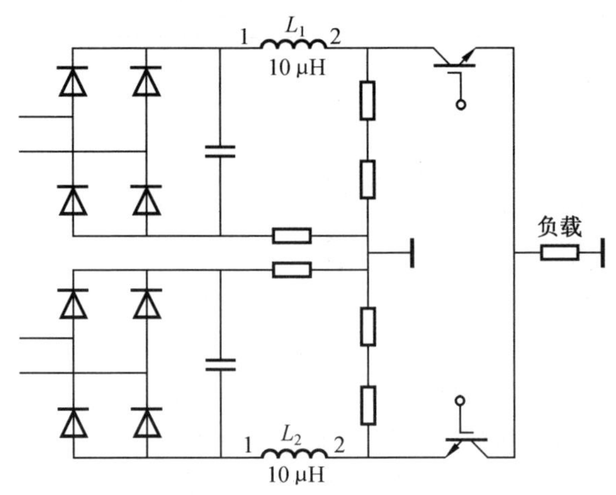

图2.10 主电路原理图

2.2 液相等离子体沉积装置

典型的液相等离子体沉积装置如图 2.11 所示，主要包括一个大功率电解系统和电源系统。电解系统通常由一个作为电极使用的不锈钢水冷槽、保证液相等离子体沉积能够起弧的电解质溶液、保证溶液均匀的搅拌系统和保证溶液温度稳定的循环水冷系统组成。电源系统主要由主电路和控制电路组成。工件和电解槽通常分别作为电解的两极，同时为了环保以及确保操作人员有良好的工作环境，还设有外罩、排气系统、观察窗口及绝缘底座等辅助设备。

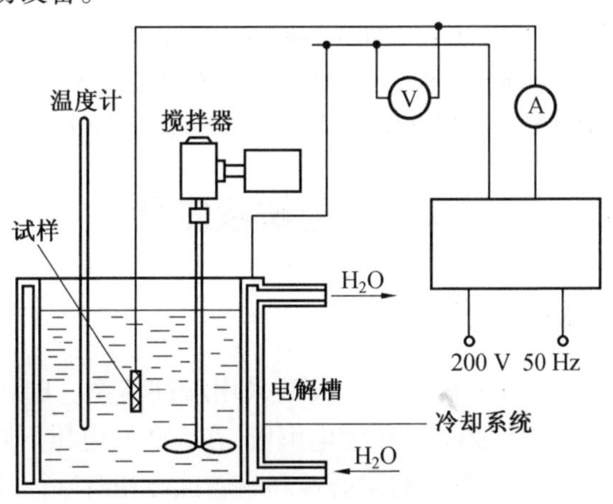

图 2.11 液相等离子体沉积装置示意图

常用液相等离子体沉积工艺过程包括前处理（碱洗和酸洗）、膜层生长（控制电源参数和冷却系统）和后处理（水洗）[108]。

对于大面积试样，因其受到电源功率、冷却能力及电解槽等限制，长安大学郝建民教授提出局部浸入阳极旋转技术，采用普通功率液相等离子体沉积电源一次性连续处理大面积回转体工件的局部浸入阳极旋转氧化法，设计并制成了局部浸入阳极旋转氧化法工艺工装，实现了在小功率液相等离子体沉积电源条件下一次性连续处理大面积回转体工件。该工艺工装是将回转体工件作为阳极，局部平行浸入电解液，通过调节连接阳极电动机的旋转速度，实现液相等离子体沉积工艺处理。该方法可以调节浸入电解液的工件面积，控制工作电流，实现大型回转体工件一次性处理的可能，具有很强的工业化应用价值。

阳极旋转氧化法工装示意图如图 2.12 所示。

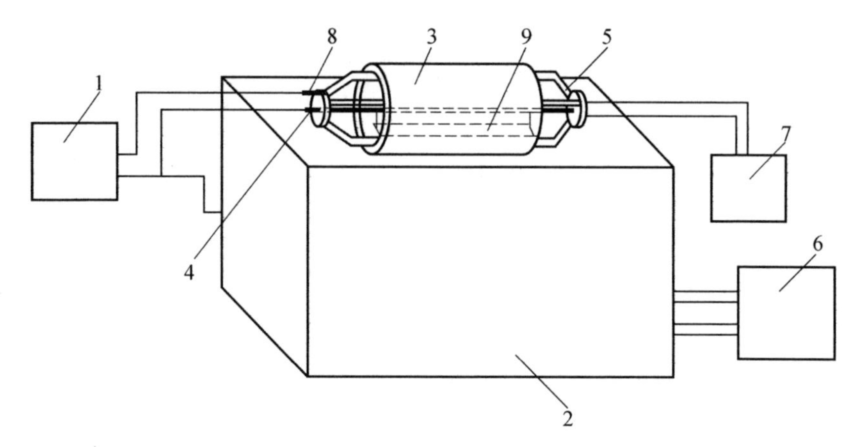

图2.12　阳极旋转氧化法工装示意图

1—液相等离子体沉积电源;2—电解槽;3—回转体工件;4—中心轴;5—工装;6—循环冷却系统;7—调速电动机;8—导电滑环;9—辅助阴极

2.3　电解液体系

2.3.1　酸性电解液体系

在液相等离子体沉积初期阶段常采用酸性体系。Bakovets 等人[79]采用浓 H_2SO_4(ρ=1.84 g/cm^3)作为电解液,在500 V电压下制得液相等离子体沉积陶瓷膜层,陶瓷膜层的耐磨性和耐腐蚀性相对基体均有所提高。王建民等人[109]分别以质量分数为10%的 H_3PO_4,质量分数为10%的 H_2SO_4 和质量分数为0.2%的HF为电解液对Ti-6Al-4V合金进行液相等离子体沉积,结果表明,陶瓷膜层表面布满微孔,孔口大小分别为400~800 nm、100~200 nm和100~200 nm;表面形貌分别呈现火山口状、多孔网状和不均匀小浅坑状;氧化膜的相组成为金红石型 TiO_2 相和锐钛矿型 TiO_2 相共存,综合分析得出以质量分数为10%的 H_2SO_4 为电解液时膜层性能最佳。虽然采用酸性电解液能得到性能优异的陶瓷膜层,使钛合金表面性能优化,但酸性电解液对环境污染严重,研究较少。

2.3.2　碱性电解液体系

碱性电解液污染小,且进行液相等离子体沉积时,阳极反应生成的金属离子和电解液中的部分阳离子形成带负电的胶体,在电场的作用下进入陶瓷膜层,调整陶瓷膜层微观组织,并改善其性能[110],故逐渐替代了酸性电解液。

碱性电解液体系主要有硅酸盐体系、磷酸盐体系和铝酸盐体系等[111]。

1. 硅酸盐体系

在液相等离子体沉积电解液中，Na_2SiO_3 是最适合的电解质成分之一，其可在较宽的电解液温度及氧化电流范围内促进合金表面钝化，形成性能较佳的含硅氧化膜[112]。薛文斌等人[113]使用 8 g/L 的 Na_2SiO_3 电解液，对 Ti-6Al-4V合金进行液相等离子体沉积，结果表明，钛合金表面形成与基体结合牢固、厚度达 50 μm 的陶瓷膜层，膜层主要由大量金红石型 TiO_2 相、少量锐钛矿型 TiO_2 相及 SiO_2 非晶相组成，耐磨性良好。在制备较厚的膜层时一般采用硅酸盐体系。汪景奇[114]通过研究得出，在 Na_2SiO_3 电解液中的液相等离子体沉积最佳工艺参数为：质量浓度 50 g/L，电解液初始温度 20 ℃，电压 280 V，沉积时间 50 ~ 150 s，此条件下可得到孔径大小均匀、致密性好、较厚的陶瓷膜层。宁铮[115]和赵晖等人[116]在 Na_2SiO_3 电解液中对Ti-6Al-4V合金进行液相等离子体沉积，极高电压下钛合金表面仍不起弧，分别添加 $(NaPO_3)_6$（六偏磷酸钠）和 Na_2EDTA 后电极表面容易产生弧点。因此，单一的 Na_2SiO_3 电解液不利于起弧，需在电解液中加入适当的起弧剂。另外，在一定质量浓度范围内，随着 Na_2SiO_3 质量浓度的增大，起弧电压和电极电流降低；陶瓷膜层厚度、表面粗糙度增加；陶瓷膜层中无定型硅氧化物含量增加；膜层表面硬度、耐磨性提高。

2. 磷酸盐体系

磷酸盐是进行液相等离子体沉积时常用的电解质，该体系下易得到摩擦系数较低的液相等离子体沉积膜[111]。姜兆华等人[117]及李玉海等人[118]分别在 Na_3PO_4-$Na_2B_4O_7$ 和 NaH_2PO_4-NaF 溶液中，对 Ti-6Al-4V 合金进行液相等离子体沉积，均制得以锐钛矿型 TiO_2 相和金红石型 TiO_2 相为主的陶瓷膜层，其与基底相比摩擦系数显著降低；随着电解液浓度的增加，膜层厚度增加，膜由亚稳态的锐钛矿型相向高温稳定的金红石型相转变，达到一定时间和浓度后，膜层厚度基本保持不变。汪景奇[114]研究得到，在 Na_2HPO_4 溶液中的液相等离子体沉积的最佳工艺参数为：浓度 0.3 mol/L，电解液初始温度 10 ℃，电压 180 V，氧化时间 300 s。研究表明[119,120]，在加入钙盐的磷酸盐体系中，对 Ti-6Al-4V 进行液相等离子体沉积后直接浸泡在模拟体液（Simulated Body Fluid，SBF）中，可以获得具有很好生物相容性的二氧化钛/羟基磷灰石复合膜层，膜层的力学性能和耐蚀性较基底也有明显提高。该体系常用于医用钛合金的表面处理。马洁[119]以 $(CH_3COO)_2Ca \cdot H_2O$ 作为电解液中的钙盐，分别加入 $Ca(H_2PO_2)_2$、

$(NaPO_3)_6$、$Na_3PO_4 \cdot 12H_2O$、Ca-GP(甘油磷酸钙)、$NaH_2PO_4 \cdot 2H_2O$ 后对医用钛合金进行液相等离子体沉积,比较了不同磷盐对所得陶瓷膜层的影响,通过测试得出$(CH_3COO)_2Ca \cdot H_2O$-$NaH_2PO_4 \cdot 2H_2O$ 体系下所得的膜层性能最佳。杨瑞博[120]以 $K_2HPO_4 \cdot 3H_2O$ 作为电解液中的磷盐,分别加入 $Ca_3(PO_4)_2$、$CaSiO_3$、$Ca(OH)_2$、$(CH_3COO)_2Ca \cdot H_2O$ 后对医用钛合金表面进行液相等离子体沉积,比较了不同钙盐对含钙磷多孔膜层的影响,得出 $K_2HPO_4 \cdot 3H_2O$-$CaSiO_3$ 体系效果最佳。此外,电解液中 Ca 与 P 元素的摩尔分数的比值影响膜层中的相应比值,进而影响 TiO_2/ HA 复合膜层的生物相容性,该体系下当电解液中 Ca 与 P 元素的摩尔分数的比值为1.67,电解液浓度为 0.1 mol/L 时,制备的膜层综合性能最佳。

3. 铝酸盐体系

在铝酸盐体系中进行液相等离子体沉积,能使材料表面的力学性能得到提高。薛文斌等人[121]在 $NaAlO_2$ 溶液中对 Ti-6Al-4V 合金进行液相等离子体沉积以制备氧化物陶瓷膜层,研究表明,膜基结合良好,膜厚约 50 μm,当 $NaAlO_2$ 浓度低时,陶瓷膜层主要为 $TiAl_2O_5$ 相、尖晶石相和金红石型 TiO_2 相,不含有 α-Al_2O_3 相;当 $NaAlO_2$ 浓度较高时,出现 α-Al_2O_3 相。$TiAl_2O_5$ 相、α-Al_2O_3 相均能提高膜层硬度,使膜层表面更加耐磨,且后者效果更佳。为了提高钛合金表面耐磨性,应选用铝酸盐体系,特别是应选用铝酸盐过量的体系[111]。

4. 复合电解液体系

Yerokhin 等人[122]在不同电解液条件下对 Ti-6Al-4V 合金表面进行液相等离子体沉积,发现在单一的磷酸盐电解液中,形成的膜层虽然摩擦系数较低,但膜层较薄(2.5 ~ 7.0 μm),硬度差;引入铝酸盐后,在铝酸盐-磷酸盐电解液中形成的陶瓷膜层均匀、致密,膜层厚度为 50 ~ 60 μm,膜层主要由 $TiAl_2O_5$ 和金红石相组成,硬度高,膜基结合牢固,且摩擦系数较基底有所下降,比单一体系好。王亚明等人[123-125]分别在 Na_2SiO_3-KOH-$(NaPO_3)_6$、$(NaPO_3)_6$-NaF-$NaAlO_2$ 和 Na_2SiO_3-KOH-$(NaPO_3)_6$-$NaAlO_2$ 溶液中对 Ti-6Al-4V 合金表面进行液相等离子体沉积,研究表明,膜层厚度分别为 20 μm、25 μm 和 50 μm;且在 Na_2SiO_3-KOH-$(NaPO_3)_6$-$NaAlO_2$ 溶液中制得的陶瓷膜层致密层弹性回复量和硬度相对于基底显著提高,明显优于前两种溶液体系,可见体系的复合有利于提高膜层的性能。

另外,复合溶液中各组分浓度对膜层性能有很大影响。施涛[126]使用 Na_3PO_4-$NaAlO_2$ 电解液体系进行试验,研究表明,Na_3PO_4 浓度对表面粗糙度影响较大，而 $NaAlO_2$ 浓度对磨损率及平均摩擦系数的影响较大，通过优选得出液相等离子体沉积耐磨陶瓷层的适宜电解液为 Na_3PO_4(5 g/L)-$NaAlO_2$(10 g/L)。对电解液进行复合时要合理调整各组分质量浓度，使之达到所需的最佳配比。通过不同体系的电解液复合，可以充分利用各组分的优点，弥补单一体系的不足，从而获得优良性能的陶瓷膜层。

2.3.3 添加剂

目前液相等离子体沉积添加剂大多为可溶性盐和有机物，作用是提高电解液的稳定性或电导率，优化膜层结构和性能，调整膜层色彩，但其效果并没有明确的划分，因为多数添加剂具备两种或两种以上功能，如 Na_2SiO_3 在液相等离子体沉积中是主成膜剂，起钝化作用，而溶液浓度增加时，SiO_3^{2-} 又可以提高溶液电导率，起到导电剂的作用。通常情况下，电解液和添加剂配合使用才可达到设计目的[127-133]。在液相等离子体沉积处理过程中，添加剂或直接参与液相等离子体沉积反应，或在液相等离子体沉积膜生长过程中通过物理方式共沉积在膜层中，不仅可以提高液相等离子体沉积陶瓷膜层的表面硬度和耐磨耐蚀性，还可获得优良的装饰、绝缘、光学、催化及医药生物等功能[134]。

1. 颗粒添加剂

颗粒添加剂能附着在膜层表面或进入膜孔，在一定程度上弥补膜层多孔的缺陷，增加膜层致密度，提高膜层的硬度和耐蚀性，因此在液相等离子体沉积中得到了广泛应用。在 Na_3PO_4-$Na_2B_4O_7$-Na_2SiO_3 碱性液相等离子体沉积电解液中添加一定量的 TiO_2、ZrO_2 或 Al_2O_3 颗粒，能够增加 AM60B 镁合金陶瓷膜层的厚度，但对膜层的耐蚀性没有明显影响；添加 ZrO_2 或 Al_2O_3 能增加膜层与基体的结合强度和膜层的划痕硬度，而添加 TiO_2 的效果却相反[135]。在 Na_2SiO_3-KF 基础液中添加 CeO_2 颗粒，对 AZ31 镁合金进行液相等离子体沉积，CeO_2 颗粒会优先沉积于陶瓷膜层外表面，并在一定程度上弥补膜层多孔的缺陷，使膜层耐蚀性得到显著改善，且在质量分数为 3.5% 的 NaCl 溶液中浸泡 40 h 后试样仍能保持高阻抗[136]。

除常规颗粒外，溶胶形式的颗粒也常被添加于基础电解液中。在 Na_3PO_4-KOH 体系中添加 TiO_2 溶胶对 AM60B 镁合金进行液相等离子体沉积，所得陶瓷膜层含有晶体状的金红石型 TiO_2 相和锐钛矿型 TiO_2 相，且膜层形貌更规整，结构上的瑕疵也更少，TiO_2 溶胶的加入成功地增强了陶瓷膜层的耐蚀性[137]。在 $NaAlO_2$-NaOH 体系中引入体积分数为 2% 的铝溶胶，所制备的AZ91D陶瓷膜层具有更加致密、规整及光滑的表面形貌，含有更多的$MgAl_2O_4$相，膜层耐蚀性也得到显著增强[138]。

2. 无机添加剂

无机添加剂主要影响液相等离子体沉积过程的火花放电电压及工作电压等电学参数，进而改变膜层的表面形貌及其相组成。在Na_2SiO_3-KOH电解液中添加硼砂对AZ31镁合金进行液相等离子体沉积发现，硼砂的引入显著地改善了液相等离子体沉积膜的耐磨性、致密度及微观硬度[139]。添加金属盐对膜层的耐磨性和耐蚀性具有一定的改善作用，如将$(CH_3COO)_2N_2$（醋酸镍）引入Na_2SiO_3-NaOH-$Na_2B_4O_7$-有机胺体系，能够得到咖啡色的致密氧化膜，且膜层的耐蚀性得到增强[140]。在Na_2SiO_3-KOH体系中掺入KF对AM60B进行液相等离子体沉积发现，KF能够增加溶液的导电性，降低液相等离子体沉积过程的工作电压和最终电压，改变火花放电特性，降低陶瓷膜层孔径和表面粗糙度，提高致密度，改变膜层相组成，增强陶瓷膜层的表面硬度和耐磨性[141]。

同种盐类的不同化合物对膜层的影响也不尽相同。在K_2ZrF_6-Na_2SiO_3-KOH电解液中添加锆酸盐在AZ91D表面制备的陶瓷膜层比在$Zr(NO_3)_4$-KOH和$ZrOCl_2$-KOH电解液中制备的膜层具有更好的耐蚀性，这主要得益于该膜层具有规整的表面、致密的内层、更大的厚度以及膜中含有SiO_2、MgF_2、ZrO_2等耐腐蚀相；相较于未经处理的镁合金，膜层中ZrO_2的存在能够改善试样在相对高温下的耐蚀性[142]。在$(CH_3COO)_2Ca$-NH_4HF_2-KOH-$C_3H_8O_3$-H_2O_2溶液中分别引入$Na_2HPO_4 \cdot 12H_2O$、$Na_3PO_4 \cdot H_2O$、$(NaPO_3)_6$的液相等离子体沉积研究表明，添加$(NaPO_3)_6$所生成的膜层更厚，具有更高的黏附强度、更强的磷灰石诱导能力、较低的生物降解率及优良的生物相容性[143]。

添加剂的质量浓度对陶瓷膜层也有很大影响：将$NaAlO_2$引入Na_3PO_4-KOH电解液，所得AM60B镁合金陶瓷膜层中尖晶石$MgAl_2O_4$的量及膜层表面粗糙度增加，且液相等离子体沉积过程的击穿电压、微孔数目和尺寸随着$NaAlO_2$质量浓度的增加而减少；$NaAlO_2$质量浓度为8.0 g/L时陶瓷膜层具有最佳的耐蚀性能[144]；在Na_2SiO_3-$NaAlO_2$电解液系统中，适量的$Na_2B_4O_7$（硼酸钠）可以抑制尖端放电，稳定液相等离子体沉积过程电压；随着其质量浓度的增加，AZ91D镁合金陶瓷膜层厚度整体变化幅度不大，表面粗糙度先增大后减小，耐蚀性先增强后减弱，当其质量浓度为3.0 g/L时膜层的耐蚀性最佳[145]。

3. 有机添加剂

电解液的不稳定性或成分的变化对膜层性能有较大影响，添加适量的有机物能够提高溶液的稳定性，抑制试样表面的尖端放电，延长溶液使用寿命，并获得性能稳定的膜层。在 Na_2SiO_3-NaOH-Na_2EDTA 电解液中加入 $C_3H_8O_3$，所得 AZ91D 陶瓷膜层的相组成未发生改变，但阴离子在阳极液界面处的单位面积吸附能力提高，膜层致密性和耐腐蚀性也得到改善，且随着 $C_3H_8O_3$ 体积分数的增加，膜层厚度逐渐减小；在 $C_3H_8O_3$ 体积分数为 4 mL/L 时膜层表面形貌、表面粗糙度的均方根值和耐蚀性达到最佳[146]。

同种有机添加物对不同合金的作用也有相似之处，在 $NaAlO_2$-NaOH-NaF-$Na_2B_4O_7$ 中添加不同质量浓度的植酸，发现 Mg-Li 合金液相等离子体沉积过程的最终槽压和击穿电压随植酸质量浓度的增加而变大，植酸质量浓度为 4 g/L 时陶瓷膜层均匀致密、耐蚀性最好[147]。在 NaOH 中分别掺入不同质量浓度的植酸，有益于 AZ91HP 表面陶瓷膜层的形成，随其质量浓度的增加，溶液导电性下降，液相等离子体沉积过程中击穿电压升高，膜层中磷光体的量增加；植酸质量浓度为 8 g/L 时，所制得的膜孔分布最均匀，耐蚀性最好[148]。

4. 强氧化性或缓蚀性添加剂

强氧化剂或缓蚀剂的加入有助于液相等离子体沉积膜层耐蚀性的提高，它主要影响膜层的相组成，促进形成耐蚀性更优的相结构。在 KOH-KF-Na_2SiO_3 电解液体系中加入 $KMnO_4$，在 AZ91D 镁合金表面制备的液相等离子体沉积陶瓷膜层的相组成主要为 MgO 和 Mn_2O_3，膜层厚度较未添加 $KMnO_4$ 的样品膜层厚度减少约 2/3，但膜层耐蚀性却得到加强，对应的腐蚀电流密度至少低一个数量级，这在很大程度上得益于陶瓷膜层中 Mn 氧化物的存在[149]。在硅酸盐溶液中添加 K_2CrO_4，能够在 AZ91D 镁合金陶瓷膜层上得到黄绿色的陶瓷膜层，因 $MgCr_2O_4$ 的存在，膜层耐蚀性得到显著提高[150]。在由硅酸盐、磷酸盐组成的碱性电解液中引入六亚甲基四胺和硼砂，有效地降低了 AZ91D 液相等离子体沉积过程的击穿电压，获得了具有更好耐蚀性能的陶瓷膜层[151]。

5. 稀土添加剂

稀土元素的特殊性质使其在液相等离子体沉积电解液中具有广阔的应用前景，磷酸盐体系中 $Nd(NO_3)_3$ 的添加使膜层表观质量得到改善，变得更光滑、均匀、致密，且因 Nd 的氢氧化物和氧化物的存在，膜层显现出浅紫色[152]。在 Na_2SiO_3-NaOH-Na_2EDTA 体系中以柠檬酸稀土中性配位物的形式添加稀土元素 Ce 和 Y，AZ91D 镁合金表面液相等离子体沉积膜的表面更致密光滑且孔隙率减小，膜层中 Mg_2SiO_4 的量减少，MgO 的量增多，其耐磨和耐蚀性能均得到明显改善[153]。

6. 复合添加剂

多种物质复合添加对液相等离子体沉积的膜层有影响。在 Na_2SiO_3-KOH 基础电解液中依次加入 KF、NH_4HF_2、$C_3H_8O_3$ 和 H_2O_2，对 ZK60 镁合金液相等离子体沉积有如下影响：KF 和 NH_4HF_2 能够促进液相等离子体沉积过程放电并加速液相等离子体沉积反应；$C_3H_8O_3$ 能有效降低反应引起的热效应；H_2O_2 则使膜层粗糙度增加、耐蚀性降低；当 NH_4HF_2 的质量浓度为 7 g/L，$C_3H_8O_3$ 的体积分数为 5 mL/L 时，陶瓷膜层具有最好的耐蚀性[154]。在 $NaAlO_2$-NaOH 基础电解液中添加 EDTA、蒙脱石及阿拉伯树胶，对 AZ91D 镁合金进行液相等离子体沉积，优选出了获得较高耐蚀性膜层的最优配方：50 mL/L 阿拉伯树胶，0 g/L EDTA，3 g/L 蒙脱石[155]。在此基础上的进一步研究表明，蒙脱石改善 AZ91D 镁合金陶瓷膜层的耐蚀性效果最好[156]。通过在 Na_3PO_4 电解液体系中单独添加 $NaAlO_2$、石墨以及二者的复合物，发现单独添加及复合添加均能提高 ZK60 镁合金表面液相等离子体沉积膜的硬度，降低其摩擦系数，进而改善摩擦性能[157]。复合添加剂消除了单一添加物作用的局限性，提高了溶液的稳定性、电导率，可制备出硬度高、耐蚀性好、综合性能优异的陶瓷膜层。

第3章　PED功能化膜层的评价方法

PED陶瓷膜层与传统电镀、喷涂等技术所制备的膜层相比,其致密性好、结合力强,同时还具有陶瓷材料的高耐磨及强耐蚀等特性。此外,通过不同方法还可实现PED陶瓷膜层的功能化设计和构筑,以满足不同领域的应用要求。为保障PED功能化膜层实际应用时的可靠性,需要对其性能进行评价,主要包括机械性能、防腐性能、热辐射性能和光吸收性能。

3.1　机械性能

材料的机械性能是指材料在不同环境(温度、介质、湿度等)下,承受各种外加载荷(拉伸、压缩、弯曲、扭转、冲击、交变应力等)时所表现出的力学特征。优异的机械性能是高质量PED功能化膜层的基本性能之一。在铝、镁、钛等轻金属及其合金表面进行液相等离子体沉积陶瓷膜层的过程中,膜层较薄弱的部位优先发生火花放电而被击穿,同时产生大量的热,膜层与基体相互熔融。此时,膜层材料由阳极氧化形成的无定形态转变为晶态,外层熔融物在电解液的冷却作用下快速凝固,形成陶瓷质氧化膜层。该陶瓷膜层赋予了基体材料独特的机械性能,如高的硬度、良好的耐摩擦磨损性、超高的拉伸强度等。机械性能测试可应用到生产的任何阶段,从而证明产品的耐用性、稳定性及安全性等。机械性能测试可应用于液相等离子体沉积陶瓷膜层,常用的机械性能评价指标包括膜层硬度、耐磨性能、抗拉结合强度、剪切强度和热震性能。

3.1.1　膜层硬度

材料局部抵抗硬物压入其表面的能力称为硬度。硬度能综合反映材料的强度等力学性能,其与耐磨性有直接关系。在不考虑其他因素的情况下,硬度越高,耐磨性越好,因而硬度测试极为广泛。常用测试方法包括洛氏硬度、维氏硬度、布氏硬度、肖氏硬度、邵氏硬度、显微维氏硬度及纳米压痕硬度等。液相等离子体沉积陶瓷膜层常用显微维氏硬度和纳米压痕硬度测试。

1. 显微维氏硬度测试

显微维氏硬度的试验力范围为0.098～1.961 N,其试验力很小,因而具有许多其他硬度试验方法所不具备的功能和性质。由于覆盖基体的陶瓷膜层表面粗糙度较大，且陶瓷膜层较薄易被压穿，因此对较薄陶瓷膜层表面进行显微维氏硬度测试得到的结果是不精确的。对陶瓷膜层的截面进行测量能够更准确地反映陶瓷膜层的显微维氏硬度，因此，PED 陶瓷膜层的显微维氏硬度测试常在截面上进行测量。

（1）原理。

参考《轻工产品金属镀层的硬度测试方法　显微硬度法》（GB 5934—1986），显微维氏硬度值的计算公式如下：

$$H_{\mathrm{V}}=1\ 854\,\frac{F}{D^2} \tag{3.1}$$

式中，H_{V} 为金刚钻四棱锥体压头测得的显微维氏硬度（kg/mm^2）；F 为选用的试验力（N）；D 为四方压痕对角线平均长度（μm）。D 与压入深度 h 之比为7。

（2）测试。

陶瓷膜层的显微维氏硬度常采用数字式显微硬度计进行测量。测试时，试样或试验层的厚度至少应为压痕对角线平均长度的1.5倍，试验后试样背面不应出现可见变形痕迹。测量时采用维氏压头对陶瓷膜层截面进行5～10次测量，取其平均值作为陶瓷膜层的硬度。

2. 纳米压痕硬度测试

传统的硬度测试是将一个特定形状的压头用一个垂直的压力压入试样，根据卸载后的压痕照片获得材料表面留下的压痕半径或对角线长度，由此计算出压痕面积。它的局限性是这种测试只能得到材料的塑性性质，并且只适用于较大尺寸的试样。纳米压痕技术则很好地弥补了传统测试的不足。纳米压痕技术也称为深度敏感压痕技术，它通过计算机程序控制载荷发生连续变化，实时测量压痕深度，因为施加的是超低载荷，监测传感器具有优于1 nm的位移分辨率，所以，可以达到纳米级（0.1～100 nm）的压深，特别适用于测量薄膜、膜层等超薄材料的力学性能，可以在纳米尺度上测量材料的力学性质，如载荷-位移曲线、弹性模量、硬度、断裂韧性、应变硬化效应、黏弹性或蠕变行为等，是最简单的测试薄膜或膜层的附着力以及抗划擦性或抗擦伤性的方法之一。

（1）原理。

一个完整的压痕过程包括两个步骤，即加载过程与卸载过程。在加载过程中，向压头施加外载荷，使之压入样品表面，随着载荷的增大，压头压入样品的深度也随之增加，当载荷达到最大值时，移除外载，样品表面会存在残留的压痕痕迹。

纳米压痕硬度的计算仍采用传统的硬度公式：

$$H=\frac{P}{A} \tag{3.2}$$

式中，H 为硬度；P 为最大载荷，即 P_{max}；A 为压痕面积的投影，它是接触深度 h 的函数，不同形状压头的 A 的表达式不同。

(2)测试。

纳米压痕测试样品尺寸为毫米级。最大载荷为 500 mN，载荷分辨率为 50 nN，最大压痕深度大于 500 μm，位移分辨率小于 0.01 nm，试验力范围为(2% ~100%) FS(FS 代表满量程)，精度水平符合国际标准《金属材料 硬度和材料参数的仪器化压痕试验》(ISO 14577)。

3.1.2 耐磨性能

磨损试验测定材料抵抗磨损的能力。磨损模型分为粘着磨损、磨粒磨损、冲蚀磨损、腐蚀磨损及微动磨损等。常见的磨损性能曲线如图 3.1 所示。磨损试验比常规的材料试验要复杂，首先需要考虑零部件的具体工作条件并确定磨损形式，然后选定合适的试验方法，以便使试验结果与实际结果较为吻合。可以结合电镜照片和能谱元素分析来确定具体的磨损类型。

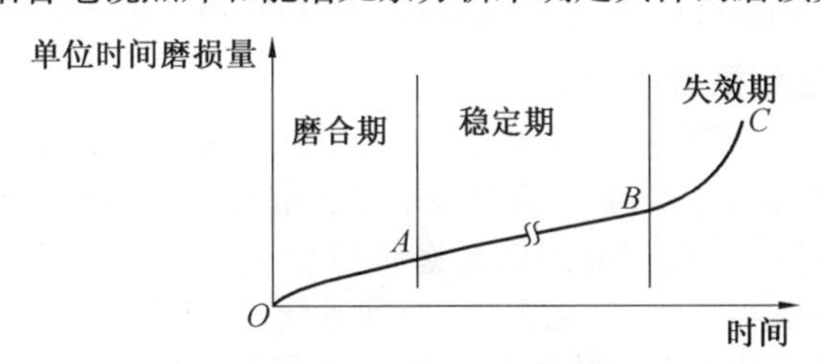

图 3.1 磨损性能曲线

1. 球盘式摩擦磨损测试

试验机工作原理如图 3.2 所示。电动机通过减速器减速后，经传动带 1 驱动转杯 3 回转，下试件 4 安装在转杯中并随转杯一起回转，上试件 5 装在夹头 6 中。载荷 P 由砝码 7 的重力 W 产生，杠杆 8 在摩擦力 F 作用下摆动，杠杆的另一端压在压力传感器 9 上，压在压力传感器上的力 Q 可由试验机配套的数据采集测量系统获得。试验机主要技术指标：下试件转速为 18 ~300 r/min，最大载荷 $P=10$ N，摩擦半径为 10 ~30 mm。上试件为球体，可直接选用不同材料的标准轴承球。下试件为圆盘，可选用不同材料经车削加工而成。

试验机作用在试件上的载荷 P 由砝码重力 W 产生，只要预先确定加载砝码的重力 W，再由试验机配备的传感器测量力 Q 的大小，用 Q 除以 W 即可计算出摩擦系数 f。

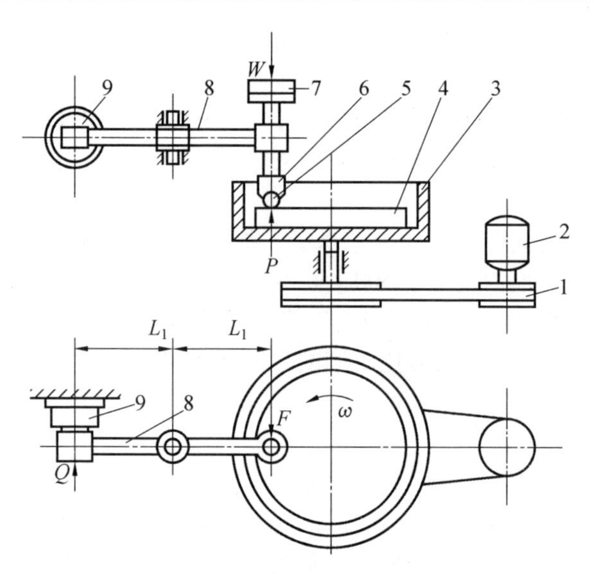

图3.2　试验机工作原理

1—传动带;2—电动机及齿轮减速器;3—转杯;4—下试件;
5—上试件;6—夹头;7—砝码;8—杠杆;9—压力传感器

2. 真空低温摩擦磨损测试

摩擦磨损除了和摩擦副有关外,还与所处环境有关,有些工件在真空低温环境下工作,因此,需要在真空及真空低温环境下进行摩擦磨损试验,以评价其摩擦性能。真空低温摩擦磨损试验机主要由真空系统、降温系统、真空低温环境实验室、转动系统、加载系统、温度检测系统、控制系统、计算机控制系统、计算机的数据采集和处理系统组成。

真空低温是采用真空泵将真空实验室抽真空,除去不必要的空气及水分,真空度为$1\times10^{-5}\sim1\times10^{-4}$ Pa;采用液氮自增压方式,加入与低温真空实验室相邻的降温层及低温真空实验室,使低温真空实验室的温度降到-50 ℃。

3.1.3　抗拉结合强度

1. 原理

参考《热喷涂抗拉结合强度的测定》(GB/T 8642—2002),抗拉结合强度R_H由最大载荷F_m与断裂面横截面积S之比计算:

$$R_H=\frac{F_m}{S} \tag{3.3}$$

式中,R_H为抗拉结合强度(N/mm²);F_m为最大载荷(N);S为断裂面横截面积(mm²)。

2. 测试

(1)设备。

使用符合《静力单轴试验机的检验 第1部分:拉力和(或)压力试验机测力系统的检验与校准》(GB/T 16825.1—2008),并能满足静态加载条件,准确度不低于±1%的任何型号的拉力试验机。

(2)试样。

根据试样抗拉结合强度的大小和试验机的能力规定了两种不同的试样形状和尺寸,即A和B两种形式以及ϕ25 mm和ϕ40 mm两种尺寸。试样A由基体块和加载块组成,在基体块的前端有膜层,加载块应黏结在基体块前端膜层的表面,试样A及其安装示意图如图3.3和图3.4所示。试样B由两个加载块和一个基体材料圆片所组成,圆片的一面带有膜层,然后将圆片与两个加载块黏结在一起。

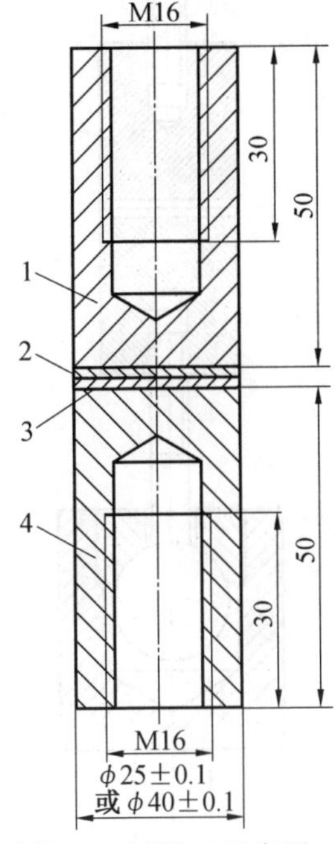

图3.3 试样A示意图

1—加载块;2—黏结剂层;3—膜层;4—基体块

(3)操作。

室温下,将装有夹持件的试样插入拉力试验机的夹钳中,以恒速平稳地进行加载,直到发生断裂,加载速度不超过(1 000±100) N/s。只有膜层与基体金属结合面发生断裂,或膜层本身发生断裂的基体块才可用于计算。

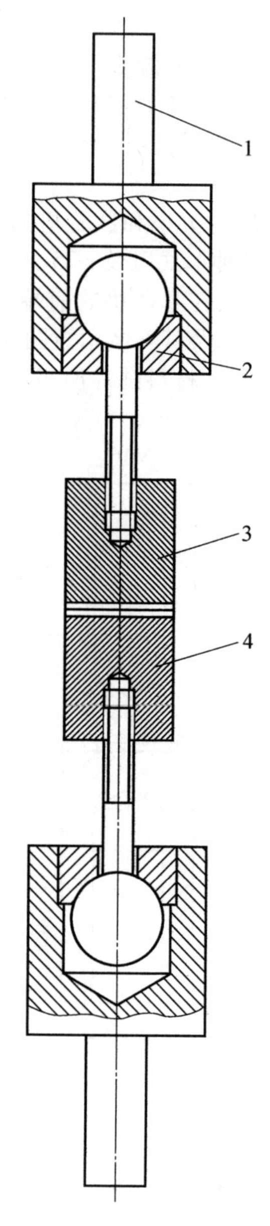

图3.4 试样A的安装示意图
1—夹持件;2—接头;3—加载块;4—基体块

3.1.4 剪切强度

1. 原理(标准)

膜层与基体的结合强度可按下式计算：

$$P = \frac{F}{S} \tag{3.4}$$

式中，P 为剪切结合强度(N/mm^2)；F 为膜层与基体剥离所需要的力(N)；S 为膜层与基体结合的面积(mm^2)。

2. 测试

试验采用静态材料试验机测试膜层与基体的结合强度。将一个带有膜层的圆柱试件与一个不带膜层的试件，用黏结强度好的环氧树脂黏结剂黏结起来，试验方法如图3.5所示。如果在黏结剂与膜层处分开，说明膜层与基体的结合强度大于黏结剂的抗拉强度；如果膜层从基体上全部剥离下来，记录拉力值，计算膜层与基体的结合强度。

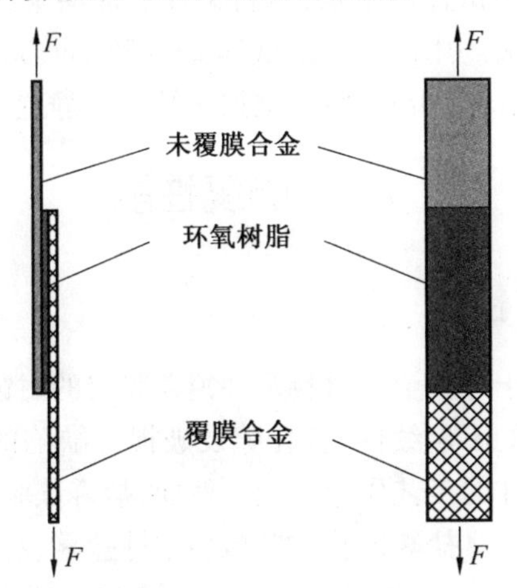

图3.5 膜层与基体剪切强度试验示意图

3.1.5 热震性能

1. 原理

当材料承受温度变化而引起内部温度梯度时，其内部会因收缩或膨胀受阻而产生热应力。当材料的热应力超过材料固有强度时就造成热震破坏。通常热应力与材料的弹性模量、热膨胀系数以及热震温差成正比。由于膜层的组分之间、烧成陶瓷的各相之间，以及膜层与基体之间的弹性模量、热膨胀系数均不同，因此在经温差 ΔT 热震之后产生热应力。利用膜层与基体热膨胀系数等不同而发生的变形差异来评定膜层与基体的结合力。当热应力超过陶瓷膜层材料的强度时,膜层便开裂;当热应力超过膜层与基体间的结合力时,便会发生膜层的剥落。

2. 测试

试样:要求无裂纹、破损等缺陷。

设备及要求:加热炉,其控制工作区域的温差不大于5 ℃;流动水槽,要求水与试样的质量比大于10∶1,试样投入水中后,水面应约高出试样20 mm,水温增加不应超过4 ℃;染色溶液(墨水、亚甲基蓝溶液等);刷笔若干。

操作:①将试样表面涂上合适的染色溶液,待稍干后抹净染色溶液。用肉眼在距试样25~35 cm、光源照度约300 lx的光照条件下,观察试样是否有裂纹、破损等缺陷。②开启加热炉,将试样加热到一定温度,再保温30 min,使其受热均匀。③试样取出后在15 s内放入(20±2) ℃的水槽中,保持10 min。④取出试样擦干水,再将试样表面涂上合适的染色溶液,待稍干后抹净染色溶液。用肉眼在距试样25~35 cm、光源照度约300 lx的光照条件下,观察试样是否有裂纹、破损等缺陷。静置24 h后复查一次。

3.2 防腐性能

3.2.1 盐雾试验

盐雾试验适用于评价金属材料及其覆盖膜层的耐蚀性,可作为快速评价有机和无机膜层的不连续性、有孔隙及破损等缺陷的试验方法,也可用于具有相似膜层试样的工艺质量比较。然而,盐雾试验结果不能评价膜层体系的长期腐蚀行为。盐雾试验主要包括中性盐雾、乙酸盐雾和铜加速乙酸盐雾。参照《人造气氛腐蚀试验 盐雾试验》(GB/T 10125—2012),中性盐雾试验的测试方法如下:

1. 原理

将质量分数为5%±0.5%的氯化钠、pH为6.5~7.2的盐水通过喷雾沉降在待测试件上,经过一定时间,观察其试样表面的腐蚀状态。

2. 测试

(1)试验溶液(氯化钠溶液)的配制。

在温度为(25±2) ℃、电导率不高于20 μS/cm的蒸馏水或去离子水中溶解氯化钠,将其配制成质量浓度为(50±5) g/L,溶液密度为1.029~

1.036 g/cm³ 的氯化钠溶液。其中，铜的质量分数应低于 0.001%，镍的质量分数低于 0.001%，碘化钠的质量分数不应超过 0.1%，或以干盐计算的总杂质的质量分数不应超过 0.5%。

(2)中性盐雾试验的盐溶液。

试验溶液的 pH 应调整至使盐雾箱收集的喷雾溶液的 pH 为 6.5 ~ 7.2。超出此范围时，可加入分析纯盐酸、氢氧化钠或碳酸氢钠进行调节。喷雾时溶液中二氧化碳损伤可能导致 pH 变化，应采取相应措施。例如，将溶液加热到超过 35 ℃，再送入仪器或用新的沸腾水配制溶液，以降低溶液中二氧化碳的含量，并可避免 pH 的变化。

溶液在使用前要进行过滤，以避免溶液中的固体物质阻塞喷嘴。

(3)设备。

①盐雾箱，盐雾箱容积应不小于 0.4 m³，如图 3.6 所示。箱顶应避免试验积聚的溶液滴落。②温度控制装置，温度测量区应距离内壁不小于 100 mm。③喷雾装置，由一个压缩空气供给器、一个盐水槽和一个或多个喷雾器组成。喷雾压力应控制在 70 ~ 170 kPa。④盐雾收集器，箱内至少放两个盐雾收集器，一个靠近喷嘴，一个远离喷嘴。收集器用玻璃等惰性材料制成漏斗形状，直径为 100 mm，收集面积约为 80 cm²。

(4)操作。

①参比试样，采用 4 块或 6 块符合《商用和拉拔品质冷轧碳钢薄板》(ISO 3574)的 CR4 级冷轧碳钢板，其板厚为(1±0.2) mm，试样尺寸为 150 mm×70 mm。表面无缺陷，即无孔隙、划痕及氧化色。表面粗糙度 Ra = (0.8±0.3) μm。②参比试样经清洁后立即投入试验。采用清洁的软刷或超声清洗装置，用适当的有机溶剂(沸点在 60 ~ 120 ℃的碳氢化合物)彻底清洗试样。清洗后，用新溶剂漂洗试样，然后干燥称重，最后用可剥离的塑料膜保护试样背面和边缘。③参比样品的放置。试样放在箱内四角，未保护的一面朝上并与垂直方向成(20°±5°)的角度。试样放置时间为 48 h。④测定质量损失。试验结束后应立即取出参比试样，除掉试样背面的保护膜，按《金属和合金的耐腐蚀性、腐蚀试样中腐蚀生成物的清除》(ISO 8407)规定的物理及化学方法去除腐蚀产物。在 23 ℃下于质量分数为 20% 的分析纯柠檬酸二铵水溶液中浸泡 10 min。浸泡后，在室温下用水清洗试样，再用乙醇清洗，干燥后称重，使其精确到±1 mg，通过计算得出单位面积的质量损失。⑤试验周期为 2 h、6 h、24 h、48 h、72 h、96 h、144 h、168 h、240 h、480 h、720 h、1 000 h。在规定的试验周期内喷雾不得中断，只有当需要短暂观察试样时才能打开盐雾箱。

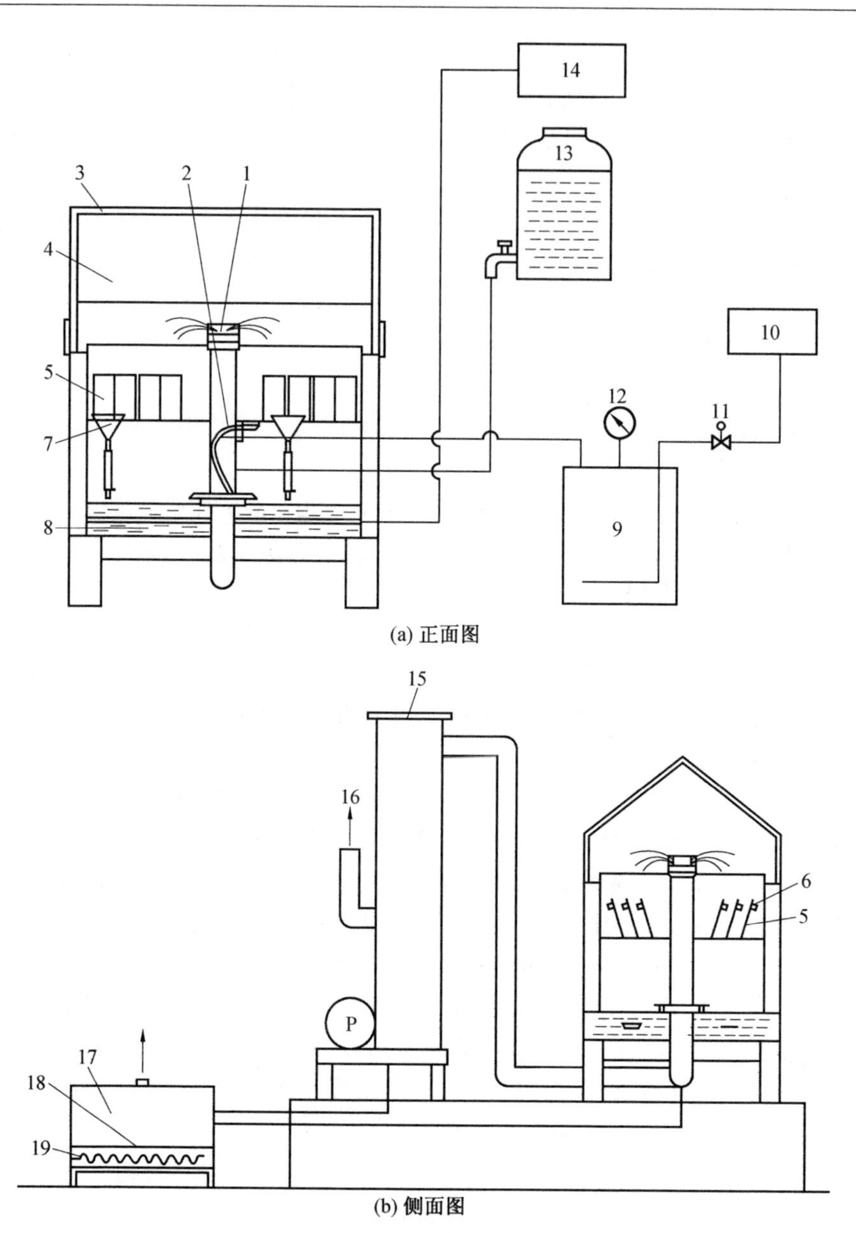

图 3.6　盐雾箱的设计简图

1—盐雾分散塔;2—喷雾器;3—试验箱盖;4—试验箱体;5—试样;6—试样支架;7—盐雾收集器;8—给湿槽;9—空气饱和器;10—空气压缩机;11—电磁阀;12—压力表;13—溶液箱;14—温度控制器;15—废气处理;16—排气口;17—废水处理;18—盐托盘;19—加热器

一般试验需考虑以下几方面:①试验后样品外观;②除去表面腐蚀产物后样品外观;③腐蚀缺陷的数量级分布(点蚀、裂纹、气泡、锈蚀等),可按照《铝和铝合金阳极氧化、点状腐蚀评价的评定体系、图表法》(ISO 8993)和《金属基材上金属和其他无机涂层的腐蚀试验方法——受腐蚀试验的试样和制件的评级》(ISO 10289)所规定的方法进行评定;④开始出现腐蚀的时间;⑤试样质量的变化;⑥试样显微形貌的变化;⑦试样力学性能的变化。

3.2.2 点滴试验

点滴试验常用于航空用铝及铝合金材料铬酸阳极氧化膜层的质量验收。

1. 原理

参照《铝及铝合金铬酸阳极氧化膜层质量检验》(HB 5056—1977),铝材料点滴试验应符合标准曲线,如图 3.7 所示。

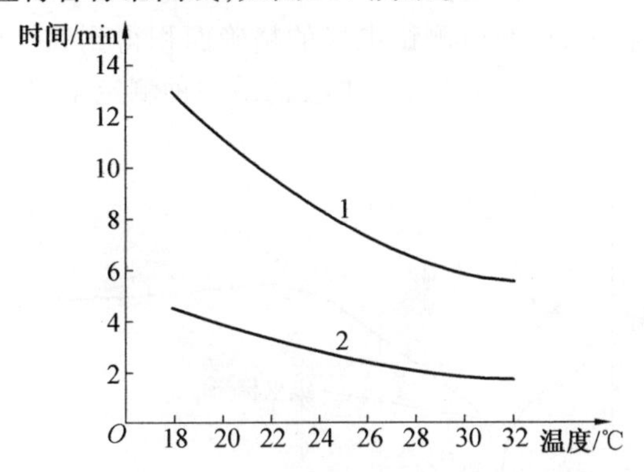

图 3.7 铝及铝合金铬酸阳极氧化膜层耐蚀性标准曲线

2. 测试

试验溶液:将 25 mL 盐酸(相对密度 1.19)和 5 g 重铬酸钾溶于 75 mL 蒸馏水中配制成点滴试验的溶液,保存在磨口褐色玻璃瓶中,其有效期为一周。

样品:将受检材料表面用蘸有酒精的棉球仔细除油,用滤纸吸干或在空气中干燥。

操作:用蜡笔或铅笔在被检表面相对中间部位画数个圈,然后将点滴溶液滴入圈中 1 ~2 滴,同时启动秒表,观察溶液颜色和状态的变化,记录液滴开始变绿所需的时间,即为膜层耐蚀性的标志。此操作应在天然散射光线或无反射光的白色透射光线下进行目视检查，光的照度应不低于300 lx，必要时允许用3～5倍放大镜检查。

3.2.3　电化学测试

在材料的应用过程中，腐蚀和腐蚀速度的测试非常重要。电化学方法的优点是快速简便，并有可能用于现场监控，因而得到了人们的重视。

1. 塔菲尔(Tafel)极化曲线

(1)原理。

Tafel极化曲线是电极电位与极化电流或极化电流密度之间的关系曲线。如电极是阳极或阴极，所得曲线称为阳极极化曲线(anodic polarization curve)或阴极极化曲线(cathodic polarization curve)。Tafel极化是指符合Tafel公式关系的曲线，对应极化曲线中强极化区的一段(η>50 mV，是电位迅速变化的区域，近似于直线段)，如图3.8所示。该段曲线中的Tafel区域呈现线性关系，找两边曲线上一点作切线，交点对应的纵坐标的i_0值即为腐蚀电流密度，可乘以测试电极的精确面积得到腐蚀电流，对应横坐标的值就是腐蚀电位。Tafel线外推法就是一种测定金属材料腐蚀速度的方法。

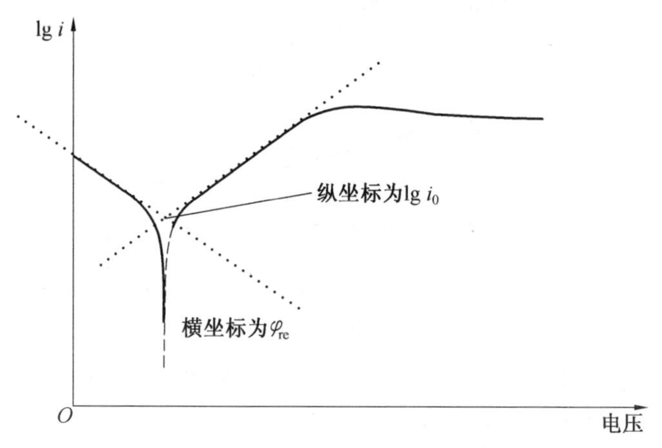

图3.8　极化曲线

(2)测试(以镁合金为例)。

采用电化学工作站(CHI660E)对镁合金试样进行动电位扫描以获得其Tafel极化曲线。通过三电极体系进行测试，参比电极为饱和的甘汞电极(SCE)，辅助电极为铂电极，工作电极为被测试样。打磨好的镁合金样品的工作面积为1 cm^2，非工作面积部分用树脂封装。试样电极置于质量分数为3.5%的 NaCl 溶液中400 s后获得稳定开路电位(E_{ocp}),然后以1.0 mV/s的速率进行动电位扫描,生成 Tafel 极化曲线。测量所得的极化曲线用 CHI660E 自带的软件进行分析。

2. 电化学交流阻抗测试

(1)原理。

电化学交流阻抗(Electrochemical Impedance Spectroscopy,EIS)法是研究电极过程动力学和电极材料表面现象的重要方法之一。电化学交流阻抗法是指小幅度正弦波交流阻抗法,是控制电极电流(或电位)按正弦波规律随时间变化,同时测量相应的电极电位(或电流)随时间的变化,或者直接测量电极的交流阻抗,进而计算各种电极参数。EIS 测试是最常见的电化学测试之一,主要测试电极材料与电解液之间的内阻。

(2)测试。

工作电极为待测电极材料,对电极为铂电极,参比电极为Hg/HgO电极(碱性电解液用)和 Ag/AgCl 电极(中性电解液用),碱性电解液浓度为3 mol/L KOH,中性电解液浓度为1 mol/L Na_2SO_4。试验中 EIS 测试在电化学工作站(CHI660E)上完成,测试振幅为5 mV,频率为10 mHz ~ 100 kHz。通过测试得到能斯特曲线,再用 Zview 软件进行数据拟合,可以得到电极材料内阻,以及电极与溶液界面的电荷转移阻抗。

3.3 热辐射性能

3.3.1 半球发射率稳态量热计法

参考《航天器热控膜层试验方法 第3部分:发射率测试》(GJB 2502.3—2006),进行半球发射率测试。

1. 原理

将试样置于真空冷壁中,其热辐射可由外加电功率来补偿。试样半球发射率的计算式为

$$\varepsilon_H = \frac{U_1 U}{\sigma F R (T_1^4 - T_2^4)} \tag{3.5}$$

式中,ε_H 为半球发射率;U_1 为标准电阻的端电压(V);U 为主加热器的端电压(V);σ 为斯特藩-玻耳兹曼(Stefan-Boltmann)常数($W/(m^2 \cdot K^4)$),其值为 5.67×10^{-8};F 为试样热辐射的表面积(m^2);R 为标准电阻的电阻值

(Ω);T_1 为试样温度(K);T_2 为真空冷壁的平均温度(K)。

稳态量热计法半球发射率测定装置示意图如图3.9所示。

2. 测试

启动真空机组,向热沉加注冷却介质,调节主、辅加热器的加热功率,使试样温度接近要求的温度。当试样的主加热器达到稳定状态、辅加热器实现跟踪、试样温度达到要求的温度时,连续3次测试试样温度 T_1、热沉温度 T_2、主加热器端电压 U、标准电阻的电阻值 R 及端电压 U_1。

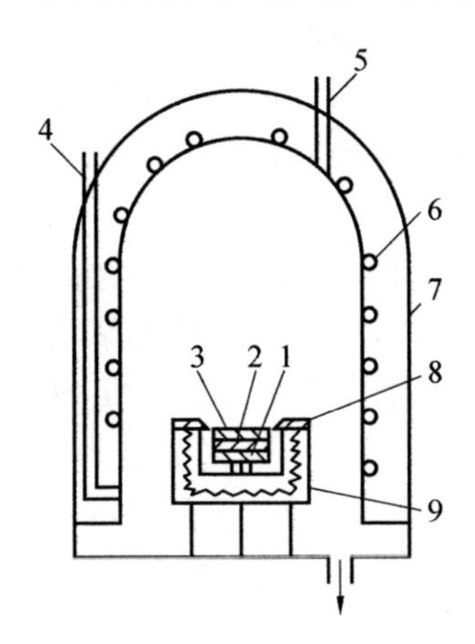

图3.9　稳态量热计法半球发射率测定装置示意图

1—主加热器;2—均热板;3—试样;4—冷却介质入口;5—冷却介质出口;6—热沉;7—真空罩;8—压板;9—辅加热器

3.3.2　法向发射率测试

参考《航天器热控膜层试验方法 第3部分:发射率测试》(GJB 2502.3—2006),进行法向发射率测试。

1. 原理

通过测试同一温度下被测样品的辐射指示值和黑体腔的辐射指示值,按下式计算样品的法向发射率 ε_n:

$$\varepsilon_n = \frac{\varphi_s}{\varphi_b} \tag{3.6}$$

式中,φ_s 为从检测仪器上读取的样品辐射指示值;φ_b 为从检测仪器上读取的黑体腔辐射指示值。

2. 测试

样品表面应平整、均匀、无污染和裂纹，厚度不大于1.8 mm。样品是边长为40 mm的正方形。被测样品温度为60～80 ℃；被测样品与黑体腔的水温度差不超过±0.5 ℃。

法向发射率测试装置如图3.10所示。

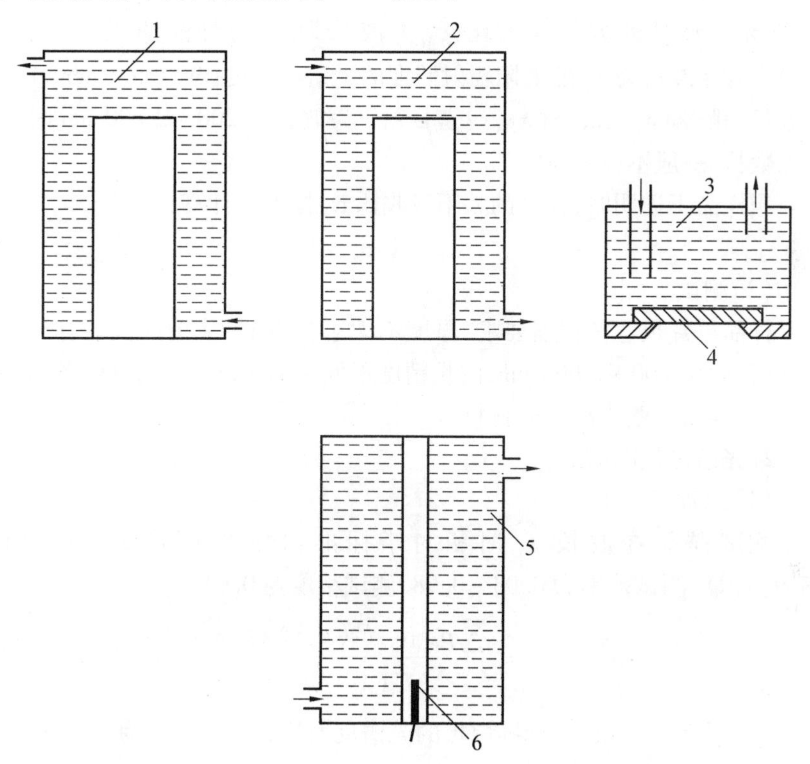

图3.10 法向发射率测试装置示意图

1—黑体腔；2—零点校正腔；3—试样腔；4—被测试样；5—探测器腔；6—平面热电堆

3.4 光吸收性能

参照《航天器热控膜层试验方法 第2部分：太阳吸收比测试》（GJB 2502.2—2006），采用分光光度计，利用光谱法（绝对法）测试PED陶瓷膜层太阳吸收比。

1. 光谱法(绝对法)

(1)原理。

测试样品在波长为 λ_i 时的光谱反射比,按式(3.7)计算得到样品的太阳反射比。太阳吸收比的测试范围为0.03~0.98,测试精度为0.01。

$$\rho_s = \frac{\sum \rho_{\lambda_i} E_s(\lambda_i)\Delta\lambda_i}{\sum E_s(\lambda_i)\Delta\lambda_i} \tag{3.7}$$

式中,ρ_s 为样品的太阳反射比;ρ_{λ_i} 为波长为 λ_i 时样品的光谱反射比;$E_s(\lambda_i)$ 为在波长为 λ_i 处太阳辐射照度的光谱密集度(W/(m^2 · nm));$\Delta\lambda_i$ 为波长间隔(nm),$\Delta\lambda_i=(\lambda_{i+1}-\lambda_{i-1})/2$;$n$ 为波长为200~2 600 nm时被测试点数目,一般不少于50点。

当样品不透明时,样品的太阳吸收比 α_s 按下式计算:

$$\alpha_s = 1-\rho_s \tag{3.8}$$

(2)测试。

样品单片尺寸按仪器要求,厚度不大于2 mm。使用的仪器有分光光度计(波长为200~2 600 nm,波长精度不低于1.6 nm)、积分球(球内径不小于60 mm,内壁为高反射材料)。

2. 光谱法(相对法)

(1)原理。

测试样品在波长 λ_i 时相对于标准白板的光谱反射比,由式(3.9)计算。测试范围为0.03~0.98,测试精度为0.01。

$$\rho_s = \frac{\sum \rho_{a\lambda_i}\rho_{b\lambda_i} E_s(\lambda_i)\Delta\lambda_i}{\sum E_s(\lambda_i)\Delta\lambda_i} \tag{3.9}$$

式中,$\rho_{a\lambda_i}$ 为波长为 λ_i 时标准白板的光谱反射比;$\rho_{b\lambda_i}$ 为波长为 λ_i 时试样相对于标准白板的光谱反射比。

当试样不透明时,按式(3.8)计算样品的太阳吸收比。

(2)测试。

样品为单片直径或边长为25~85 mm的圆形或正方形,厚度一般不大于10 mm。使用的仪器有分光光度计(波长为200~2 800 nm,波长精度不小于1.6 nm);积分球(球内径不小于60 mm,内壁为高反射材料);标准白板,压制的硫酸钡或海伦(Halon)板,其为直径或边长25~85 mm的圆形或正方形,厚度一般不大于10 mm,标准白板应经计量部门鉴定合格,并在有效期内使用。

3. 积分法(台式)

(1)原理。

通过测试被测样品和参比样品从检测仪器上读出的反射量指示值,按式(3.10)计算。太阳吸收比的测试范围为0.04~0.97,测试精度为0.015。

$$\rho_s = \rho_o \frac{\phi_s}{\phi_o} \tag{3.10}$$

式中,ρ_o为参比试样的太阳反射比;ϕ_s为从检测仪器上读出的被测试样的反射量指示值;ϕ_o为从检测器上读出的参比试样反射量指示值。

当试样为不透明时,按式(3.8)计算样品的太阳吸收比α_s。

(2)测试。

测试装置构成如图3.11所示,主要组件为积分球(内径不小于80 mm,内壁为高反射材料)、光源(功率不小于100 W的卤素灯或氙灯)、探测器(真空平面热电堆或非光谱选择性探测元件)。

被测样品的表面曲率半径应不小于50 mm,面积应大于积分球试样孔面积。

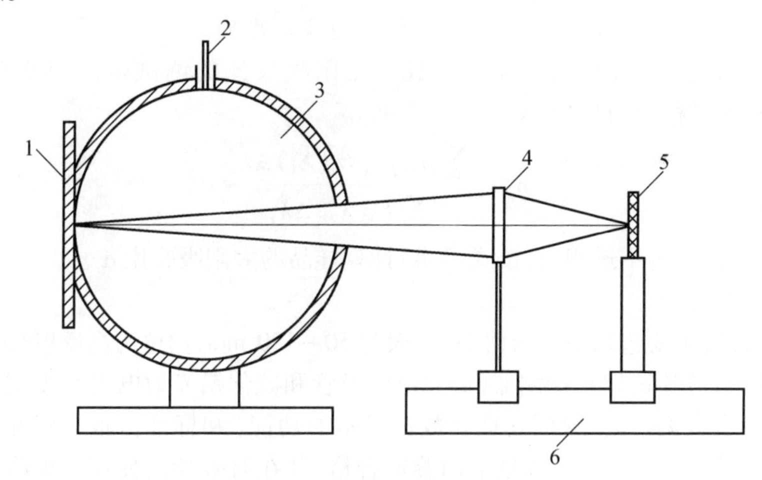

图3.11 测试装置构成示意图

1—试样;2—探测器;3—积分球;4—聚光镜;5—光源;6—光轨

4. 积分法(便携式)

(1)原理。

通过测试被测试样和参比试样从检测仪器上读出的反射量指示值,按式(3.11)计算被测试样的太阳反射比。太阳吸收比的测试范围为

0.05～0.97，测试精度为0.015。

$$\rho_s=\rho_o\frac{\phi_3-\phi_1}{\phi_2-\phi_1} \tag{3.11}$$

式中，ϕ_3 为检测仪器显示的被测试样反射量指示值；ϕ_2 为检测仪器显示的参比试样反射量指示值；ϕ_1 为检测仪器显示的零点指示值（对于自动调零的仪器，$\phi_1=0$）。

当试样为不透明时，按式(3.8)计算样品的太阳吸收比 α_s。

(2)测试。

设备的主要组成包括积分球（内径为60～70 mm，试样孔径为10 mm，内壁为高反射材料）、光源（卤素灯等光源）、探测器（硅光电二极管（加滤光片）、锗光电二极管等光电探测器）、微处理器（具有数据采集、处理、显示及打印等功能，数字显示器不稳定度 $\Delta\phi$ 不大于±0.02/h）。

被测样品的表面曲率半径应不小于50 mm，面积应大于积分球试样孔面积。

5. 光谱法（便携式）

(1)原理。

通过测试波长为 λ_i 时被测试样相对于标准白板的光谱反射比，按照式(3.12)计算试样的太阳反射比。太阳吸收比的测试范围为0.04～0.97，测试精度为0.015。

$$\rho_s=\frac{\sum\rho_{a\lambda_i}\rho_{b\lambda_i}E_s(\lambda_i)\Delta\lambda_i}{\sum E_s(\lambda_i)\Delta\lambda_i} \tag{3.12}$$

当试样为不透明时，按式(3.8)计算样品的太阳吸收比 α_s。

(2)测试。

设备主要包括积分球（内径一般为50～120 mm，内壁为高反射材料）、光源（氘灯和钨灯）、探测器（硅光电二极管和硫化铅光敏电阻）、专用计算机（具有数据采集、数据处理和数据显示的功能）和标准白板。标准白板具有高反射特性，应经计量部门鉴定合格，并在有效期内使用。被测样品的表面曲率半径应不小于70 mm，面积应大于积分球试样孔面积。

本篇参考文献

[1] YEROKHIN A L, NIE X, LEYLAND A. Plasma electrolysis for surface engineering[J]. Surface and Coatings Technology, 1999, 122: 73-93.

[2] YEROKHIN A L, SNIZHKO L O, GUREVINA N L. Discharge characterization in plasma electrolytic oxidation of aluminium[J]. Journal of Physics D-Applied Physics, 2003, 36:211-2120.

[3] SNIZHKO L O, YEROKHIN A L, PILKINGTON A. Anodic processes in plasma electrolytic Oxidation of aluminium in alkaline solutions [J]. Electrochimica Acta, 2003, 49: 2085-2095.

[4] RUDNEV V S, VASIL'EVA M S, LUKIYANCHUK I V. On the surface structure of coatings formed by anodic spark method[J]. Protection of Metals, 2004, 40(4): 352-357.

[5] LI L H, KONG Y M, KIM H W. Improved biological performance of Ti implants due to surface modification by micro-arc oxidation [J]. Biomaterials, 2003, 25:2867-2875.

[6] VOEVODIN A A, YEROKHIN A L, LYUBIMOV V V. Characterization of wear protective Al – Si – O coatings formed on Al-based alloys by microarc discharge treatment [J]. Surface and Coatings Technology, 1996, 86-87: 516-521.

[7] KRYSMANN W, KURZE P, DITTRICH H G. Process characteristics and parameters of oxidation by spark discharge(ANOF)[J]. Crystal Research and Technology, 1984, 19(7): 973-979.

[8] WANG Y K, SHENG L, XIONG R Z. Study of ceramic coatings formed by microarc oxidation on Al matrix composite surface [J]. Surface Engineering, 1999, 15(2): 112-113.

[9] YAO Z P, JIANG Z H, XIN S G. Electrochemical impedance spectroscopy of ceramic coatings on Ti-6Al-4V by micro-plasma oxidation [J]. Electrochimica Acta, 2005, 50:3273-3279.

[10] 宋润滨，左洪波，吉泽升. 轻质合金等离子体增强电化学表面陶瓷化进展[J]. 轻质合金加工技术，2003，31:8-11.

[11] NIE X, WANG L, KONCA E. Tribological Behaviour of oxide/graphite composite coatings deposited using electrolytic plasma process [J]. Surface and Coatings Technology, 2004, 188-189:207-213.

[12] GÜNTHERSCHLZE A, BETZ H. Die electronenstromung in isolatoren bei extremen feldstarken[J]. Z. Phys., 1934, 91: 70-96.

[13] GÜNTHERSCHLZE A, BETZ H. Neue untersuc hungen berdie e lektrolytisc he ventilwirk ung[J]. Z. Phys., 1932, 78(3):196-210.

[14] MCNEILL W. The preparation of cadmium niobate by an anodic spark reaction[J]. J. Electrochem. Soc., 1958, 105:544-547.

[15] БЕЛЕВАНЕВ В Н, ТЕРЛЕЕВА О П, МАРКОВ Г А. Микроплменные элект-рохимические процессы обзор [J]. Зашита Металлов, 1998, 34(5):469.

[16] НИКОЛАЕВ А В, МАРКОВ Г А, ПЕЩЕВИЦКИЙ Б И. Новое Явление в Элек-тролите [J]. Изв. СО АН СССР. Сер. Хим. Наук., 1977, 78(12): 32.

[17] MARKOV G A, BELEVANTSEV V I, SLONOVA A I. Stages in anodic-cathodic microplasma processes[J]. Soviet Electrochemistry, 1989, 25: 1314-1319.

[18] RUDNEV V S, GORDIENKO P S, KURNOSOVA A G. Kinetics of the galvanostatic formation of spark discharge films on aluminum alloys[J]. Soviet Electrochemistry, 1990, 26:756-762.

[19] EFREMOV A P, BOLOTOV N L. Special features of formation of the oxide layer on aluminum in microarc oxidation in an alternating electrical field[J]. Soviet Materials Science, 1989, 25:273-275.

[20] 张文华, 胡正前, 马晋. 俄罗斯微弧氧化技术的研究进展[J]. 世界有色金属, 2004(1):43-46.

[21] GU W C, SHEN D J, WANG Y L, et al. Deposition of duplex Al_2O_3/aluminum coatings on steel using a combined techinique of arc spraying and plasma electrolytic oxidation [J]. Appl. Surf. Sci., 2006, 252(8):2977-2932.

[22] EFREMOV A P. Composite coating for protecting carbon steel from stress corrosion failure[J]. Prot. Met., 1989(25):176-180.

[23] VAN T B, BROWN S D, WIRTZ G P. Mechanism of anodic spark deposition[J]. Am. Ceram. Soc. Bull., 1977, 56(6):563-566.

[24] YEROKHIN A L, LYUBIMOV V V, ASHITKOV R V. Phase formation in ceramic coatings during plasma electrolytic oxidation of aluminium alloy[J]. Ceram. Inter., 1998, 24: 1-6.

[25] YOUNG L. Space charge in formation of anodic oxide films[J]. Acta Metallurgica, 1956, 4(1): 100-101.

[26] YAHALOM J, ZAHAVI J. Electrolytic breakdown crystallization of anodic oxide films on Al, Ta and Ti[J]. Electrochimica Acta, 1970, 15(9): 1429-1435.

[27] YAHALOM J. Experimental evaluation of some electrolytic breakdown hypotheses[J]. Electrochimica Acta, 1971, 16(5): 603-607.

[28] WOOD G C, PEARSON C. The theory of avalanche breakdown in solid dielectrics[J]. Corros. Sci., 1967, 7(2): 119-125.

[29] VIJH A K. Sparking voltages and side reactions during anodization of valuemetals in terms of electron tunneling[J]. Corros. Sci., 1971, 11(6): 411-417.

[30] ALWITT R S, VIJH A K. Statistics of electron avalanches in the proportional counter[J]. Electrochem. Soc., 1969, 116(3): 388-390.

[31] IKONOPISOV S. Theory of electrical breakdown during formation of barrier anodic films[J]. Electrochimica Acta, 1977, 22(10): 1077-1082.

[32] IKONOPISOV S, ANDREEVA L. Anodization of molybdenum in glycol-borate electrolyte-A peculiar kinetics of insulating film formation[J]. Electrochem. Soc., 1973, 120(10): 1361-1368.

[33] VIJH A K. Electrical properties of non-metallic deposits[J]. Surf. Coat. Technol., 1976, 4(1): 7-30.

[34] KADARY V, KLEIN N. Electrical breakdown: I. During the anodic growth of tantalum pentoxide[J]. Electrochem. Soc., 1980, 127(1): 139-151.

[35] KADARY V, KLEIN N. Electrical breakdown: II. During the anodic growth of aluminum oxide[J]. Electrochem. Soc., 1980, 127(1): 152-155.

[36] ALBELLA J M, MONTERO I. Electron injection sand avalanche during the anoxic oxidation of tantalum[J]. Electrochem. Soc., 1984, 131: 1101-1104.

[37] MONTERO I, ALBELLA J M, MARTINEZ-DUART J M. Anodization and breakdown model of Ta_2O_5 films[J]. Electrochem. Soc., 1985, 132(4): 814-818.

[38] ALBELLA J M, MONTERO I, MARTINEZ-DUART J M. A theory of avalanche breakdown during anodic oxidation[J]. Electrochimica Acta, 1987, 32(2): 255-258.

[39] IKONOPISOV S. Theory of electrical breakdown during formation of barrier anodic films[J]. Electrochimica Acta, 1977, 22(10): 1077-1082.

[40] GU W C, LV G H, CHEN H, et al. Characterisation of ceramic voatings produced by plasma electrolytic oxidation of aluminum alloy [J]. Materials Science and Engineering: A, 2007, 447(1-2):158-162.

[41] SUNDARARAJAN G, KRISHNA L R. Mechanisms and underlying the formation of thick alumina coatings through the MAO coating technology [J]. Surface and Coatings Technology, 2003, 167(2-3):269-277.

[42] KRISHNA L R, SOMARAJU K R C, SUNDARARAJAN G. The tribological performance of ultra-hard ceramic composite coatings obtained through microarc oxidation [J]. Surface and Coatings Technology, 2003, 163-164:484-490.

[43] XUE W B, DENG Z W, LAI Y C, et al. Analysis of phase distribution for ceramic coatings formed by microarc oxidation on aluminum alloy [J]. Journal of the American Ceramic Society, 1998, 81(5): 1365-1368.

[44] MÉCUSON F J, CZERWIEC T, HENRION G, et al. Tailored aluminium oxide layers by bipolar current adjustment in the plasma electrolytic oxidation (PED) process [J]. Surface and Coatings Technology, 2007, 201(21):8677-8682.

[45] XUE W B, DENG Z W, CHEN R Y, et al. Growth regularity of ceramic coatings formed by microarc oxidation on Al-Cu-Mg alloy[J]. Thin Solid Films, 2000, 372(1-2):114-117.

[46] LI J M, CAI H, XUE X N, et al. The outward-inward growth behavior of microarc oxidation coatings in phosphate and silicate solution[J]. Materials Letters, 2010, 64(19):2102-2104.

[47] MONFORT F, BERKANI A, MATYKINA E, et al. A tracer study of

oxide growth during spark anodizing of aluminum[J]. Journal of The Electrochemical Society, 2005, 152(6):382-387.

[48] MATYKINA E, DOUCET G, MONFORT F, et al. Destruction of coating material during spark anodizing of titanium[J]. Electrochimica Acta, 2006, 51(22):4709-4715.

[49] MÉCUSON F J, CZERWIEC T, BELMONTE T, et al. Diagnostics of an electrolytic microarc process for auminium alloy oxidation[J]. Surface and Coatings technology, 2005, 200(1-4):804-808.

[50] ARRABAL R, MATYKINA E, HASHIMOTO T, et al. Characterization of AC PED coatings on magnesium alloys[J]. Surface and Coatings Technology, 2009, 203(16):2207-2220.

[51] MATYKINA E, BERKANI A, SKELDON P, et al. Real-time imaging of coating growth during plasma electrolytic oxidation of titanium[J]. Electrochimica Acta, 2007, 53(4):1987-1994.

[52] 贺子凯, 蒋玉思. 铝合金微弧氧化生成陶瓷膜层的研究[J]. 昆明理工大学学报, 2001, 26(1):17-20.

[53] 李淑华, 程金生, 尹玉军. 微弧氧化过程中电流和电压变化规律的探讨[J]. 特种铸造及有色合金, 2001(3):4-7.

[54] 李淑华, 程金生, 尹玉军, 等. LY12Al 合金微弧氧化过程中电流和电压变化规律[J]. 腐蚀科学与防护技术, 2001, 13(6):362-364.

[55] 陈宏, 郝建民, 王利捷. 镁合金微弧氧化处理电压对陶瓷层的影响[J]. 表面技术, 2004, 33(3):17-18.

[56] 马凤杰. 镁合金微弧氧化工艺参数及其成膜过程的研究[D]. 兰州: 兰州理工大学, 2008.

[57] 陈宏, 郝建民. AZ91D 压铸镁合金微弧氧化膜层的显微硬度分析[J]. 铸造技术,2009, 30(7):911-914.

[58] 郝建民, 陈宏, 张荣军. 电源参数对镁合金微弧氧化陶瓷层致密性和电化学阻抗的影响[J]. 腐蚀与防护,2003, 24(6):249-251.

[59] 章志友, 赵晴, 陈宁. MB8 镁合金微弧氧化膜层耐蚀性研究[J]. 南昌航空大学学报(自然科学版),2007, 21(2):34-37.

[60] 施玲玲, 徐用军, 李康, 等. Mg-Li 合金微弧氧化陶瓷膜层的制备及其耐蚀性能[J]. 材料研究学报, 2009, 23(2):220-224.

[61] 姜兆华, 李爽, 姚忠平, 等. 电解液对微弧氧化陶瓷膜层结构与耐蚀性的影响[J]. 材料科学与工艺, 2006, 14(5):460-462.

[62] 王吉会，杨静. 镁合金在硅酸盐体系中微弧氧化膜层的性能研究[J]. 材料热处理学报，2006，27(3)：95-99.

[63] 李颂，刘耀辉，刘海峰，等. AZ91D 压铸镁合金在六偏磷酸盐体系中的微弧氧化工艺[J]. 吉林大学学报(工学版)，2006，36(1)：46-51.

[64] 张淑芬，张先锋，蒋百灵. 溶液电导率对镁合金微弧氧化的影响[J]. 材料保护，2004，37(4)：7-9.

[65] 贺子凯，唐培松. 溶液体系对微弧氧化陶瓷膜层的影响[J]. 材料保护，2001，34：12-15.

[66] 陈文彬，朱强，雷玉成，等. 碳钢熔-钎焊层表面微弧氧化陶瓷层的制备[J]. 表面技术，2018，47(10)：269-274.

[67] 刘惠，宋红年. 溶液浓度对镁合金微弧氧化电解液失效的影响[J]. 材料开发与应用，2007，22(4)：15-17.

[68] 郭洪飞，安茂忠，霍慧彬，等. 工艺条件对镁合金微弧氧化的影响[J]. 材料科学与工艺，2006，14(6)：616-621.

[69] 郭洪飞，安茂忠，霍慧彬，等. 电解液组成对 AZ91D 镁合金微弧氧化的影响[J]. 材料科学与工艺，2006，14(2)：116-119.

[70] 王吉会，杨静. 铝酸盐体系中镁合金微弧氧化膜的性能[J]. 天津大学学报，2006，39(7)：851-856.

[71] 马跃洲，马凤杰，陈明，等. 电解液温度对镁合金微弧氧化成膜过程的影响[J]. 兰州理工大学学报，2008，34(3)：25-28.

[72] 吴云峰，杨钢，裴崇，等. 电解液温度对 TC4 钛合金微弧氧化膜层性能的影响[J]. 铸造技术，2013，34：566-568.

[73] 阎峰云，林华，马颖，等. 镁合金微弧氧化电解液电导率的研究[J]. 轻质合金加工技术，2007，35(5)：28-31.

[74] 梁军，郭宝刚，田军，等. 工艺参数对 AZ91C 镁合金生成微弧氧化膜层的影响[J]. 材料科学与工程学报，2005，23(2)：262-265.

[75] 张继红，徐加有，程柏松，等. 镁合金微弧氧化陶瓷层结合强度与耐蚀性的研究[J]. 汽车工艺与材料，2006(2)：9-11.

[76] 赵琳，赵晴，雷明侠，等. 氧化时间对钛合金微弧氧化膜性能的影响[J]. 电镀与精饰，2013，35：28-33.

[77] 赵晴，胡勇，杜楠. 氧化时间对 MB8 镁合金微弧氧化膜的影响[J]. 航空材料学报，2007，27(6)：55-58.

[78] 王德云，东青，陈传忠，等. 微弧氧化技术的研究进展[J]. 硅酸盐

学报, 2005, 33(09):1133-1138.

[79] BAKOVETS V V, DOLGOVESOVA I P, NIKIFOROVA G L. Oxide films produced by treatment of aluminum alloys in concentrated sulfuric acid in an anodic-spark system [J]. Protection of Metals (English translation of Zaschita Metallov), 1986, 22(3):358-361.

[80] GURKO A F. Formation and modification of anodic coatings on Al under spark condition[J]. Ukrainskii Khimicheskii Zhurnal, 1991, 57:304-307.

[81] LIANG J, GUO B, TIAN J, et al. Effects of $NaAlO_2$ on structure and corrosion resistance of microarc oxidation coatings formed on AM60B magnesium alloy in phosphate-KOH electrolyte[J]. Surface and Coatings Technology, 2005, 199(2-3):121-126.

[82] GUO H F, AN M Z, HUO H B, et al. Microstructure characteristic of ceramic coatings fabricated on magnesium alloys by micro-arc oxidation in alkaline silicate solutions[J]. Applied Surface Science, 2006, 252(22):7911-7916.

[83] GUO H F, AN M Z. Growth of ceramic coatings on AZ91D magnesium alloys by micro-arc oxidation in aluminate-fluoride solutions and evaluation of corrosion resistance[J]. Applied Surface Science, 2005, 246(1-3):229-238.

[84] 贺子凯,唐培松. 电流密度对微弧氧化膜层厚度和硬度的影响[J]. 表面技术,2003,32:21-24.

[85] 赵晓鑫, 马颖, 孙钢. 镁合金微弧氧化研究进展[J]. 铸造技术, 2013, 34(1):45-47.

[86] 徐勇. 国内铝和铝合金微弧氧化技术研究动态[J]. 腐蚀与防护, 2003, 24(4): 154.

[87] 李建中, 邵忠财, 田彦文,等. 微弧氧化技术在 Al、Mg、Ti 及其合金中的应用[J]. 腐蚀科学与防护技术, 2004, 16(4): 218.

[88] 薛文斌, 邓志威, 来永春,等. LY12 铝合金微弧氧化的尺寸变化规律[J]. 中国有色金属学报, 1997, 7(3): 140.

[89] 贺子凯, 唐培松. 不同基体材料微弧氧化生成陶瓷膜层的研究[J]. 材料保护, 2002, 35(4): 31.

[90] 薛文斌, 邓志威, 来永春, 等. 有色金属表面微弧氧化技术评述[J]. 金属热处理, 2000, 1: 1-3.

[91] 王永康, 熊仁章,盛磊,等. 铝基复合材料表面微弧氧化涂覆陶瓷膜层研究[J]. 兵器材料科学与工程, 1998, 21(4): 25-30.

[92] 沈宁一. 表面处理工艺手册[M]. 上海: 上海科学技术出版社, 1991.

[93] TIMOSHENKO A V, OPARA B K, MAGUROVA Y V. Formation of protective wear-resistent oxide coating on aluminium alloys by the microplasma methods from aqueous electrolyte solutions [J]. Process Interational Corrosion Congress, 1993, 1:280-293.

[94] 张英, 孟保平, 杨国英. 镁合金表面微弧氧化法[J]. 轻质合金加工技术, 2004, 32(10):23-26.

[95] CHIGRINOVA N M, CHIGRINOV V E. Identification of coating by anodic microarc oxidation and their operation in thermally-stressed assemblies[J]. Powder Metallurgy and Metal Ceramics, 2001, 40:213-220.

[96] 陈如意, 来永春. 双极性大功率脉冲电源[M]. 北京: 北京知识产权出版社, 2001.

[97] XUE W B, DENG W Z, LAI C Y. Analysis of phase distribution for ceramic coatings formed by microarc oxidation on aluminum alloy[J]. J. Am. Ceram. Soc., 1998, 81(5):1365-1368.

[98] 杨世彦. 微弧氧化电源及负载特性分析与匹配[D]. 哈尔滨: 哈尔滨工业大学, 2005, 35-39.

[99] 龙北玉, 吴汉华, 王乃丹. 单片机控制的微弧氧化电源[J]. 自动化技术与应用, 2004, 23(12):55.

[100] 郑浩. 程控微弧氧化脉冲电源研制[D]. 兰州: 兰州理工大学, 2010:5-7.

[101] 叶振忠, 孙梅, 等. 晶闸管焊机的新型同步及触发电路[J]. 电焊机, 2003, 6(12):33-35.

[102] 陈克选, 祖立国, 李春旭, 等. 微弧氧化电源 IGBT 驱动和保护研究[J]. 电焊机, 2006, 36(10):40-44.

[103] 孙涵芳. Intel 16 位单片机[M]. 北京: 北京航空航天大学出版社, 1995.

[104] 陈小红, 曾敏, 曹彪. 微弧氧化电源的研究现状[J]. 新技术新工艺, 2008(3):87-89.

[105] 冯欣荣, 吴汉华, 龙北玉. 多功能微弧氧化电源的研制[J]. 仪表技术与传感器, 2004, 9:32-33.

[106] 杨世彦，责洪奇，韩基业，等. 双向不对称脉冲电源实现电路的设计[J]. 电力电子技术，2003，37：16-18.
[107] 孙南海，危立辉. 等离子体微弧氧化双向脉冲电源稳流稳压控制[J]. 中南民族大学学报(自然科学版)，2004，23：46-48.
[108] 吕志胜. 大型回转体铝合金构建微弧氧化工艺与装置[D]. 西安：长安大学，2012.
[109] 王建民，郑治祥，汪景奇，等. 酸性电解液对Ti6Al4V合金微弧氧化的影响[J]. 材料热处理学报，2009，30(1)：135-139.
[110] VLADIMI M. Mikrolich bogen oxidation[J]. Ober. Flchen. Technik，1995，49(8)：606-610.
[111] 屠振密，李宁，朱永明. 钛及表面处理技术和应用[M]. 北京：国防工业出版社，2010：133-166.
[112] 姜大鹏，张昆，张丽伟. 时间对微弧氧化膜性能的影响[J]. 长春工业大学学报(自然科学版)，2013，34(3)：253-256.
[113] 薛文斌，邓志威，陈如意，等. 钛合金在硅酸盐溶液中微弧氧化陶瓷膜层的组织结构[J]. 金属热处理，2000(2)：5-7.
[114] 汪景奇. Ti6Al4V合金表面微弧氧化膜的制备工艺及性能研究[D]. 合肥：合肥工业大学，2009.
[115] 宁铮. TC4钛合金微弧氧化膜层的摩擦性能研究[D]. 南昌：南昌航空大学，2010：16-20.
[116] 赵晖，朱其柱，金光，等. 硅酸钠对TC4钛合金微弧氧化电极参数及陶瓷膜层的影响[J]. 材料保护，2011，44(2)：14-16.
[117] 姜兆华，吴晓宏，王福平，等. Na_3PO_4-$Na_2B_4O_7$体系中钛合金微等离子体氧化陶瓷膜层研究[J]. 稀有金属，2001，25(2)：151-153.
[118] 李玉海，贾红蕊，金光. 磷酸盐溶液钛合金微弧氧化膜影响因素的研究[J]. 新技术新工艺，2006(3)：47-49.
[119] 马洁. 钛表面微弧氧化生成含羟基磷灰石陶瓷膜层的研究[D]. 哈尔滨：哈尔滨工业大学，2007.
[120] 杨瑞博. 钛合金表面微弧氧化生物活性膜层研究[D]. 西安：长安大学，2012：25-43.
[121] 薛文斌，邓志威，李永良，等. Ti6Al4V在$NaAlO_2$溶液中微弧氧化陶瓷膜层的组织结构研究[J]. 材料科学与工艺，2000，8(3)：41.
[122] YEROKHIN A L，NIE X，LEYLAND A. Characterisation of oxide films produced by electrolytic oxidation of Ti6Al4V[J]. Surf. Coat. Techn.，2000，130：195-199.

[123] 王亚明，雷廷权，蒋白灵，等. Na_2SiO_3-KOH-(Na-PO_3)$_6$ 溶液中 Ti6Al4V 微弧氧化陶瓷膜层研究[J]. 稀有金属材料与工程，2003，32(12)：10-40.

[124] 王亚明，蒋百灵，郭立新，等. 磷酸盐系溶液中钛合金微弧氧化膜层生长与组织结构[J]. 中国有色金属学报，2004，14(4)：548-553.

[125] 王亚明，蒋白灵，雷廷权，等. Na_2SiO_3 系溶液中 Ti6Al4V 微弧氧化陶瓷膜层的结构与力学性能[J]. 稀有金属材料与工程，2004，33(5)：502-506.

[126] 施涛. 钛合金微弧氧化耐磨陶瓷层制备与性能研究[D]. 北京：北京交通大学，2010.

[127] 宋雨来，王文琴，刘耀辉. 镁合金微弧氧化电解液体系及其添加剂的研究现状与展望[J]. 材料保护，2010，43(11)：29-31.

[128] 郭锋，李鹏飞. 微弧氧化技术的电解液体系与组成[J]. 内蒙古工业大学学报，2011，30(3)：263-268.

[129] 王永康，郑宏晔，李炳生，等. 铝合金微弧氧化溶液中添加剂成分的作用[J]. 材料保护，2003，36(11)：62-64.

[130] BALA S P, LIANG J, BLAWERT C, et al. Dry sliding wear behaviour of magnesium oxide and zirconium oxide plasmaelectrolytic oxidation coated magnesium alloy [J]. Applied Surface Science, 2010, 256(10): 3265-3273.

[131] DEMIRCI E E, ARSLAN E, EZIRMIK K V, et al. Investigation of wear, corrosion and tribocorrosion properties of AZ91 Mg alloy coated by micro arc oxidation process in the different electrolyte solutions[J]. Thin Solid Films, 2013, 528: 116-122.

[132] GHASEMI A, RAJA V S, BLAWERT C, et al. The role of anions in the formation and corrosion resistance of the plasma electrolytic oxidation coatings [J]. Surface and Coatings Technology, 2010, 204(9/10): 1469-1478.

[133] 陈静，徐晋勇，高成，等. 铝合金微弧氧化溶液体系的研究进展[J]. 材料导报，2011，25(8)：107-109.

[134] 吴汉华. 铝、钛合金微弧氧化膜的制备表征及其特性研究[D]. 长春：吉林大学，2004：95-96.

[135] MANDELLI A, BESTETTI M, DA FORNO A, et al. A compositecoating for corrosion protection of AM60B magnesium alloy [J]. Surface and Coatings Technology, 2011, 205(19): 4459-4465.

[136] LIM T S, RYU H S, HONG S H. Electrochemical corrosion properties of CeO_2-containing coatings on AZ31 magnesium alloys prepared by plasma electrolytic oxidation[J]. Corrosion Science, 2012, 62:104-111.

[137] LIANG J, HU L T, HAO J C. Preparation and characterization of oxide films containing crystalline TiO_2 on magnesium alloy by plasma electrolytic oxidation[J]. Electrochimica Acta, 2007, 52(14):4836-4840.

[138] LALEH M, SABOUR R A, SHAHRABI T, et al. Effect of alumina sol addition to microarc oxidation electrolyte on the properties of MAO coatings formed on magnesium alloy AZ91D[J]. Journal of Alloys and Compounds, 2010, 496(1/2):548-552.

[139] SHEN M J, WANG X J, ZHANG M F. High-compactness coating grown by plasma electrolytic oxidation on AZ31 magnesium alloy in the solution of silicate borax[J]. Applied Surface Science, 2012, 259:362-366.

[140] 夏浩，占稳，欧阳贵. 醋酸镍对 AZ63B 镁合金微弧氧化膜耐蚀性的影响[J]. 电镀与环保, 2012, 32(3):43-45.

[141] LIANG J, GUO B J, TIAN J, et al. Effect of potassium fluoride in electrolytic solution on the structure and properties of microarc oxidation coatings on magnesium alloy[J]. Applied Surface Science, 2005, 252(2):345-351.

[142] LUO H H, CAI Q Z, WEI B K, et al. Study on the micro-structure and corrosion resistance of ZrO_2-containing ceramic coatings formed on magnesiumalloy by plasma electrolytic oxidation[J]. Journal of Alloys and Compounds, 2009, 474(1/2):551-556.

[143] PaAN Y K, CHEN C Z, WANG D G, et al. Effects of phosphates on microstructure and bioactivity of microarc oxidized calcium phosphate coatings on Mg-Zn-Zr magnesium alloy[J]. Colloids and Surfaces, 2013, 109:1-9.

[144] LIANG J, GUO B G, TIAN J, et al. Effects of $NaAlO_2$ on structure and corrosion resistance of microarc oxidation coatings formed on AM60B magnesium alloy in phosphate KOH electrolyte[J]. Surface and Coatings Technology, 2005, 199(2/3):121-126.

[145] 夏永平，王淑艳，刘莉. 四硼酸钠对 AZ91D 镁合金微弧氧化膜特性的影响[J]. 电镀与精饰, 2012, 34(10):1-5.

[146] WU D, LIU X D, LU K, et al. Influence of $C_3H_8O_3$ in the electrolyte on characteristics and corrosion resistance of the microarc oxidation coatings formed on AZ91D magnesium alloy surface [J]. Applied Surface Science, 2009, 255(16):7115-7120.
[147] 王丽萍, 徐用军, 姚忠平. 植酸对镁锂合金微弧氧化膜的影响[J]. 材料导报, 2012, 26:357-359.
[148] ZHANG R F, ZHANG S F, DUO S W. Influence of phytic acid concentration on coating properties obtained by MAO treatment on magnesium alloys [J]. Applied Surface Science, 2009, 255 (18): 7893-7897.
[149] HWANG D Y, KIM Y M, PARK D Y, et al. Corrosion resistance of oxide layers formed on AZ91 Mg alloy in $KMnO_4$ electrolyte by plasma electrolytic oxidation[J]. Electrochimica Acta, 2009, 54(23):5479-5485.
[150] 马颖, 刘楠, 王宇顺, 等. 铬酸盐对镁合金微弧氧化膜耐蚀性的影响[J]. 硅酸盐学报, 2011, 39(9):1493-1497.
[151] BAI A, CHEN Z J. Effect of electrolyte additives on anti-corrosion ability of microarc oxide coatings formed on magnesium alloy AZ91D[J]. Surface and Coatings Technology, 2009, 203(14):1956-1963.
[152] 陈保廷, 李鹏飞, 郭锋. Nd 对镁合金微弧氧化陶瓷层厚度及表观质量的影响[J]. 表面技术, 2009, 38(3):20-22.
[153] 郭锋, 刘瑞霞, 李鹏飞, 等. 电解液中的稀土对 AZ91D 镁合金微弧氧化陶瓷层的影响[J]. 材料热处理学报, 2011, 32(2):134-138.
[154] PAN Y K, CHEN C Z, WANG D G, et al. Influence of additives on microstructure and property of microarc oxidized Mg–S–O coatings[J]. Ceramics International, 2012, 38(7):5527-5533.
[155] 石西昌, 肖湘, 尚伟, 等. 镁合金微弧氧化添加剂的优选[J]. 材料保护, 2009, 42(2):55-57.
[156] 尚伟, 陈白珍, 石西昌, 等. 添加剂对 AZ91D 镁合金微弧氧化膜的影响[J]. 稀有金属材料与工程, 2009, 38(2):335-338.
[157] 苏培博. 镁合金微弧氧化原位生长陶瓷膜层及其摩擦行为研究[D]. 哈尔滨: 哈尔滨工业大学, 2011.

第 2 篇

轻质合金表面 PED 耐磨膜层的可控制备及应用

第4章　铝合金表面耐磨膜层的制备

4.1　技术背景简介

铝和铝合金因密度小且易加工，可以制造成形状十分复杂的零件，而成为目前工业中使用量仅次于钢铁的第二大类金属材料[1-4]。目前，铝和铝合金广泛应用于航空、军事、建筑、机械、纺织、电子、医疗及装饰等领域。但是随着科学技术的不断发展，人们对各种机械设备的寿命和使用精度的要求不断提高，同时铝合金也存在塑性较低、耐蚀性和耐磨性差等缺点，不能满足更高的技术要求，因此常采用各种表面处理方法以提高其应用性能。

常见的铝和铝合金的表面处理方法有阳极氧化、电镀、化学转化层及液相等离子体沉积技术等[5-8]。其中，阳极氧化对前处理要求严格，一般在酸性溶液中进行，成膜速度低，氧化膜层较薄且致密性差，易剥落[9]。液相等离子体沉积技术与传统阳极氧化相比，所得陶瓷膜层与基体结合牢固，结构致密，具有良好的耐磨损、耐腐蚀、耐高温冲击和电绝缘性能，其工艺对环境无污染，因而具有广阔的应用前景[10]。

液相等离子体沉积技术是一个受多种因素控制的复杂过程，构筑陶瓷膜层的质量和性能受到基体材料成分、电源模式、电解液组成和各成分的质量浓度及电源参数等因素的相互制约。以6061铝合金表面构筑的陶瓷膜层硬度作为评价标准，优化出在6061铝合金表面原位构筑陶瓷膜层的最佳电解液体系，通过研究占空比、频率、电流密度及氧化时间对构筑陶瓷膜层微观形貌、相组成、元素组成和生长速率的影响规律，确定出构筑具有较高耐磨性的陶瓷膜层的工艺参数。

4.2　电解液体系筛选

在液相等离子体沉积过程中，电解液作为电流传导的介质，为基体/电解液界面发生的氧化反应提供了所必需的能量和氧源，并且电解液组分可参与氧化反应进入膜层中，对控制和改善液相等离子体沉积膜层的性能起到至关重要的作用。

目前,进行液相等离子体沉积处理所使用的电解液体系主要为弱碱性体系,可分为硅酸盐、磷酸盐及铝酸盐等体系,其吸附性的强弱依次为:SiO_3^{2-}>PO_4^{4-}>AlO_2^-,在铝合金的表面处理中含硅酸盐的弱碱性电解液体系的使用最为广泛。NaF可显著提高陶瓷膜层的生长速率、硬度等性能[11]。因此,采用Na_2SiO_3、KOH和NaF为基础电解液体系,在恒定电流控制模式下,固定电流密度为6 A/dm^2、占空比为45%、频率为50 Hz、氧化时间为60 min,以构筑的陶瓷膜层厚度作为评价膜层性能的指标,通过四因素四水平L16(4^4)正交试验对电解液体系的质量浓度进行优化。表4.1是Na_2SiO_3电解液中构筑陶瓷膜层的正交试验及极差分析结果。通过表4.1可以看出,NaF的质量浓度对构筑的陶瓷膜层厚度的影响最大,而Na_2SiO_3的质量浓度对构筑的陶瓷膜层厚度的影响最小,试验方案中A3B1C2构筑的陶瓷膜层厚度优于其他方案。因此,确定在厚度为1 mm的6061铝合金表面原位构筑陶瓷膜层的电解液组成为:20 g/L Na_2SiO_3,1 g/L KOH,3 g/L NaF。

表4.1　Na_2SiO_3电解液中构筑陶瓷膜层的正交试验及极差分析结果

序号	因素			厚度/μm
	A($\rho_{Na_2SiO_3}$)/(g·L^{-1})	B(ρ_{KOH})/(g·L^{-1})	C(ρ_{NaF})/(g·L^{-1})	
1	10	1	1	39.3
2	10	2	2	46.2
3	10	3	3	16.9
4	10	4	4	10.2
5	15	1	2	49.3
6	15	2	1	38.6
7	15	3	4	13.2
8	15	4	3	41.9
9	20	1	3	59.9
10	20	2	4	14.5
11	20	3	1	48.0
12	20	4	2	37.7
13	25	1	4	26.7
14	25	2	3	17.3
15	25	3	2	36.1
16	25	4	1	31.2

续表 4.1

序号	因素			厚度/μm
	A($\rho_{Na_2SiO_3}$)/(g·L^{-1})	B(ρ_{KOH})/(g·L^{-1})	C(ρ_{NaF})/(g·L^{-1})	
均值 1	28.150	43.800	39.275	—
均值 2	35.750	29.150	42.325	—
均值 3	40.025	28.550	34.000	—
均值 4	27.825	30.250	16.150	—
极差	12.200	15.250	26.175	—

在 20 g/L Na_2SiO_3、1 g/L KOH 和 3 g/L NaF 的电解液体系中，对采用占空比为 45%、频率为 50 Hz、电流密度为 6 A/dm^2、氧化时间为 60 min 的试验条件构筑了陶瓷膜层的 6061 铝合金与未经过液相等离子体沉积处理的 6061 铝合金分别进行力学性能测试，如图 4.1 所示。从图 4.1 可以看出，不含陶瓷膜层的 6061 铝合金的拉伸强度为 298.5 MPa，而构筑出陶瓷膜层后的 6061 铝合金的拉伸强度为 296.8 MPa，这表明陶瓷膜层对 6061 铝合金的拉伸强度基本不产生影响。

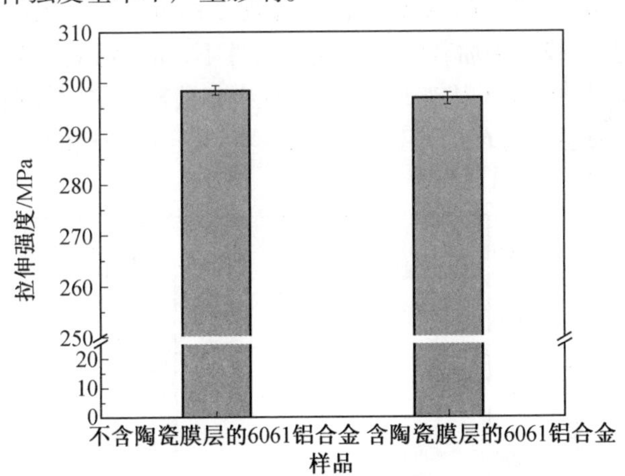

图 4.1 陶瓷膜层对 6061 铝合金力学性能的影响

为揭示陶瓷膜层对 6061 铝合金的拉伸性能未产生明显影响的原因，对陶瓷膜层进行了载荷-位移曲线和硬度测试研究。通过图 4.2 陶瓷膜层的载荷-位移曲线可以看出，在加载过程中曲线是非线性的，且一直连续并未出现断点，这说明陶瓷膜层在加载时发生了弹性变形和塑性变形，陶瓷膜层具有一定的韧性，此外通过卸载曲线也可以看出，在卸载时陶瓷膜层发生了弹性恢复,致使曲线呈非线性。由于陶瓷膜层本身具有一定的韧性,并且其与6061铝合金相比所占的比例较小,因此陶瓷膜层对6061铝合金的拉伸强度影响较小。

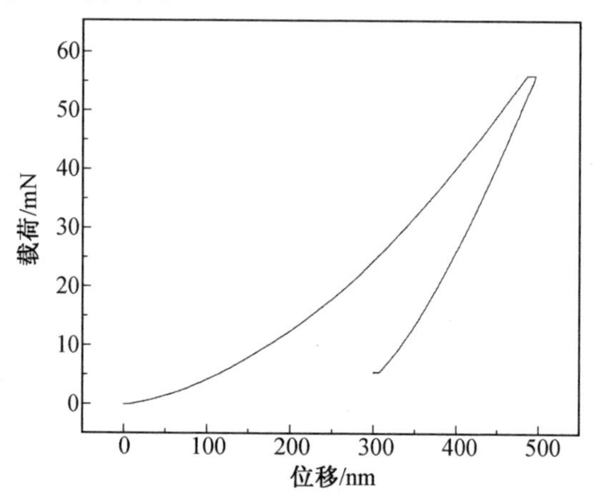

图4.2　陶瓷膜层的载荷-位移曲线

6061铝合金与陶瓷膜层的显微硬度测试结果如图4.3所示。由图4.3可以看出,6061铝合金的显微硬度为$HV_{0.1}$145.2,陶瓷膜层的显微硬度为$HV_{0.1}$984.6,是6061铝合金的显微硬度的近7倍。因陶瓷膜层具有较高的硬度,在载荷和加载时间相同的条件下,压头需要首先接触硬度较高的陶瓷膜层并使其发生变形,在此过程中将消耗一定的加载时间,因此,构筑出陶瓷膜层后的6061铝合金的硬度比未经过处理的6061铝合金的硬度明显提高。

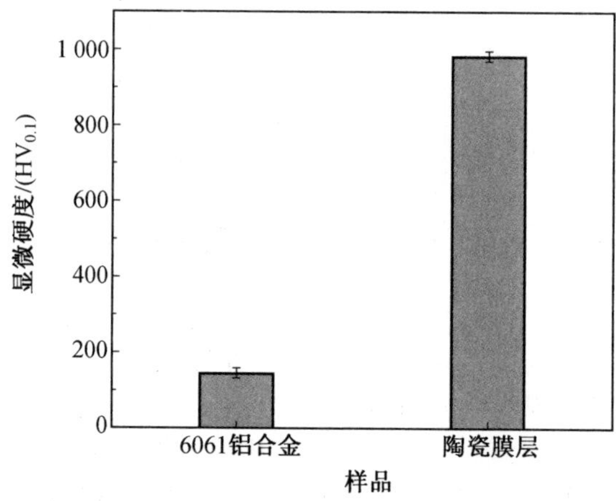

图4.3　6061铝合金与陶瓷膜层的显微硬度测试结果

由于材料的性能主要取决于材料本身的组成与结构,因此对陶瓷膜层的相组成、元素组成和微观形貌进行了测试分析。图 4.4 所示为陶瓷膜层的 X 射线衍射谱图(XRD 谱图),从图中可以看出,陶瓷膜层主要由莫来石和γ-Al_2O_3 相组成,其中莫来石相的衍射峰强度较强,而 γ-Al_2O_3 相的衍射峰强度较弱。莫来石作为主晶相在陶瓷膜层中的相对含量较高,2θ 在 20°~40°出现较宽的凸起,表明陶瓷膜层中还存在一定量的非晶相。此外在 XRD 谱图中还发现了基体 Al 的衍射峰,这主要是 X 射线穿透陶瓷膜层后检测到基体所致。

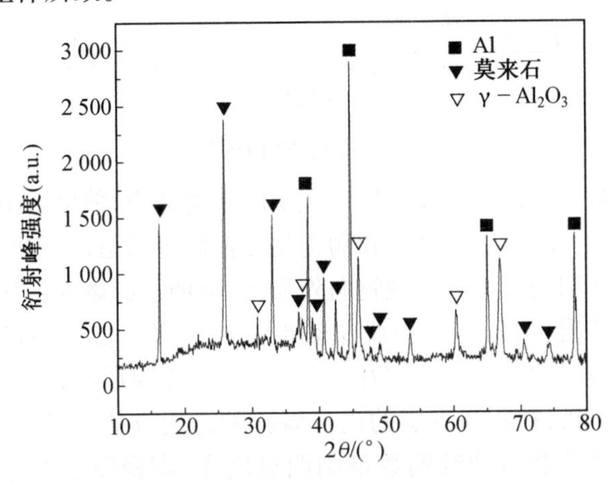

图 4.4 陶瓷膜层的 X 射线衍射谱图

除此之外,通过图 4.5 所示的陶瓷膜层的能谱测试结果(EDS 谱图)可以发现,陶瓷膜层中 O 原子的原子数分数为 47.51%,Si 原子的原子数分数为 25.78%,Al 原子的原子数分数为 24.63%。而纯 γ-Al_2O_3 中 O 原子的原子数分数为 60.00%,Al 原子的原子数分数为 40.00%,纯莫来石(化学式为 $Al_6Si_2O_{13}$)中 O 原子的原子数分数为 61.90%,Al 原子的原子数分数为 28.57%,Si 原子的原子数分数为 9.53%。若以陶瓷膜层只含有莫来石和 γ-Al_2O_3 相为前提,且 O 原子只参与形成莫来石和 γ-Al_2O_3 相,通过计算可以得出形成结晶相的 Si 原子的原子数分数为 5.28%,而陶瓷膜层中 Si 原子的原子数分数为 25.78%,这表明有原子数分数为 20.50% 的 Si 原子以非晶相的形式存在于陶瓷膜层之中。

图 4.6 所示为陶瓷膜层表面及截面的微观形貌。通过陶瓷膜层的表面形貌照片可以看出,在陶瓷膜层表面分布着许多微孔,在微孔周围有氧化物熔融后迅速凝固的痕迹,陶瓷膜层表面相对比较致密和平整。陶瓷膜

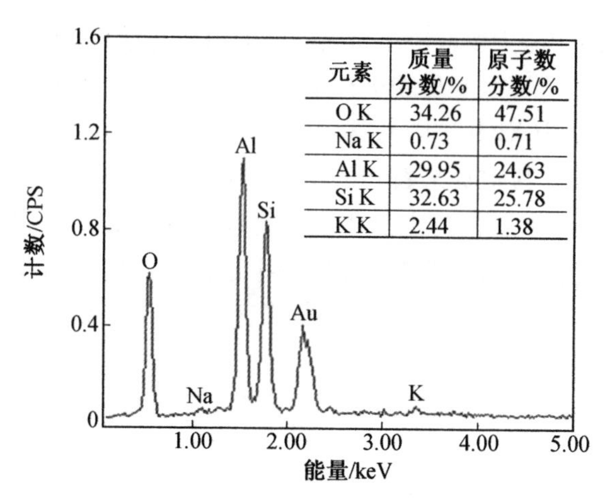

元素	质量分数/%	原子数分数/%
O K	34.26	47.51
Na K	0.73	0.71
Al K	29.95	24.63
Si K	32.63	25.78
K K	2.44	1.38

图 4.5　陶瓷膜层的 EDS 谱图

层表面存在的微孔是微弧氧化反应时残留的放电通道，放电通道内具有极高的温度和压强，使 6061 铝合金和陶瓷膜层在放电通道内熔化甚至汽化，并借助压强的作用使形成的熔融物向外喷涌，喷涌出的熔融物接触到电解液后迅速冷却并凝固，致使陶瓷膜层表面存在许多类似火山口形貌的微孔。通过陶瓷膜层的截面形貌照片可以看出，陶瓷膜层的内部较为致密，而表面则相对疏松，在陶瓷膜层的内部微孔和微裂纹的数量较少，而在陶瓷膜层的表面微孔和微裂纹的数量则明显增多，陶瓷膜层的厚度大约在 50 μm。此外，还可以看出，陶瓷膜层与 6061 铝合金结合良好，它们之间并未出现明显的裂纹，这也有利于其更好地对 6061 铝合金进行保护。

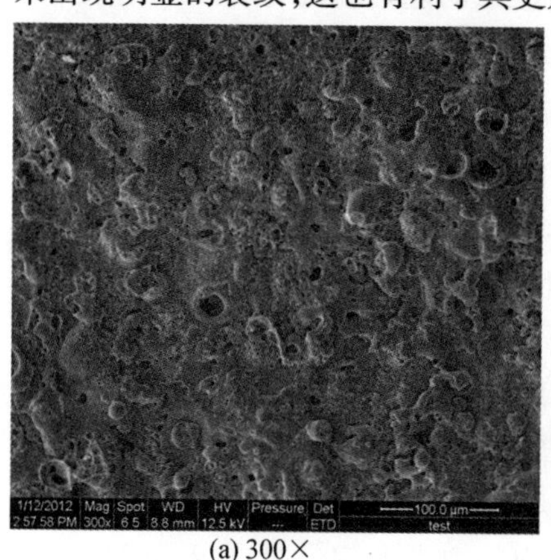

(a) 300×

(b) 500×

图 4.6　陶瓷膜层表面及截面的微观形貌

将构筑出陶瓷膜层后的6061铝合金放入温度为500 ℃的马弗炉中，保温10 min后迅速取出，将其放入20 ℃的水中，循环30次后陶瓷膜层表面形貌良好，并未出现起泡和脱落现象，这主要是由于陶瓷膜层与6061铝合金具有很高的结合强度以及陶瓷膜层中的非晶相、$\gamma-Al_2O_3$相和莫来石具有一定的增韧作用。为了更深入地了解陶瓷膜层所具备的良好抗热震性能，对进行热震试验后的陶瓷膜层表面形貌进行了测试，结果如图4.7所示。从图4.7中可以看出，6061铝合金和陶瓷膜层的热膨胀系数相差较大而产生的热应力，使陶瓷膜层表面出现明显的裂纹，而这些裂纹在经过微孔时会发生偏移或被湮灭，裂纹为了继续延伸或重新产生，需要消耗更多的能量，因此有效地提高了陶瓷膜层的抗热震性能。

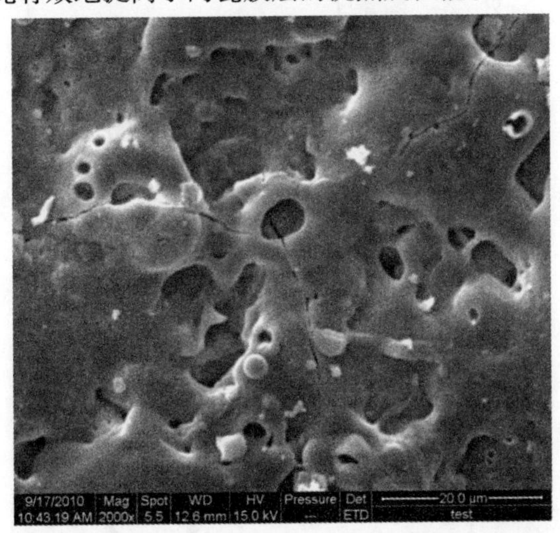

图4.7　热震试验后陶瓷膜层的微观形貌(2 000×)

在保持载荷为105 N、磨损时间为10 min不变的条件下，对6061铝合金和陶瓷膜层的体积磨损率进行了测试，测试结果如图4.8所示。由图4.8可以看出，6061铝合金的体积磨损率为1.02×10^{-4} $mm^3/(N\cdot m)$，陶瓷膜层的体积磨损率为4.43×10^{-5} $mm^3/(N\cdot m)$，与6061铝合金相比，其体积磨损率降低了56.57%。这主要是由于与GCr15摩擦副相比，6061铝合金的硬度较低，而陶瓷膜层的硬度较高且膜层较为致密，在摩擦过程中陶瓷膜层只是疏松层被破坏，致密层则保持很好的完整性，没有被磨穿，因此陶瓷膜层表现出较高的耐磨性能。

图4.9和表4.2所示为6061铝合金和陶瓷膜层的腐蚀性能测试结果。通过图4.9和表4.2的测试结果可以看出，6061铝合金的腐蚀电位为

-0.730 V，陶瓷膜层的腐蚀电位为-0.674 V，陶瓷膜层的腐蚀电位比6061铝合金的腐蚀电位提高了0.056 V。6061铝合金的腐蚀电流密度为6.81×10^{-6} A/cm^2，陶瓷膜层的腐蚀电流密度为2.75×10^{-7} A/cm^2，陶瓷膜层的腐蚀电流密度仅为6061铝合金腐蚀电流密度的4.04%。测试结果表明，陶瓷膜层可显著提高6061铝合金的耐腐蚀性。

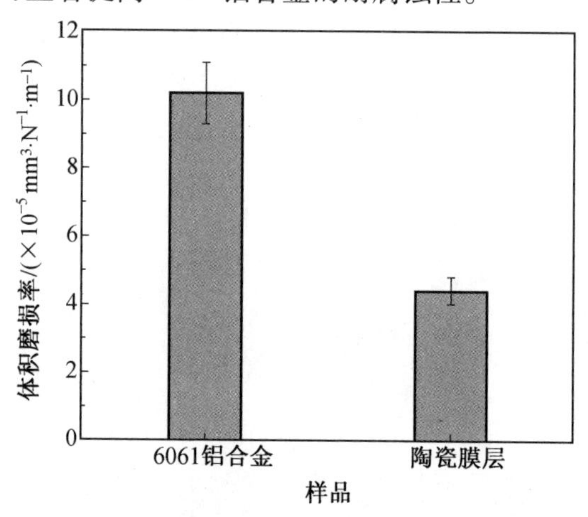

图4.8　6061铝合金和陶瓷膜层的体积磨损率

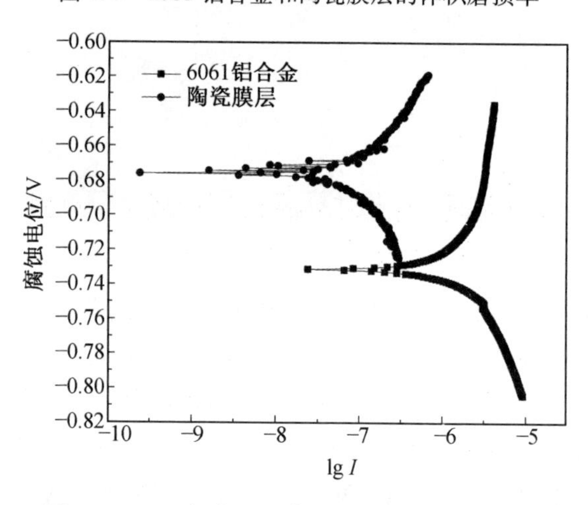

图4.9　6061铝合金和陶瓷膜层的电位极化曲线

表4.2　6061铝合金和陶瓷膜层的腐蚀电位和腐蚀电流密度

样品	E_{corr}/V	i_{corr}/(A·cm^{-2})
6061铝合金	-0.730	6.81×10^{-6}
陶瓷膜层	-0.674	2.75×10^{-7}

4.3 PED 陶瓷膜层的微观结构调控

4.3.1 电源参数对 PED 陶瓷膜层微观形貌和相组成的影响

采用液相等离子体沉积方法构筑的陶瓷膜层结构和性能受到多种因素的共同制约，在确定了基体材料、电解液体系组成和浓度后，电源参数成为影响陶瓷膜层结构和耐磨性能的最主要因素。当采用的电源为直流脉冲电源，控制模式为恒定电流时，工艺参数主要包括占空比、频率、电流密度等。

1. 占空比的影响

占空比是指在一个脉冲周期内电流导通的时间占整个周期的百分比。在电流导通时，产生的高压会使陶瓷膜层发生击穿并伴随熔融氧化物的生成，而当电流断开时，熔融的氧化物迅速冷却凝固。改变占空比的大小实际上就是改变电流的导通时间与断开时间的比例。在 20 g/L Na_2SiO_3、1 g/L KOH 和 3 g/L NaF 的电解液体系中，保持电流密度为 6 A/dm^2、频率为 50 Hz、氧化时间为 60 min 这种恒定不变的前提，研究占空比（45%、35%、25%、15%）对陶瓷膜层微观形貌、相组成和元素组成的影响。

图 4.10 所示为不同占空比时构筑的陶瓷膜层的表面形貌。从图 4.10 可以看出，在不同占空比时构筑的陶瓷膜层表面均含有许多微孔，但随着占空比的减小，陶瓷膜层表面的微孔数量逐渐增多，微孔的孔径尺寸逐渐减小，陶瓷膜层的表面结构也变得疏松。这主要是当占空比为 45% 时，在一个脉冲周期内，电流的导通时间最长，单脉冲的放电能量最大，放电强度也最强，导致微弧放电瞬间从放电通道内喷出的熔融氧化物最多，喷出的熔融氧化物在放电通道口附近接触到电解液而迅速凝固，凝固后的氧化物将放电通道覆盖并形成致密的陶瓷膜层。而表面存在的微孔是残留的未能完全覆盖的放电通道，因其产生的熔融氧化物最多，故其放电通道最宽且残留的放电通道最少，其表面微孔数量最少、孔径尺寸最大。

随着占空比的减小，电流的导通时间随之变短，放电强度也随之减弱，导致在微弧放电时产生的熔融氧化物减少。在占空比为 15% 时，放电强度达到最低值，其产生的熔融氧化物最少，不能很好地将放电通道进行覆盖，导致陶瓷膜层表面存在的微孔数量最多，且其放电强度最低，因而形成的微孔尺寸也最小。

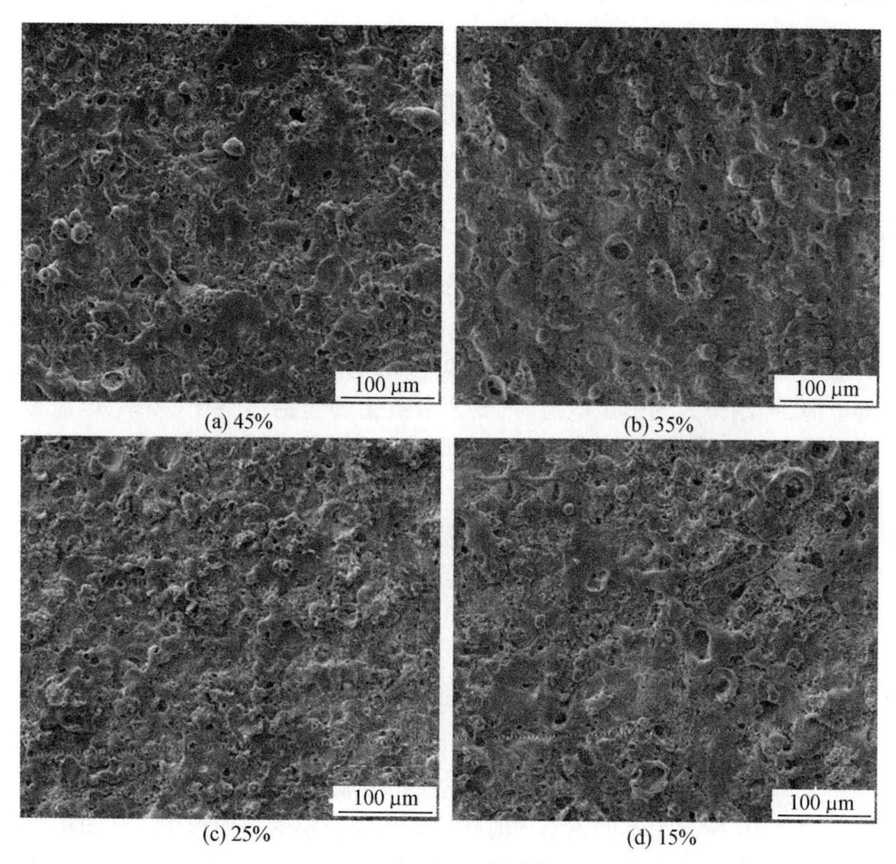

(a) 45%　(b) 35%　(c) 25%　(d) 15%

图4.10　不同占空比时构筑的陶瓷膜层的表面形貌

图4.11所示为不同占空比时构筑的陶瓷膜层的XRD谱图。从图4.11可以发现,陶瓷膜层主要由莫来石和$\gamma-Al_2O_3$相组成,莫来石的相对含量明显高于$\gamma-Al_2O_3$的相对含量。通过衍射峰的强度变化可以看出,随着占空比的减小,陶瓷膜层中莫来石和$\gamma-Al_2O_3$相的衍射峰强度均出现略微降低的现象。这主要是由于随着占空比的减小,电流的断开时间增加,微弧放电产生的高热量得到良好的传导,陶瓷膜层内部的温度较低,不利于莫来石和$\gamma-Al_2O_3$结晶相的形成。此外,在陶瓷膜层中还观察到Al的衍射峰,这主要是构筑的陶瓷膜层较薄且表面分布较多微孔,X射线穿透陶瓷膜层所致。

对不同占空比时构筑的陶瓷膜层进行EDS测试,测试结果如图4.12和表4.3所示。从图4.12可以看出,所构筑的陶瓷膜层都含有大量的O、Si和Al元素及少量的F、Na和K元素,其中Al元素来源于基体铝合金,而

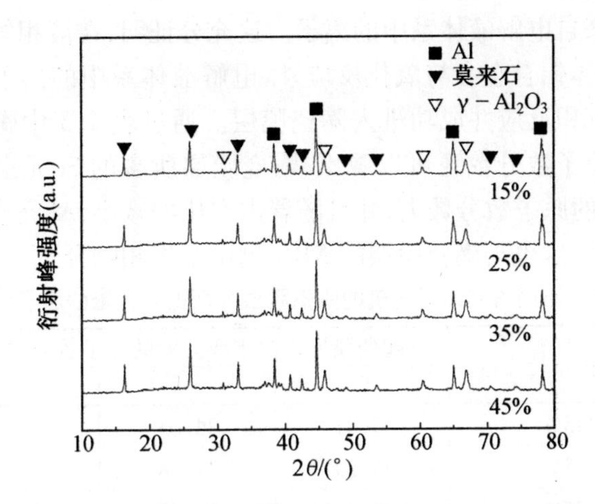

图 4.11 不同占空比时构筑的陶瓷膜层的 XRD 谱图

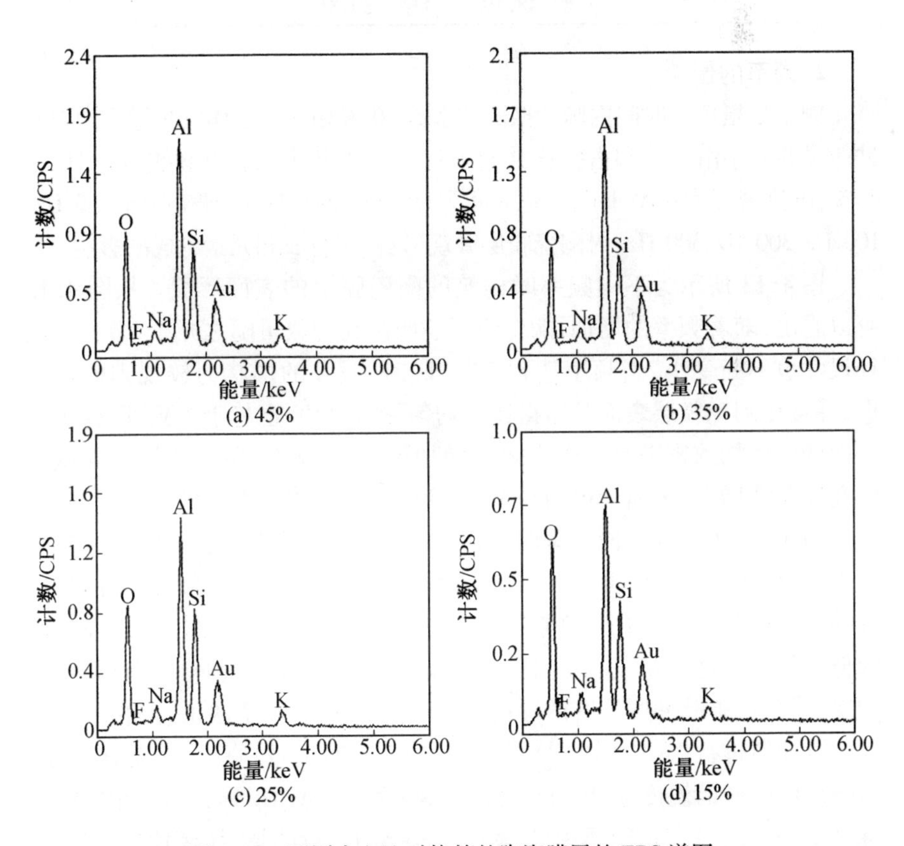

图 4.12 不同占空比时构筑的陶瓷膜层的 EDS 谱图

其他元素均来自电解液体系中的离子。这充分证明,在液相等离子体沉积过程中,除基体铝合金参与氧化反应外,电解液体系中的离子也参与了液相等离子体沉积反应并成功进入陶瓷膜层。通过表4.3中陶瓷膜层表面主要元素的原子数分数还可以看出,陶瓷膜层所含的Si元素的原子数分数较Al元素的原子数分数大,并且随着占空比的减小,Al元素的原子数分数也随之减小,这也与陶瓷膜层的XRD测试结果相吻合。

表4.3 不同占空比时构筑的陶瓷膜层表面主要元素的原子数分数

占空比	陶瓷膜层表面主要元素的原子数分数/%		
	O	Al	Si
45%	47.51	24.63	25.78
35%	47.54	22.58	27.04
25%	48.73	21.86	26.45
15%	48.19	20.85	28.34

2. 频率的影响

频率是指单位时间内脉冲振荡的次数,在液相等离子体沉积过程中单脉冲能量的大小由频率和占空比共同决定。在固定其他电源参数(占空比为45%,电流密度为6 A/dm^2,氧化时间为60 min)的前提下,研究频率(50 Hz、100 Hz、300 Hz、500 Hz)对陶瓷膜层微观形貌、相组成和元素组成的影响。

图4.13所示为不同频率时构筑的陶瓷膜层的表面形貌。从图4.13可以看出,随着频率的增加,陶瓷膜层表面微孔的数量随之减少,微孔的孔径尺寸也不断变小,当频率达到300 Hz时,微孔的形状为较规则的近圆形,并且在陶瓷膜层表面分布得比较均匀,孔径尺寸也趋于一致,陶瓷膜层表面变得更加致密平整。而当频率增加至500 Hz时,陶瓷膜层表面微孔的孔径尺寸增大,表面变得凹凸不平,陶瓷膜层的均匀性降低。

图4.14所示为不同频率时构筑的陶瓷膜层的XRD谱图。由图4.14可以看出,陶瓷膜层中莫来石相的衍射峰强度明显高于$\gamma-Al_2O_3$相的衍射峰强度,随着频率的增加,莫来石和$\gamma-Al_2O_3$相的衍射峰强度均出现略微降低的现象。这主要是由于当频率较小时,在单位时间内脉冲所进行振荡的次数较少,单脉冲所具有的放电能量较大。随着频率的增加,在单位时间内脉冲所进行振荡的次数增多,单脉冲所具有的放电能量则随之减小,微弧放电区域的温度逐渐降低,导致莫来石和$\gamma-Al_2O_3$形成结晶相的能力逐渐减弱。因而,陶瓷膜层中莫来石和$\gamma-Al_2O_3$相的衍射峰强度出现略微降低的现象。

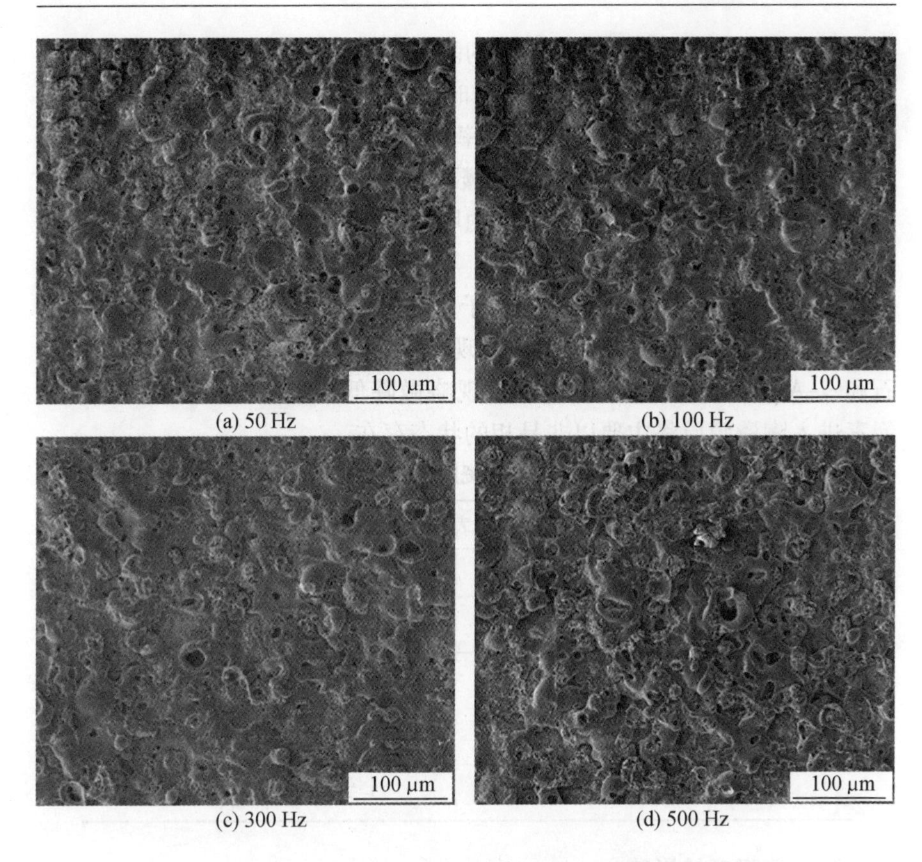

(a) 50 Hz (b) 100 Hz

(c) 300 Hz (d) 500 Hz

图 4.13 不同频率时构筑的陶瓷膜层的表面形貌

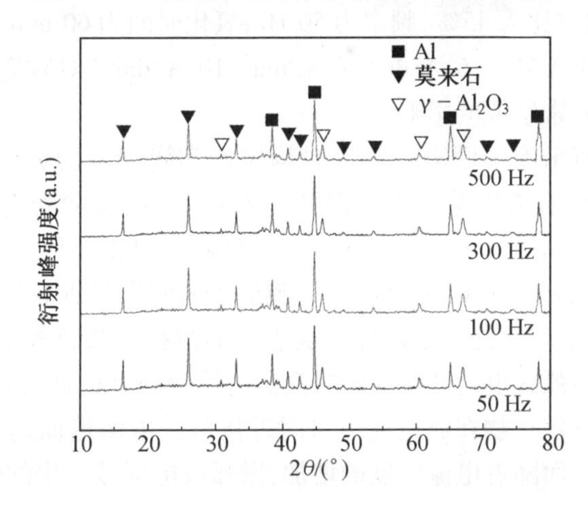

图 4.14 不同频率时构筑的陶瓷膜层的 XRD 谱图

表4.4所示为不同频率时构筑的陶瓷膜层表面主要元素的分布情况。从表4.4可以看出，当频率为100 Hz时，陶瓷膜层中Al元素的原子数分数比Si元素的原子数分数高。随着频率的增加，陶瓷膜层中Al元素的原子数分数逐渐增加，Si元素的原子数分数却有所减少。导致这一结果的主要原因是，随着频率的增加，单位时间内脉冲振荡的次数增加，单脉冲的放电能量逐渐减小，因此电解液中的 SiO_3^{2-} 参与成膜的能力降低，而基体Al一直在发生放电击穿，故Al元素的原子数分数增大。但对比不同频率时构筑的陶瓷膜层XRD测试结果可以发现，随着频率的增加，陶瓷膜层中莫来石和 γ-Al_2O_3 相的衍射峰强度均出现略微降低的现象，这表明增加的Al元素进入陶瓷膜层将主要以非晶相的状态存在。

表4.4 不同频率时构筑的陶瓷膜层表面主要元素的分布情况

频率/Hz	陶瓷膜层表面主要元素的原子数分数/%		
	O	Al	Si
50	47.51	24.63	25.78
100	48.41	25.38	22.66
300	49.21	26.29	20.10
500	47.46	27.76	20.24

3. 电流密度的影响

在固定占空比为45%、频率为50 Hz、氧化时间为60 min的前提下，研究电流密度（4 A/dm^2、6 A/dm^2、8 A/dm^2、10 A/dm^2）对陶瓷膜层微观形貌、相组成和元素组成的影响。

图4.15所示为不同电流密度时构筑的陶瓷膜层的表面形貌。从图4.15可以观察到，陶瓷膜层表面都分布着许多微孔，随着电流密度的增加，陶瓷膜层表面微孔的数量不断减少，而微孔的孔径尺寸却随之增大。当电流密度增加至10 A/dm^{2}时，陶瓷膜层表面变得凹凸不平，陶瓷膜层的表面粗糙度增加。这是由于陶瓷膜层表面的微孔是微弧放电过程中残留的放电通道，微弧放电时产生的瞬时高温将熔融的氧化物从放电通道内喷出，喷出的熔融氧化物在放电通道口附近接触到电解液而迅速凝固，并将放电通道覆盖，而随着电流密度的增加，微弧放电区域产生的热量增多，不利于熔融氧化物的冷却凝固，故产生的微孔孔径尺寸增大，陶瓷膜层表面变得粗糙。

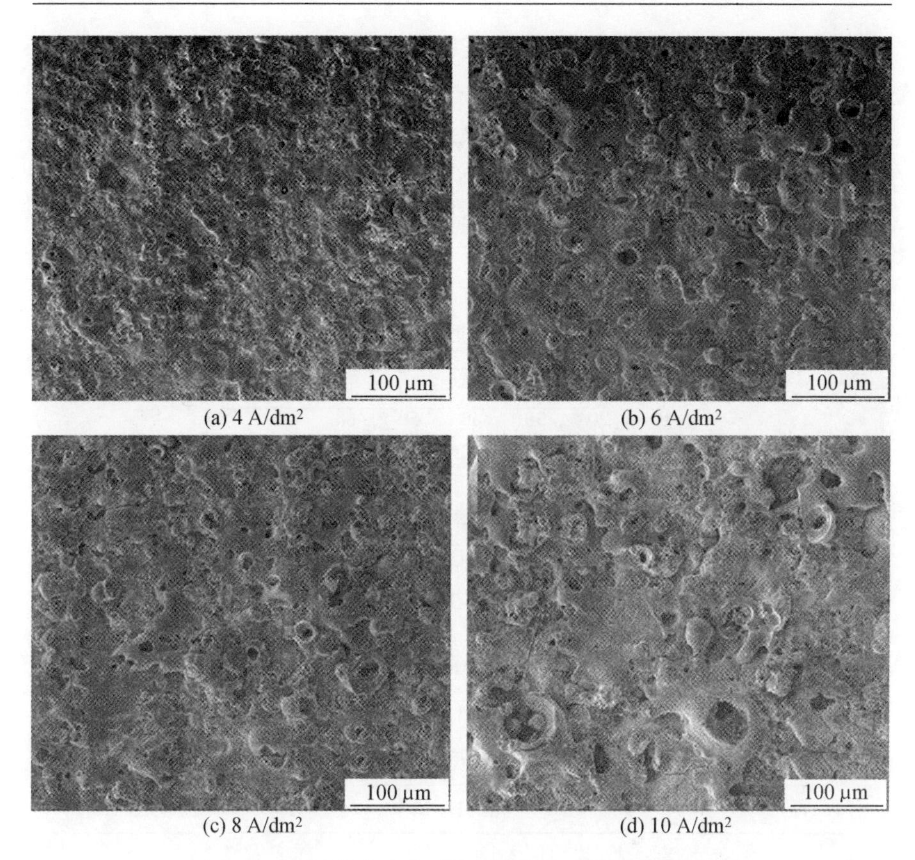

(a) 4 A/dm^2 (b) 6 A/dm^2 (c) 8 A/dm^2 (d) 10 A/dm^2

图4.15 不同电流密度时构筑的陶瓷膜层的表面形貌

不同电流密度时构筑的陶瓷膜层的XRD测试结果和表面主要元素的分布情况如图4.16和表4.5所示。从图4.16可以看出，随着电流密度的增加，陶瓷膜层的相组成发生了变化。在电流密度为4 A/dm^{2}和6 A/dm^{2}时，陶瓷膜层主要由莫来石和$\gamma-Al_2O_3$相组成，随着电流密度的增加，陶瓷膜层中莫来石和$\gamma-Al_2O_3$相的相对含量增加，但并没有形成新的结晶相。而当电流密度增加至8 A/dm^{2}时，陶瓷膜层中出现了$\alpha-Al_2O_3$相，并且随着电流密度继续增加至10 A/dm^{2}时，陶瓷膜层中$\alpha-Al_2O_3$相的相对含量也随之增加。产生这一现象的主要原因是，随着电流密度的增加，液相等离子体沉积过程中产生的微区放电能量增加，微弧放电区域的温度升高，为$\gamma-Al_2O_3$相向$\alpha-Al_2O_3$相转变提供了所需的温度，有利于$\alpha-Al_2O_3$相的形成。通过表4.5还可以看出，陶瓷膜层主要含有O、Al和Si元素，随着电流密度的增大，陶瓷膜层中Si元素的原子数分数也随之增大，这表明增大电流密度有利于促进电解液中的离子参与氧化反应进入到陶瓷膜层中。

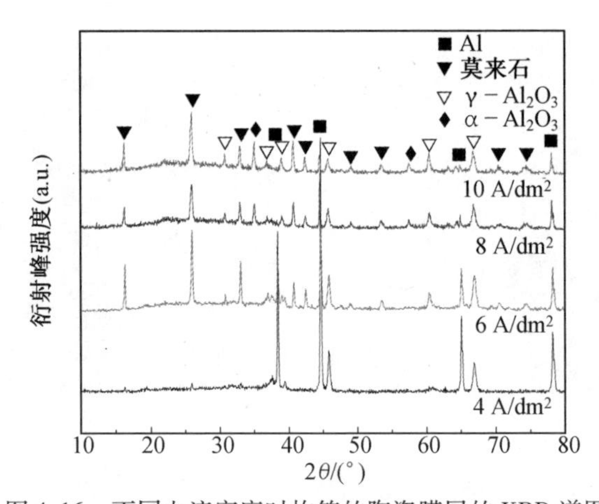

图4.16　不同电流密度时构筑的陶瓷膜层的XRD谱图

表4.5　不同电流密度时构筑的陶瓷膜层表面主要元素的分布情况

电流密度/($A\cdot dm^{-2}$)	陶瓷膜层表面主要元素的原子数分数/%		
	O	Al	Si
4	48.40	26.03	24.26
6	47.51	24.63	25.78
8	47.76	23.28	26.19
10	48.11	20.46	28.28

4.3.2　氧化时间对陶瓷膜层微观形貌和相组成的影响

氧化时间是陶瓷膜层构筑过程中一个十分重要的参数。氧化时间的长短可以影响陶瓷膜层的相结构、元素组成及陶瓷膜层的形貌,进而影响陶瓷膜层的性能。在固定占空比为45%、频率为50 Hz、电流密度为8 A/dm^2的前提下,研究氧化时间(30 min、60 min、90 min、105 min)对陶瓷膜层的微观形貌、相组成、厚度、硬度和表面粗糙度的影响。

图4.17所示为不同氧化时间时构筑的陶瓷膜层的表面形貌。从图4.17可以看出,陶瓷膜层表面均含有较多微孔,随着氧化时间的延长,陶瓷膜层表面微孔的数量逐渐减少,而微孔的孔径尺寸逐渐增加,微孔附近的凸起变得明显,陶瓷膜层表面变得粗糙,并且其均匀性降低。这主要是由于随着氧化时间的延长,陶瓷膜层的厚度增加,放电击穿变得越来越困难,需要的击穿电压也越来越高,开始时陶瓷膜层主要是通过外喷的形式向外生长,到了一定的时间,熔融氧化物受到外层早期形成膜层的阻挡而

不能够再涌到表面,对放电通道不能进行完整的覆盖,并且随着氧化时间的延长,陶瓷膜层生长过程中存在的内应力使陶瓷膜层表面出现的微裂纹数量也随之增加。

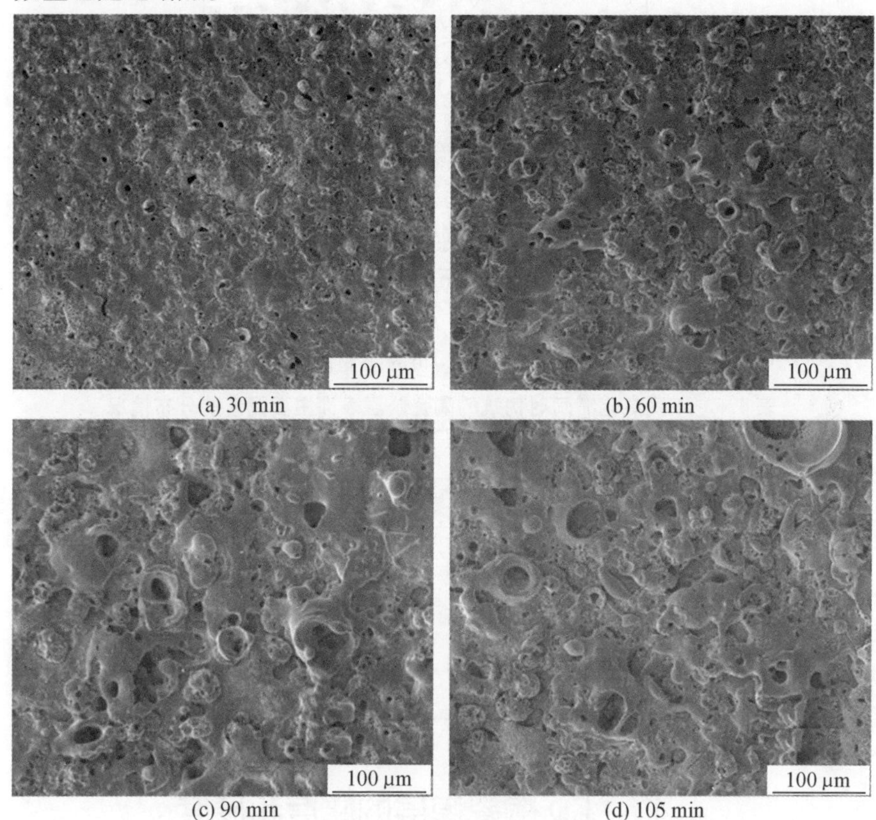

(a) 30 min (b) 60 min (c) 90 min (d) 105 min

图 4.17 不同氧化时间时构筑的陶瓷膜层的表面形貌

图 4.18 所示为不同氧化时间时构筑的陶瓷膜层的 XRD 谱图。由图 4.18 可以看出,氧化时间对陶瓷膜层的相组成影响较为明显。在氧化时间为 30 min 时,陶瓷膜层主要由莫来石和 $\gamma-Al_2O_3$ 相组成;当氧化时间延长至 60 min 时,陶瓷膜层中出现了 $\alpha-Al_2O_3$ 相;随着氧化时间的继续延长,陶瓷膜层中 $\alpha-Al_2O_3$ 相的衍射峰强度也随之增加。

表 4.6 所示为不同氧化时间时构筑的陶瓷膜层表面主要元素的分布情况。从表中可以看出,随着氧化时间从 30 min 延长至 90 min,陶瓷膜层中 Si 元素的原子数分数逐渐增加,而 Al 元素的原子数分数则相对减少,这表明随着时间的延长,电解液体系中的 SiO_3^{2-} 能更好地参与氧化反应而进入到陶瓷膜层中,有利于结晶相的形成。

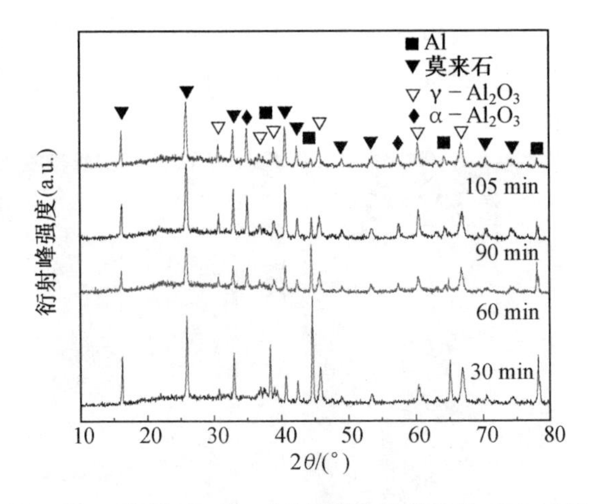

图4.18 不同氧化时间时构筑的陶瓷膜层的XRD谱图

表4.6 不同氧化时间时构筑的陶瓷膜层表面主要元素的分布情况

氧化时间/min	陶瓷膜层表面主要元素的原子数分数/%		
	O	Al	Si
30	49.17	25.02	21.81
60	46.76	23.28	26.19
90	49.18	21.91	27.26
105	49.26	24.11	22.98

4.4 PED陶瓷膜层的厚度和硬度

4.4.1 电源参数对陶瓷膜层厚度和硬度的影响

1.占空比的影响

图4.19所示为不同占空比时构筑的陶瓷膜层的厚度。通过测试结果可以看出，陶瓷膜层的厚度随着占空比的减少而减小，但当占空比在25%～45%变化时，占空比对陶瓷膜层厚度的影响较小。占空比为45%时构筑的陶瓷膜层的厚度为58.3 μm，与占空比为35%时构筑的陶瓷膜层厚度相差仅4.1 μm，而占空比为25%时构筑的陶瓷膜层厚度比占空比为35%时构筑的陶瓷膜层厚度也仅仅减小了3.6 μm。但当占空比减小到15%时，占空比对陶瓷膜层厚度的影响却较为明显，占空比为15%时构筑

的陶瓷膜层厚度为40.7 μm,与占空比为45%时构筑的陶瓷膜层厚度相比减小了17.6 μm。这主要是随着占空比的减小,电流的导通时间变短,陶瓷膜层被击穿产生微弧放电的区域变少,生成的熔融氧化物减少,导致陶瓷膜层的生长速率降低,进而致使最终构筑的陶瓷膜层厚度减小。

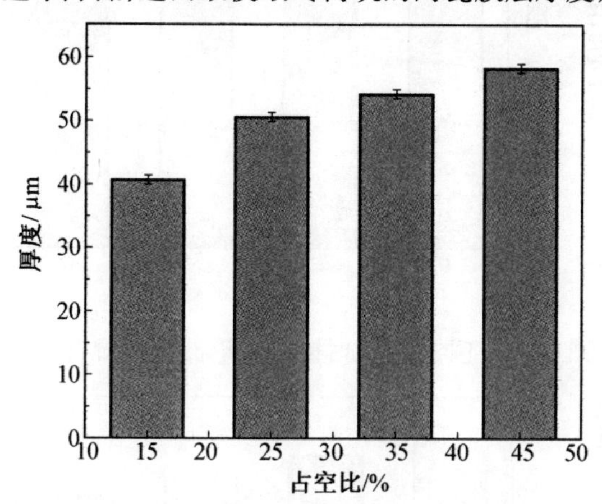

图4.19 不同占空比时构筑的陶瓷膜层的厚度

不同占空比时构筑的陶瓷膜层的显微硬度如图4.20所示。由图4.20可以看出,在占空比为45%时构筑的陶瓷膜层显微硬度达到最大值($HV_{0.1}$984.6),而随着占空比的减小,陶瓷膜层的显微硬度也随之略微减小,当占空比减小至15%时,构筑的陶瓷膜层显微硬度为$HV_{0.1}$924.3,仅比占空比为45%时构筑的陶瓷膜层的显微硬度减小了6.12%。这主要是由于陶瓷膜层的显微硬度主要取决于其相组成和孔隙率,尽管随着占空比的减小,陶瓷膜层中的莫来石和$\gamma-Al_2O_3$相的衍射峰强度略微降低,会引起陶瓷膜层显微硬度的降低,但是,随着占空比的减小,陶瓷膜层中微孔和裂纹的数量减少,而陶瓷膜层孔隙率的减少却有利于陶瓷膜层显微硬度的提高,因此,占空比对陶瓷膜层显微硬度的影响较小。

2. 频率的影响

对不同频率时构筑的陶瓷膜层的厚度进行测试分析,测试结果如图4.21所示。从图中可以发现,陶瓷膜层的厚度随着频率的增加而减小。在频率为50 Hz时,构筑的陶瓷膜层厚度达到最大值(58.3 μm);在频率为100 Hz时,构筑的陶瓷膜层厚度为55.7 μm;继续增加频率至500 Hz时,构筑的陶瓷膜层厚度则降至49.4 μm,但此时构筑的陶瓷膜层厚度也仅仅比频率为50 Hz时构筑的陶瓷膜层厚度减小了8.9 μm,这说明频率对陶瓷膜层厚度的影响较小。

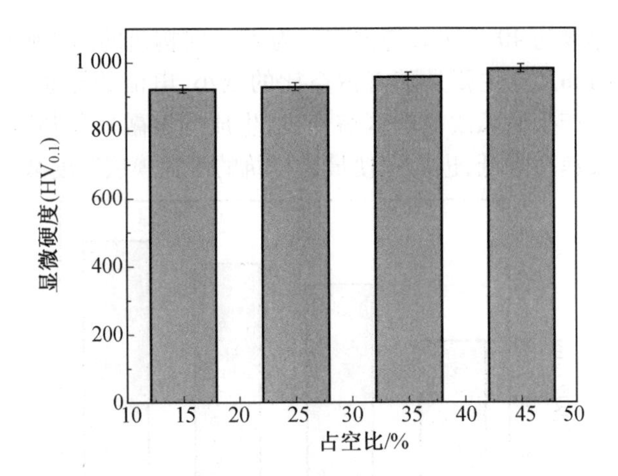

图 4.20　不同占空比时构筑的陶瓷膜层的显微硬度

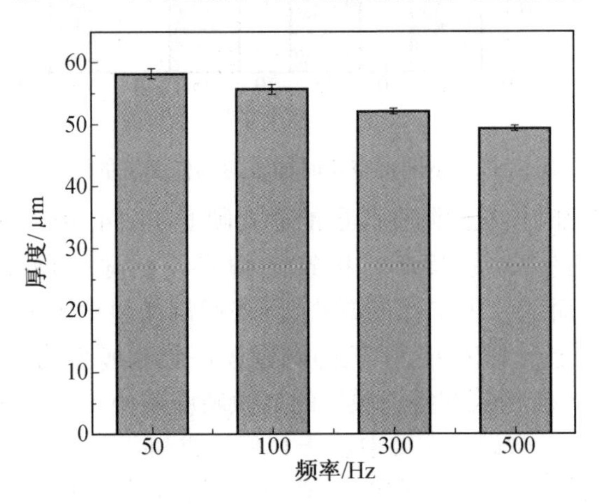

图 4.21　不同频率时构筑的陶瓷膜层的厚度

对不同频率时构筑的陶瓷膜层的显微硬度进行测试分析，测试结果如图 4.22 所示。由图 4.22 可以看出，陶瓷膜层的显微硬度随着频率的增加而逐渐减小。频率为 50～300 Hz 时，频率对陶瓷膜层的显微硬度影响较小，在频率为 50 Hz 时，构筑的陶瓷膜层的显微硬度为$HV_{0.1}$984.6；在频率为 300 Hz 时，构筑的陶瓷膜层的显微硬度为 $HV_{0.1}$900.8；当频率增加至 500 Hz 时，构筑的陶瓷膜层的显微硬度则大幅度下降至 $HV_{0.1}$644.3。产生这一现象的主要原因在于，陶瓷膜层的显微硬度主要取决于其相组成和孔隙率，尽管随着频率的增加，陶瓷膜层中结晶相的相对含量降低，但其孔隙率也随之减小，故其显微硬度变化不是很明显。而当频率增加至 500 Hz 时，构筑的陶瓷膜层的孔隙率明显增加，进而导致其显微硬度急剧降低。

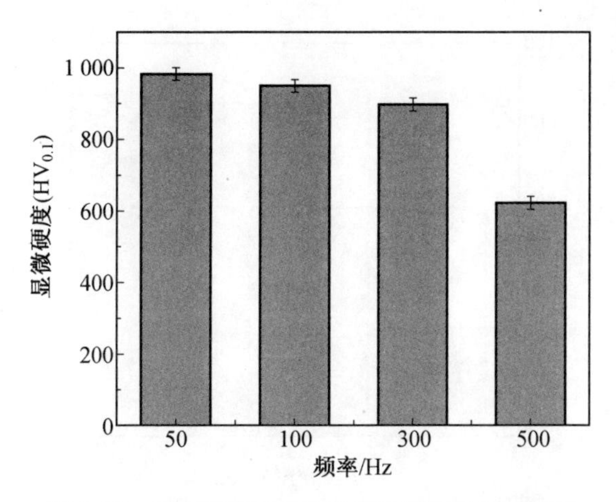

图 4.22 不同频率时构筑的陶瓷膜层的显微硬度

3. 电流密度的影响

图 4.23 所示为不同电流密度时构筑的陶瓷膜层的厚度测试结果。从图 4.23 中可以发现,与占空比和频率相比,电流密度对构筑的陶瓷膜层的厚度影响较大。当电流密度为 4 A/dm^2 时,构筑的陶瓷膜层厚度为 27.7 μm;当电流密度增加至 6 A/dm^2 时,构筑的陶瓷膜层厚度为 58.3 μm,陶瓷膜层厚度增加了 30.6 μm;继续增加电流密度至 8 A/dm^2 时,构筑的陶瓷膜层厚度为 84.6 μm,陶瓷膜层厚度比 6 A/dm^2 时构筑的陶瓷膜层厚度增加了 26.3 μm;而当电流密度增加至 10 A/dm^2 时,构筑的陶瓷膜层厚度为 87.0 μm,仅比电流密度为 8 A/dm^2 时构筑的陶瓷膜层厚度增加了2.4 μm。这表明,陶瓷膜层的厚度随着电流密度的增大而增加,但陶瓷膜层的生长速率却随着电流密度的增大呈现先增大后减小的趋势。

对不同电流密度时构筑的陶瓷膜层进行显微硬度测试,其测试结果如图 4.24 所示。从图 4.24 中可以看出,电流密度对构筑的陶瓷膜层的显微硬度的影响较为明显,随着电流密度的增加,构筑的陶瓷膜层的显微硬度先增大后减小。在电流密度为 8 A/dm^2 时,陶瓷膜层的显微硬度达到最大值$HV_{0.1}$ 1 323.5,而继续增加电流密度至 10 A/dm^2 时,陶瓷膜层的显微硬度则降至 $HV_{0.1}$ 1 155.7。这是由于陶瓷膜层的显微硬度主要取决于其相组成和孔隙率,当电流密度达到 8 A/dm^2 时,陶瓷膜层中形成了 $\alpha-Al_2O_3$ 相,因此其显微硬度得以提高。随着电流密度的继续增加,尽管陶瓷膜层中$\alpha-Al_2O_3$相的相对含量有所增加,但其孔隙率却急速增加,降低了陶瓷膜层的致密性,使得陶瓷膜层的显微硬度降低。

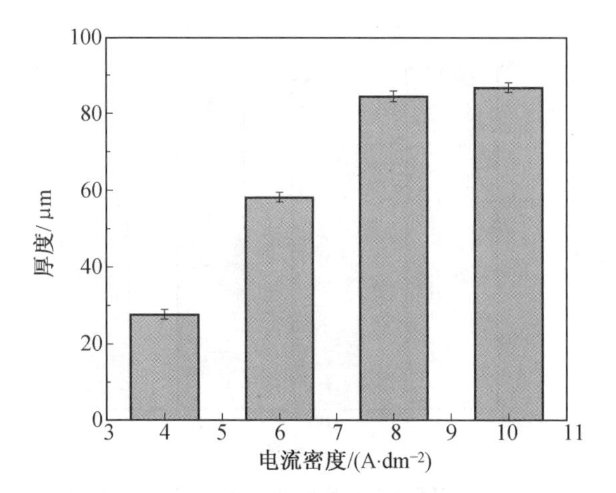

图4.23 不同电流密度时构筑的陶瓷膜层的厚度

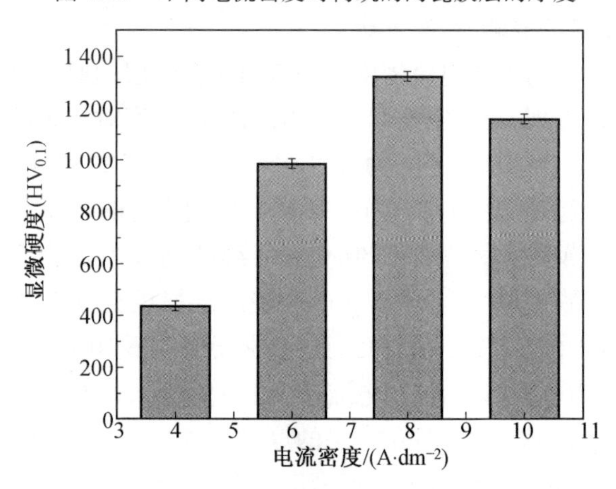

图4.24 不同电流密度时构筑的陶瓷膜层的显微硬度

4.4.2 氧化时间对陶瓷膜层厚度和硬度的影响

图4.25所示为不同氧化时间时构筑的陶瓷膜层的厚度测试结果。由图4.25可以看出,构筑的陶瓷膜层的厚度随着氧化时间的延长而增加,在氧化时间为90 min时,构筑的陶瓷膜层的厚度达到最大值(107.0 μm),继续延长反应时间至105 min时,构筑的陶瓷膜层的厚度则降至93.3 μm。这主要是因为氧化时间过长使陶瓷膜层遭到破坏,不利于陶瓷膜层生长。

对不同氧化时间时构筑的陶瓷膜层的显微硬度进行测试分析,测试结果如图4.26所示。从图4.26中可以看出,构筑的陶瓷膜层的显微硬度随着氧化时间的延长而增加,在氧化时间为90 min时,构筑的陶瓷膜层的显微硬度达到最大值($HV_{0.1}$ 1 555.7),而继续延长氧化时间至 105 min 时,构筑的陶瓷膜层的显微硬度反而降低,这是因为过长的氧化时间会破坏陶瓷膜层的生长,使陶瓷膜层的孔隙率增大,进而导致陶瓷膜层的显微硬度降低。

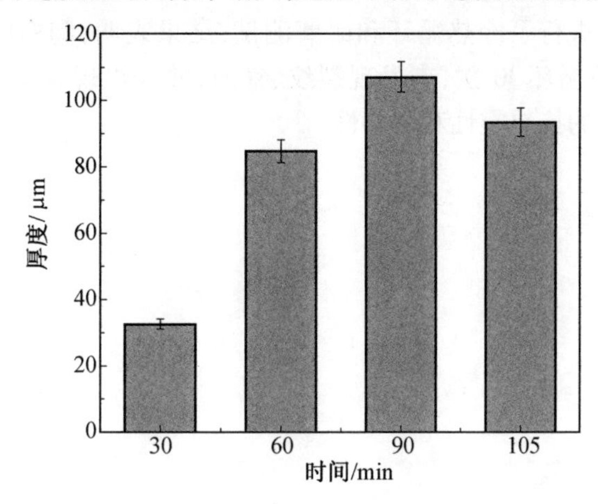

图 4.25 不同氧化时间时构筑的陶瓷膜层的厚度

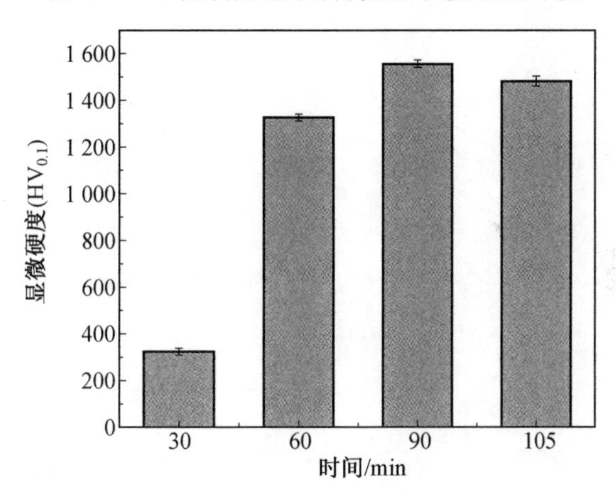

图 4.26 不同氧化时间时构筑的陶瓷膜层的显微硬度

以 Na_2SiO_4-KOH-NaF 为电解液体系,采用液相等离子体沉积技术在铝合金表面原位构筑陶瓷膜层,通过正交试验法对电解液体系中各组分的质量浓度进行优化。研究结果表明,NaF 对陶瓷膜层的厚度影响最大,KOH 和 Na_2SiO_3 的影响次之,从而确定了电解液体系中各组分的最佳质量浓度:20 g/L Na_2SiO_3、1 g/L KOH 和 3 g/L NaF。此外,研究了占空比、频率、电流密度和氧化时间对陶瓷膜层显微硬度的影响规律,发现不同的参数对陶瓷膜层显微硬度产生的影响差别较大,其中,电流密度和氧化时间对陶瓷膜层显微硬度的影响较为明显，占空比和频率的影响次之。在占空比为45%、频率为50 Hz、电流密度为8 A/dm^2、氧化时间为90 min时，构筑的陶瓷膜层的显微硬度达到了最大值，显微硬度为$HV_{0.1}$ 1 555.7。最后对该陶瓷膜层进行了冷热循环和耐磨测试，结果表明：陶瓷膜层在500～20 ℃进行冷热循环30次，未发现裂纹、气泡，并未出现脱落现象，陶瓷膜层表现出良好的抗热震性和耐磨性。

第5章　镁合金表面耐磨膜层的制备及应用

5.1　技术背景简介

5.1.1　镁合金的特点及应用

1.镁合金的特点

镁是地壳中储藏量较多的元素之一，在地壳中占2.77%，储藏量在所有元素中排第六位，是储藏量仅次于铝、铁、钙的金属元素。我国镁资源丰富，总储量占世界镁储量的22.5%，居世界第一；原镁产量居于世界第一位。随着各领域对镁的巨大需求，镁及镁合金研发及应用进入高速增长期，尤其是在发达国家受到高度关注[12]。

纯镁为银白色金属，熔点为651 ℃，密度为1.74 g/cm^3，是最轻的工程金属。但是，纯镁力学性能很差，不能作为结构材料，经过合金化及热处理以后，镁的强度大大提高，扩大了镁的应用范围[13]。

镁合金具有密度低、比强度高的特点，其力学性能与一般铝合金的力学性能基本相当，而镁的弹性模量低，约为45 000 MPa，在同样的受力条件下，可以消耗更大的变形功，故镁合金减振性好，可承受较大的冲击振动负荷。镁合金还具有优良的吸湿能力、流动性、尺寸稳定性、机械加工性能和电磁干扰屏蔽性能[14-16]。镁合金的综合性能如下[17-19]：

(1)镁合金密度小于2 g/cm^3，约为铝合金密度的2/3、钢铁密度的1/4，对于相同体积的构件，镁合金的质量较小。

(2)镁合金在继承了纯镁低密度特点的同时，大幅度地提高了自身的强度和刚度。

(3)镁合金还具有良好的机械加工性能，其切削速度大大高于其他金属的切削速度，不需要磨削和抛光，不使用切削液即可得到光洁的表面。此外因为镁合金具有较高的稳定性，铸件的铸造和加工尺寸精度高。

(4)镁合金的热导率高，仅次于铝合金，工程塑料的散热能力更是无法与镁合金相比。

(5)镁合金突出的特性是不需要退火和消除应力就具有尺寸稳定性。其体收缩是铸造金属中收缩量最低的一种,为6%;冷却至室温的线收缩为2%左右。在95 ℃下,镁合金基本不变形,尺寸稳定性优异。

(6)镁合金是一种环保型材料,对环境无污染,非常易于回收,其废料回收利用率高达85%以上,回收利用的费用仅为相应新材料价格的4%左右。镁合金的熔化潜热比铝合金的熔化潜热低,熔炼消耗的能量低。更为重要的是,镁合金中的杂质可以通过相对简单的冶金方法清除,符合环保要求。

(7)镁合金既是优异的导体,又具有高于无电解电镀塑料的优异的电磁屏蔽性能。采用镁合金制造电子产品外壳无须做导电处理,就能获得良好的屏蔽效果。

(8)镁合金材料具有较高的振动吸收性,减振能力优于铝,更强于钢,有利于减振和降噪。对于重复、连续运动的零部件,如采用镁合金材料,可吸收振动,延长寿命。

(9)良好的低温性能。在-190 ℃时仍具有良好的力学性能,可制作在低温下工作的零件。

2. 镁合金的应用现状

镁合金材料的诸多优异性能使其在汽车、电子、航空航天甚至生物领域都得到广泛的应用[20]。

20世纪20年代,镁合金的开发和应用拉开了帷幕;到了20世纪30年代,镁合金作为一种正式的材料首次应用于工业。第二次世界大战的爆发推动了镁合金在宇航领域的发展,德国、美国、英国等国开始对镁合金进行大量的研究和试验[21]。20世纪50年代是镁合金发展的第二个高峰期,之后其发展比较缓慢。进入20世纪90年代后,市场需求又给镁合金的开发和应用注入了新的活力,世界各国政府高度重视镁合金的研究与开发,并把镁作为21世纪的重要战略物资。因结构性能优异,镁合金现在已成为世界最令人瞩目的“21世纪绿色工程金属”,广泛地应用于汽车制造、电子通信、航空航天以及军事等领域,满足视听器材、计算机和通信设备的革新以及运载工具、手工工具的轻量化和其他特殊的技术要求[22]。

目前,镁合金的应用主要集中在以下几方面[23]:

(1)镁合金在航空航天领域中的应用。

航空航天产品在极端条件下工作,这对所用的材料提出了苛刻的性能要求。镁合金密度小、刚性好、韧性强,具有高热导率和良好的电磁屏蔽性能,最为主要的是能够有效减轻飞行器的质量。

由于飞行器的质量直接影响到其机动性能和油耗,而空间站和卫星的质量决定了对运送工具的要求和运送的花费,因此,航空航天所用的结构材料在满足各项性能要求条件下应尽可能具有较低的密度。而镁合金的使用不仅可以满足极端条件下的苛刻工况条件,最为主要的是能够减轻设备的质量,这也是镁合金作为航空航天材料应用的最大优势。航空材料减重带来的经济效益和性能的改善十分显著,例如商用飞机每减少一磅可节约 300 美元,战斗机的燃油费用节省又是商用飞机燃油费用节省的近 10 倍,可节省约 3 000 美元,而对于航天器则更多,约 30 000 美元。更重要的是飞行器的机动性能改善,极大地提高了飞行能力和在外太空的生存能力[24]。

另外,材料的刚度在航空航天系统中是非常关键的参数,影响某些部位(如飞机机翼)的振动性能。这就要求所用材料具有很好的减振能力,以便能够承受较大的振动载荷。除此之外,在低重力、高真空的太空环境中,为了避免太阳照射使电子设备过热而烧坏,需要使用的材料具有高热导率。为了抵御外太空的短波辐射和高能粒子的轰击,航空航天所用材料还需要具有良好的电磁屏蔽性能。而镁合金完全可以满足航空航天系统对材料刚度、热导率、电磁屏蔽性能等的要求。太空飞船和卫星部件使用镁合金后,能适应太空运行的特殊环境,诸如因空气动力学加热引起的温度极限、短波电磁辐射、高能粒子(如电子和质子)以及小陨石等的冲击[25]。

随着镁合金制备技术的发展,镁合金在航空航天领域的应用范围也不断拓宽。镁合金被应用于包括飞行器机身及其发动机、起落轮,火箭、导弹及其发射架,卫星和探测器,旋转罗盘,电磁套罩,雷达和电子装置以及地面控制等的设计和制造,如 MD600N 直升机的主传动系统使用镁合金后,水平旋翼系统的功能得到有效提高,有了更大的升力[26]。新型高温镁合金 WE43、WE54 已经应用于新型航空发动机齿轮箱和直升机变速系统,这种镁合金能在振动、腐蚀、沙尘、高温的环境下服役,如西科斯基公司的 S-92 型直升机、贝尔 BA-690 型侧倾斜旋翼飞机以及欧洲的 NH90 直升机[27]。法国生产的 MK50 反坦克枪榴弹的部分零件采用了镁合金,欧美一些国家已经将镁合金应用于便携式火器支架和单兵用通信器材壳体,德国、以色列等国家已经采用镁合金制造枪托[28]。此外,随着镁合金材料价格的降低及高温耐热、高强耐蚀等新型镁合金的研究和开发,镁合金可以进一步作为结构材料使用,欧洲太空局的 Freja 号磁层研究卫星的中心承力筒采用的材料就是铸造镁合金[29]。

(2)镁合金在其他领域中的应用。

镁是汽车轻量化最具吸引力的结构材料之一[30]。近年,在汽车工业中,使用镁合金以减轻汽车质量来降低油耗和污染,提高安全性能。镁合金可通过热锻、热冲压成型工艺生产汽车底盘等承载件,也可用于汽车发动机、车身、车轮、驾驶盘及盘轴座椅架、仪表盘、变速箱等部件的制造[31]。

在汽车上使用镁合金零件可以降低汽车启动和行驶惯性,提高加速和减速的性能,减少行驶过程中的振动以及减少油耗等。研究表明,约75%的油耗与整车质量有关,减轻汽车质量可以有效降低油耗和排放,汽车质量每降低10%,油耗下降6%~8%,排放降低4%[32]。随着镁合金加工工艺、压铸工艺日渐成熟,应用范围不断扩大,大型镁合金汽车零部件将进一步推动汽车轻量化的进程,这对于节约能源、降低排放、实现可持续发展具有重要的意义。

电子工业是当今发展最为迅速的行业,数字化技术的发展使得电子元器件趋于高度集成化和小型化。镁合金在3C产业中的应用,表现在这类产品轻、薄、美观、传热性好和防电磁屏蔽的能力强。电子器件的外壳主要起结构性功能,保护内部电子、光学等元件避免损害,不需要承受大的载荷。而镁合金质量轻、刚性好、导热性好、热稳定性高、电磁屏蔽性能好、表面美观、成本低、易于回收并且符合环保要求。镁合金计算机外壳不仅质量更轻,外形美观,而且解决了工程塑料传热差的问题。在1992年,日本NB厂商推出镁合金产品。1998年后,日本所有的笔记本电脑厂商,诸如Sony、Nec、Sharp、Panasonic等均推出了镁合金外壳机型,目前38 mm以下机种已全部采用镁合金外壳。我国联想和华硕也部分采用镁合金外壳。以往移动电话大多采用内壁涂镀铜或铬的工程塑料作为机壳,以此来屏蔽电磁波,但效果不好。另外一大难题是这种工程塑料回收利用困难,会造成环境污染。镁合金具有良好的防电磁性,且质量与工程塑料相当,又可完全回收利用,因此,镁合金代替工程塑料将会是手机外壳的发展趋势[33]。

5.1.2　液相等离子体沉积陶瓷膜层的摩擦特性

尽管镁元素储量丰富,镁合金结构性能优异,但作为一种结构材料要获得广泛的应用,还存在着一定的困难,原因之一是镁合金的耐磨性较差。镁合金耐磨性能的提高主要是通过表面处理来实现的,处理方法包括化学转化处理、阳极氧化、液相等离子体沉积、激光表面处理、离子注入、物理气相沉积、电子束表面改性、离子束表面改性等。有别于一般表面改性技术,液相等离子体沉积技术能直接把基体金属氧化烧结成氧化物陶瓷膜层,使得氧化膜既有陶瓷膜层的高性能,又保持了氧化膜与基体的结合力。而将这种技术应用在镁合金的表面改性中,制备出具有高硬度和高结合强度的陶瓷膜层,会使镁合金原有的耐磨性能差的问题得到有效的改善。

1. 液相等离子体沉积陶瓷膜层的耐磨特性

金属结构构件在使用过程中,接触部位容易出现微振磨蚀现象,或因高温黏度而不便于装卸等缺点,镁合金耐磨性能较差,因此对镁合金结构件进行表面耐磨改性处理显得尤为重要,而评价一种材料是否具有耐磨性的重要特征是高硬度、低摩擦系数和高耐磨性。液相等离子体沉积陶瓷膜层的硬度主要取决于膜层相组成和厚度;摩擦系数则主要取决于膜层的表面形貌;耐磨性的高低指的是磨损率的大小,包括质量磨损率和体积磨损率,由膜层的硬度和摩擦系数共同决定。

(1)液相等离子体沉积陶瓷膜层的硬度。

液相等离子体沉积膜的相组成及厚度是影响膜层硬度、耐磨性的主要因素。液相等离子体沉积陶瓷膜层呈双层结构,如图 5.1(a)所示,内部与基体结合牢固的为致密层(Ⅰ);外部存在少量微孔的为疏松层(Ⅱ)。膜层的厚度与液相等离子体沉积电源参数和电解液组成有关,其中受电源参数影响最为显著,相同电源参数下不同电解液组成制备膜层的厚度变化不大。液相等离子体沉积陶瓷膜层的相组成主要与电解液组成有关,电解液体系不同,生成结晶相的种类也不同,但都以 MgO 相为主,MgO 相为高温高压下熔融物瞬间凝结形成的结晶态 MgO,硬度高于镁合金基体及普通的非晶态 MgO,因此使膜层硬度得到显著提高。

(2)液相等离子体沉积陶瓷膜层的摩擦系数。

摩擦系数是指两个表面间的摩擦力与作用在其表面上的垂直力之比,它与表面粗糙度有关,而与接触面积的大小无关。在同样的摩擦条件下,对于相同的摩擦副,摩擦系数越小,意味着由于摩擦而消耗的能量越少,耐磨性越好,因此摩擦系数是衡量材料摩擦学性能的重要指标之一。

液相等离子体沉积陶瓷膜层的摩擦系数大小主要取决于膜层的表面形貌,表面粗糙度越大,摩擦系数越大。液相等离子体沉积陶瓷膜层表面呈微孔结构,如图 5.1(b)所示,孔隙分布均匀,孔径一般为微米级,微孔的形成源于微弧放电过程中形成的放电通道,因此膜层的表面形貌受电源参数影响较大。适当的电源参数下液相等离子体沉积陶瓷膜层大都平整、均匀,表面粗糙度较小,因此摩擦系数较小。

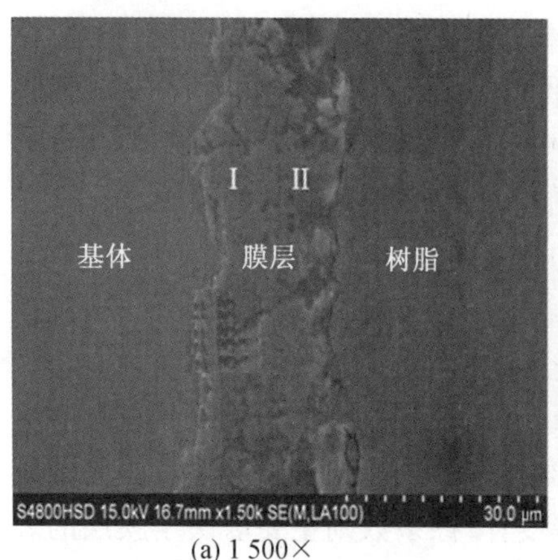

(a) 1 500×

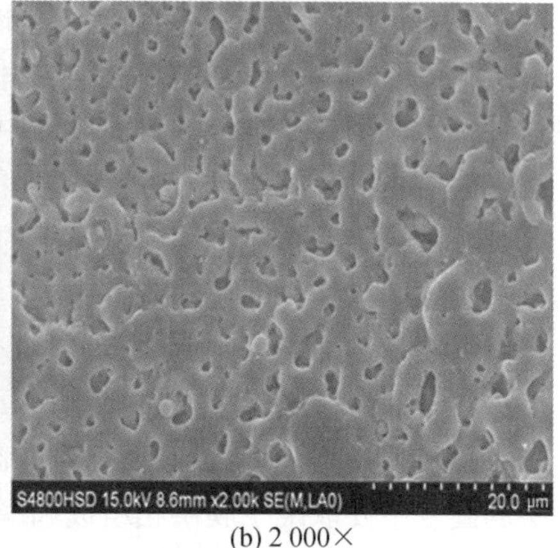

(b) 2 000×

图 5.1　液相等离子体沉积陶瓷膜层的结构及表面形貌

2. 液相等离子体沉积陶瓷膜层的表面磨损形式

两个相互接触的物体在外力的作用下发生相对运动时,在接触表面产生切向运动阻力的现象称为摩擦。摩擦的种类很多,经典摩擦学理论认为摩擦只与材料的性质有关,按摩擦副的运动形式可将摩擦分为滑动摩擦和滚动摩擦,按摩擦副的运动状态又可将摩擦分为静摩擦和动摩擦;现代摩擦学理论认为影响摩擦的因素除了与摩擦副材料的性质及摩擦接触面的几何形状、物理性质有关外,还与载荷情况、转动速度、环境气氛及温度等因素有关,因此按摩擦副的表面润滑状态,摩擦又可分为干摩擦、边界摩擦及流体摩擦等。

摩擦的效果是材料的磨损,即相互接触的物体在相对运动中表层材料不断损伤的过程。对磨材料的性质不同,摩擦时的边界条件不同,磨损的机理和效果也不同,按照不同磨损机理来分类,可将磨损划分为 4 个基本类型:磨料磨损、粘着磨损、疲劳磨损和腐蚀磨损。

磨料磨损又称磨粒磨损,是指外界硬颗粒或者对磨表面上的硬凸起物或粗糙峰在摩擦过程中引起表面材料脱落的现象。

粘着磨损是指当摩擦副表面发生相对滑动时,因粘着效应所形成的粘着结点发生剪切断裂,被剪切的材料或脱落呈磨屑,或由一个表面迁移到另一个表面的现象。

疲劳磨损又称接触疲劳磨损,是指两个相互滚动或滚动兼滑动的摩擦表面,在循环变化的接触应力作用下,因材料疲劳剥落而形成凹坑的现象。

腐蚀磨损是指摩擦过程中,金属与周围介质发生化学或电化学反应而产生的表面损伤现象。

(1)镁合金基体的表面磨损形式。

干摩擦条件下不考虑腐蚀磨损,镁合金的磨损现象包括3个过程:依次为表面的相互作用、表面层的变化及表面层的破坏形式。以GCr15钢球与镁合金基体的摩擦过程为例,如图5.2所示。

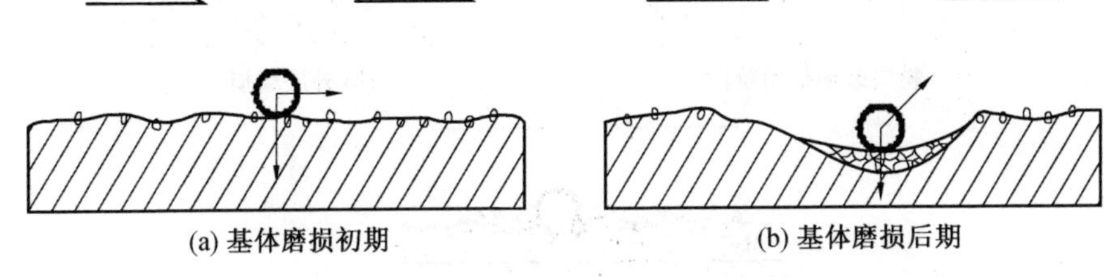

图5.2 镁合金基体不同磨损阶段模型

在摩擦过程初期,镁合金基体表面存在许多微凸体,钢球与基体的实际接触面积远小于理论接触面积,实际接触应力大于理论应力,致使接触点处硬度较低的基体发生形变,粘着阻力增大;摩擦一段时间后,在循环变化的接触应力作用下,钢球与基体接触面积逐渐增大,基体的磨损量也相应增大,磨损过程中产生的磨屑散乱地分布在磨道周围形成磨粒,致使摩擦阻力进一步增大,磨粒对材料表面的切削作用会在基体表面留下明显的犁沟,因此GCr15钢球与镁合金基体的微动磨损是一个典型的复合磨损过程,摩擦开始阶段首先发生磨粒磨损,磨粒磨损所形成的清洁面又诱发了粘着磨损的产生。

(2)液相等离子体沉积陶瓷膜层的表面磨损形式。

镁合金液相等离子体沉积陶瓷膜层,具有独特的物理结构和化学性质,使其具有较好的耐磨性能,且磨损机制和效果也有别于镁合金及其他金属材料。液相等离子体沉积膜层不同磨损阶段模型如图5.3所示。

在钢球与液相等离子体沉积陶瓷膜层的摩擦磨损过程中,钢球对液相等离子体沉积膜表面的作用力可以分解成法向力和切向力两个力。法向力将一些磨屑压入液相等离子体沉积孔中,磨屑由于碾压变硬,在一定程度上起到弥补液相等离子体沉积膜缺陷、增强膜层耐磨性的作用,但是因为磨屑没有很牢固地黏在膜层表面,因此这一过程是不连续的,这也是片状黏附物只出现在磨痕局部,而没有连成片的原因;切向力使磨屑向前推进,当磨屑较多或体积较大时,将使摩擦阻力增大,进一步产生磨屑,使疲劳变得严重或引起磨粒磨损,因此随着磨损过程的不断进行,液相等离子体沉积陶瓷膜层的磨损形式依次表现为表面疲劳磨损、磨料磨损、粘着磨损。

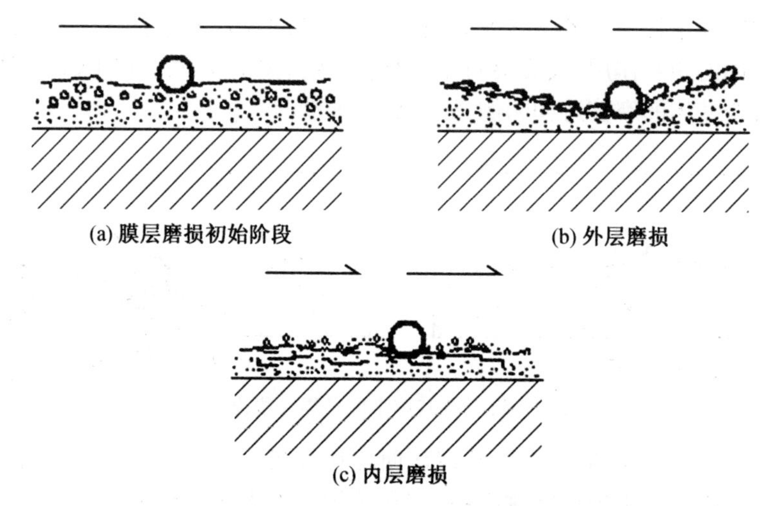

图5.3 液相等离子体沉积膜层不同磨损阶段模型

航天器在轨工作时,镁合金结构件会暴露在空间环境中,与空间环境产生交互作用,其中真空、低温等环境对其影响较大。真空、低温等环境因素可引起镁合金活动部件的冷焊和结构的变形等现象,从而导致航天器机械性能的退化。因此,镁合金液相等离子体沉积膜层在真空、低温环境下的摩擦机制研究具有重要的实际意义。

通过采用液相等离子体沉积法在镁合金表面原位生长陶瓷膜层,并对电解液进行无机盐、无机颗粒的单独和复合掺杂来提高陶瓷膜层的耐磨减摩性能,并研究其在真空、低温环境下的摩擦行为,为镁合金在航空航天领域的推广应用提供可靠的理论基础和技术支持。

5.2 电解液体系对PED膜层耐磨性的影响

5.2.1 电解液配方对液相等离子体沉积陶瓷膜层的影响

镁合金液相等离子体沉积电解液一般利用含一定金属或非金属氧化物的碱性盐溶液(如硅酸盐、磷酸盐、铝酸盐等)。以Na_2SiO_3、$NaAlO_2$、Na_3PO_4等盐为主盐的若干种碱性电解液为配方,初期以简便的抗磨损时间为评价标准(载荷为 55 N 正压力下膜层的耐磨损时间),进而筛选出适合在 ZK60 镁合金上制备出高耐磨性液相等离子体沉积陶瓷膜层的电解液体系。

在单组分 KOH 溶液中,电解强烈地发生并持续到火花阶段,而硅酸盐、磷酸盐和铝酸盐添加到电解液中后,大大降低了电解的程度。另外,不同的电解液中微放电的形式和颜色有所不同。在 Na_2SiO_3 电解液体系中,反应时放电火花发出耀眼的白光,膜层的生长速率快,但液相等离子体沉积过程的击穿电压较高,表面微孔的孔径大,表面孔隙率高,降低了膜层的致密性。在 $NaAlO_2$ 电解液体系中,火花初始为银白色,在样品表面形成斑点并游动,直至一定厚度氧化膜形成而后衰退。一般情况下,铝酸钠有助于在镁合金表面产生更硬和更厚的膜层,这在有关的科研论文和相关的专利文献中有大量的反映。在磷酸盐电解液体系中,微放电颜色呈橘黄色,且膜层平滑均一。

通过调节各反应体系的工艺参数得到了不同电解液体系所得镁合金液相等离子体沉积膜的耐磨损时间。如图 5.4 所示,Na_3PO_4 和 $(NaPO_3)_6$ 体系下制备的镁合金液相等离子体沉积膜层的耐磨损时间较长,因而 Na_3PO_4 和 $(NaPO_3)_6$ 体系较适合于制备耐磨性镁合金液相等离子体沉积膜层。

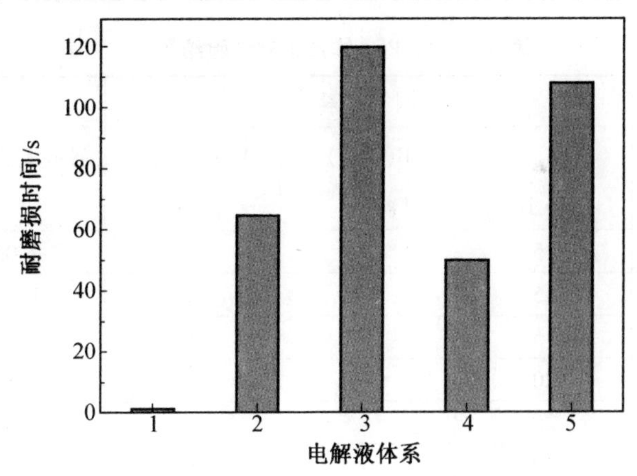

图 5.4　不同电解液体系所得液相等离子体沉积膜层的耐磨损时间

1—KOH;2—Na_2SiO_3+KOH+$C_3H_8O_3$;3—Na_3PO_4+KOH+$C_3H_8O_3$;

4—$NaAlO_2$;5—$(NaPO_3)_6$+KOH+ $C_3H_8O_3$

综合初期的试验以及理论分析结果,初步选择 Na_3PO_4 和 $(NaPO_3)_6$ 体系作为液相等离子体沉积的电解液,并在此基础上研究电解液体系对所制备液相等离子体沉积膜层的组织结构、相组成、硬度和摩擦系数的影响,进而筛选出更优的电解液体系。

5.2.2　电解液浓度对液相等离子体沉积陶瓷膜层的影响

采用三因素三水平正交试验表L9(33)分别对两种电解液体系进行正交试验设计,以探索相应电解液的最佳配方,并最终确定电解液体系及配方。正交试验方案见表5.1,相应体系正交试验结果见表5.2和表5.3。

表5.1　两种配方中各因素的水平表

		水平		
		低质量浓度/$(g\cdot L^{-1})$	中质量浓度/$(g\cdot L^{-1})$	高质量浓度/$(g\cdot L^{-1})$
Ⅰ	Na_3PO_4	15	20	25
	KOH	2	4	6
	$C_3H_8O_3$	1	2	4
Ⅱ	$(NaPO_3)_6$	5	10	15
	KOH	2	4	6
	$C_3H_8O_3$	1	3	5

表5.2　Na_3PO_4体系正交试验结果

	因　素			纳米硬度/GPa
	A$(\rho_{Na_3PO_4})$/$(g\cdot L^{-1})$	B(ρ_{KOH})/$(g\cdot L^{-1})$	C$(\rho_{C_3H_8O_3})$/$(g\cdot L^{-1})$	
1	15	2	1	2.03
2	15	4	2	1.82
3	15	6	4	1.55
4	20	2	2	2.31
5	20	4	4	3.58
6	20	6	1	2.74
7	25	2	4	2.26
8	25	4	1	2.63
9	25	6	2	1.97
均值1	1.800	2.200	2.467	
均值2	2.877	2.677	2.033	
均值3	2.287	2.087	2.463	
极差	1.077	0.590	0.434	

从正交试验表 5.2 和表 5.3 可知,以纳米硬度作为评价膜层性能指标,在 Na_3PO_4 体系下,试验方案 A2B2C1 性能较好;在($NaPO_3$)$_6$ 体系下,试验方案 A2B2C1 性能较好,且 Na_3PO_4 体系下所得膜层的硬度普遍高于($NaPO_3$)$_6$ 体系下所得膜层的硬度。分别以 Na_3PO_4 体系下的配方方案 A2B2C1 和($NaPO_3$)$_6$ 体系下的配方方案 A2B2C1 作为电解液配方在 ZK60 镁合金上制备液相等离子体沉积陶瓷膜层,两种电解液下制备的膜层的纳米硬度分别为 4.99 GPa 和 3.42 GPa。

表 5.3 ($NaPO_3$)$_6$ 体系正交试验结果

	因素			纳米硬度/GPa
	A($\rho_{(NaPO_3)_6}$)/(g·L^{-1})	B(ρ_{KOH})/(g·L^{-1})	C($\rho_{C_3H_8O_3}$)/(g·L^{-1})	
01	5	2	1	1.64
02	5	4	3	1.17
03	5	6	5	1.32
04	10	2	3	1.76
05	10	4	5	2.15
06	10	6	1	1.98
07	15	2	5	1.58
08	15	4	1	1.87
09	15	6	3	1.75
均值 1	1.377	1.660	1.830	
均值 2	1.963	1.730	1.560	
均值 3	1.733	1.683	1.683	
极差	0.586	0.070	0.270	

图 5.5 所示为 Na_3PO_4 体系和($NaPO_3$)$_6$ 体系下制得膜层的 XRD 谱图。从图 5.5 中可以看出,Na_3PO_4 和($NaPO_3$)$_6$ 两种电解液体系下制备的陶瓷膜层均主要由方镁石 MgO 组成,但 Na_3PO_4 体系下所得膜层的 MgO 晶相含量要明显高于($NaPO_3$)$_6$ 体系下所得膜层的 MgO 晶相含量,而且在低角度时($NaPO_3$)$_6$ 体系制备的膜层出现非晶态的衍射峰。因此,Na_3PO_4 体系更有利于形成结晶态的陶瓷膜层。

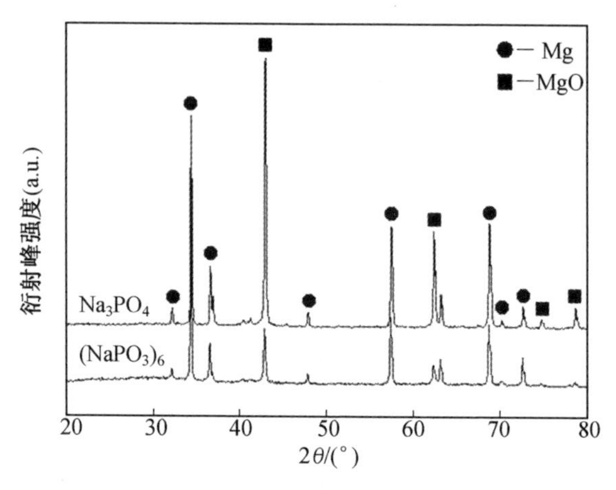

图 5.5　Na_3PO_4 体系和$(NaPO_3)_6$ 体系下制得膜层的 XRD 谱图

图 5.6 所示为 Na_3PO_4 体系和$(NaPO_3)_6$ 体系下制得膜层表面的 SEM 照片。从图 5.6 中可以看出，两种电解液体系下所制得的膜层均为多孔状，但因反应能力低，在$(NaPO_3)_6$ 体系中，部分电解液成分没有与镁原子生成高温的 MgO 晶相，而是以电化学沉积形式在镁合金表面沉积成饼状结构。相比之下，Na_3PO_4 体系下制得的膜层中微孔的分布更加均匀。

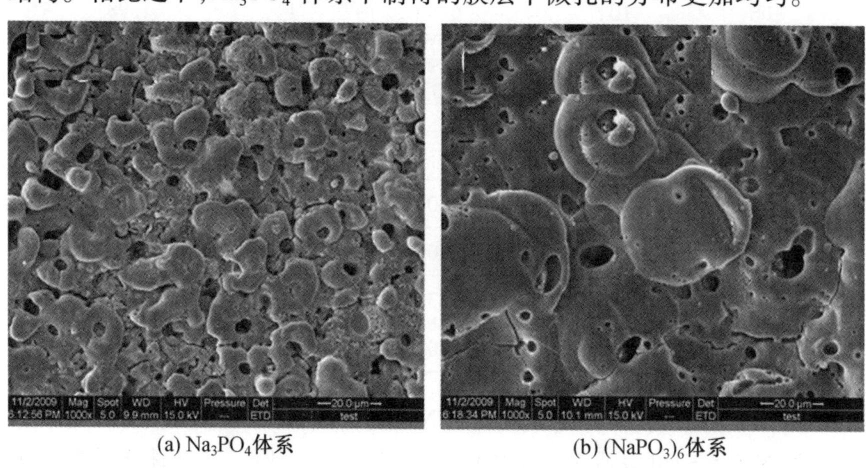

(a) Na_3PO_4体系　　(b) $(NaPO_3)_6$体系

图 5.6　Na_3PO_4 体系和$(NaPO_3)_6$ 体系下制得膜层表面的 SEM 照片(1 000×)

图 5.7 所示为 Na_3PO_4 体系和$(NaPO_3)_6$ 体系下制得膜层的摩擦系数。从图 5.7 中可以看出，Na_3PO_4 体系下制得的膜层的摩擦系数要低于

$(NaPO_3)_6$ 体系下制得的膜层的摩擦系数。通过纳米压痕试验和摩擦系数测试对比可得，Na_3PO_4 体系下制备的液相等离子体沉积膜层的力学和摩擦性能均优于$(NaPO_3)_6$ 体系下制得的膜层的力学和摩擦性能。因此选择 Na_3PO_4 体系作为在镁合金上制备液相等离子体沉积膜层的电解液体系，电解液配方为 Na_3PO_4(20 g/L)、KOH(4 g/L)和 $C_3H_8O_4$(1 g/L)。

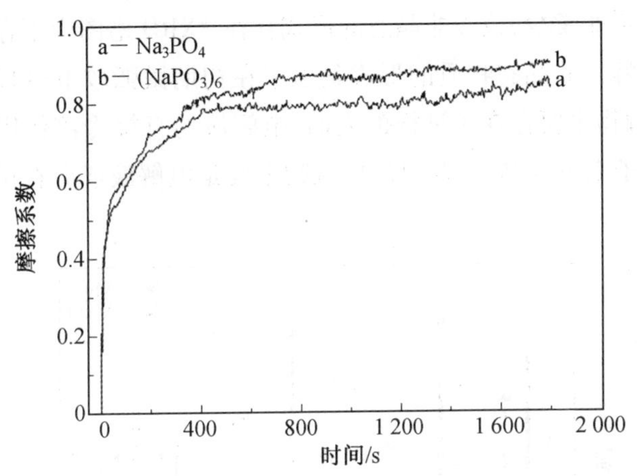

图 5.7 Na_3PO_4 体系和$(NaPO_3)_6$ 体系下制得膜层的摩擦系数

5.3 电源参数对 PED 膜层耐磨性的影响

5.3.1 电流密度对膜层结构和性能的影响

1. 电流密度对膜层相组成和表面形貌的影响

在液相等离子体沉积反应过程中，电流密度是主要的电源控制参数之一，也是影响能量大小的主要因素之一[34]。本试验采用恒流液相等离子体沉积方式，在其他能量参数(频率和占空比)恒定的条件下，通过改变电流密度来研究其对陶瓷膜层相组成、表面形貌、纳米硬度及摩擦性能等方面的影响。

(1)对膜层相组成的影响。不同电流密度下所得膜层的 XRD 谱图如图 5.8 所示。从图 5.8 中可以看出，所得陶瓷膜层主要由 MgO 组成，MgO 晶相的含量随着电流密度的增加而增加，电流密度为 12 A/dm^2 时达到最大，电流密度继续增加，则 MgO 晶相的含量随之减少。生成的陶瓷膜层中有 MgO 晶相是因为液相等离子体沉积反应过程中产生微区放电并释放出巨大能量，使镁合金中的 Mg 原子在瞬间的高温高压下发生微区熔融，并通过放电通道进行扩散，同时在电解液的冷淬作用下与吸附在合金表面的 O 原子迅速结合，生成 MgO 并沉积。膜层中没有检测出含磷相，可以推断含磷相的含量非常少，或以非晶态的形式存在，XRD 谱图中不存在含磷氧化相的特征峰。非晶态物质的形成是由于在初期微弧放电过程中产生的能量小，熔融物主要存在于试样的表面，电解液的直接冷淬作用使大多数的 Mg、O 原子来不及结合，此时的熔融物主要是电解液成分在试样表面的电化学沉积。

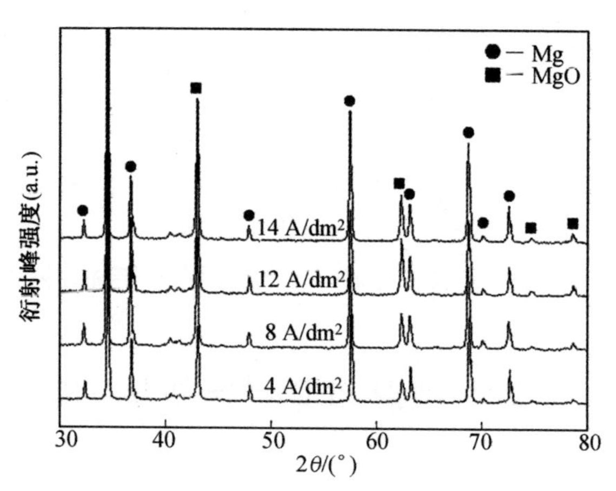

图 5.8　不同电流密度下所得膜层的 XRD 谱图

（2）对膜层表面形貌的影响。图 5.9 所示为不同电流密度下所得膜层的表面形貌。从图 5.9 中可以看出，陶瓷膜层在形成过程中，表面残留了大量的放电微小气孔，形成放电通道，从而可以推断液相等离子体沉积过程中表面经历了一个熔融、凝固和冷却的过程。有的放电通道来不及完全闭合就被冷却凝固下来。这是由于微等离子弧放电时，在放电微区产生了瞬时高温，使形成的氧化膜在微区内熔化，随着微等离子弧游走，在电解液的骤冷作用下，熔化微区迅速冷却并凝固形成多孔结构。从图 5.9 还可以看出，随着电流密度的增加，膜层表面微孔密度减小，表面致密度增强，表面由疏松的多孔结构变成了致密的块状结构。当电流密度达到 14 A/dm^2 时，膜层表面变得粗糙，块状凸起变大且表面出现明显的裂纹，膜层的均匀性降低。

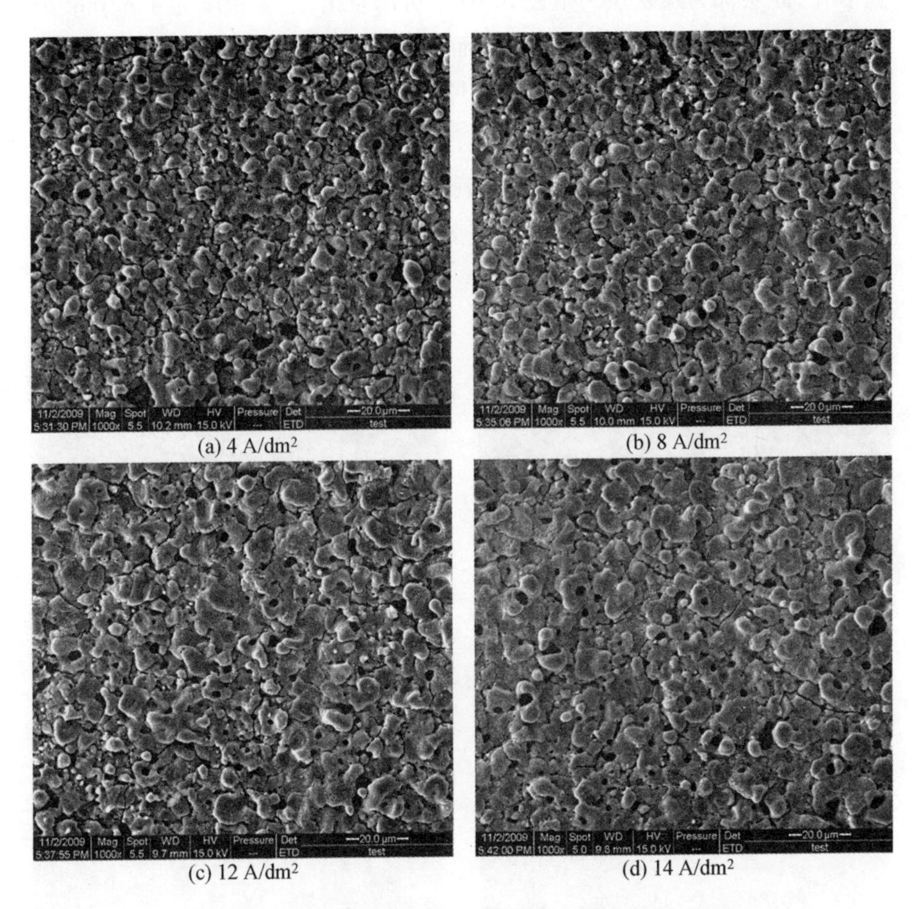

(a) 4 A/dm^2　(b) 8 A/dm^2

(c) 12 A/dm^2　(d) 14 A/dm^2

图 5.9　不同电流密度下所得膜层的表面形貌(1 000×)

图 5.10 所示为不同电流密度下所得膜层截面的背散射图像。从图 5.10 中可以看出,不同电流密度下所得的液相等离子体沉积膜层均表现为双层结构,即内部紧密层和外部疏松层。这是因为在高温高压下膜层内部 O 原子和 Mg 原子不断扩散,并且少量 O 原子通过击穿时产生的放电通道进入基体内部与 Mg 原子结合,由于 Mg 内部受溶液的影响小,生成的膜层比较致密,因此此层称为致密层;另外,少数的熔融氧化物从放电通道中喷射出来并到达与电解液接触的膜层表面,熔融氧化物使表层的陶瓷膜层发生重熔,喷射出来的熔融氧化物和重熔后的氧化物在电解液的冷淬作用

下迅速凝固，放电通道冷却，反应产物沉积在通道内壁，形成的陶瓷膜层疏松多孔，此层称为疏松层。从图5.10中可以看出，电流密度为4 A/dm^{2}时所生成的氧化膜厚度为7 μm左右，而电流密度为14 A/dm^{2}时所生成的氧化膜厚度超过了14 μm。可见，膜层厚度随着电流密度的增加而增大。电流密度过低时，不会形成较厚的膜层，而当电流密度过高时，由于带来的热量比较多，不容易散失出去，易引起氧化膜的性质恶化。由此可见，大电流密度可以获得更高的成膜效率，但是大电流密度所引起的膜层表面粗糙度的增加也是必须考虑的因素之一。

(a) 4 A/dm^2　(b) 8 A/dm^2

(c) 12 A/dm^2　(d) 14 A/dm^2

图5.10　不同电流密度下所得膜层截面的背散射图像(1 000×)

2. 电流密度对膜层纳米硬度及摩擦性能的影响

(1)对膜层纳米硬度的影响。不同电流密度下所得膜层的纳米硬度如图5.11所示。从图5.11中可以看出，膜层的纳米硬度随着电流密度的增加而增大,当电流密度为 12 A/dm^2 时,所得膜层的纳米硬度达到最大,为3.03 GPa。当电流密度继续增大时,膜层的硬度反而下降。这是由于电流密度过大,生成的膜层表面变疏松,使得膜层的硬度下降。

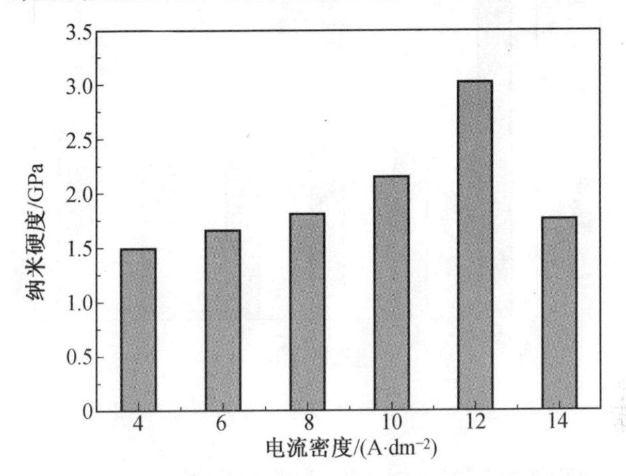

图 5.11 不同电流密度下所得膜层的纳米硬度

(2)对膜层摩擦性能的影响。不同电流密度下所得膜层的摩擦系数曲线如图 5.12 所示。从图 5.12 中可以看出,膜层的摩擦系数随着电流密度的增加而增大,这也反映了膜层的表面粗糙度随着电流密度的增加而增大。

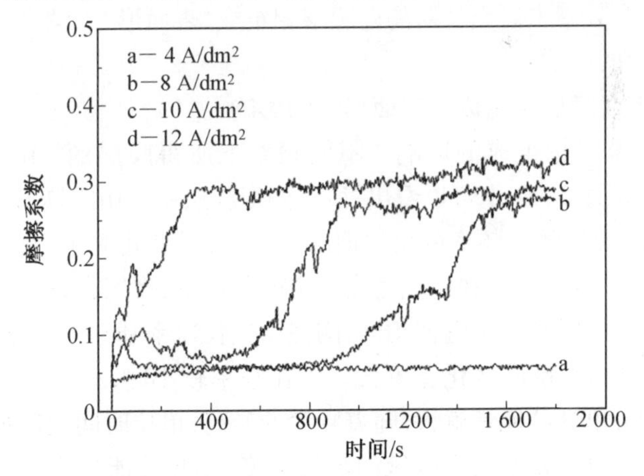

图 5.12 不同电流密度下所得膜层的摩擦系数曲线

图 5.13 所示为不同电流密度下所得膜层的磨损率。从图 5.13 中可以看出,液相等离子体沉积膜层的磨损率随着电流密度的增加而降低,电流密度为 12 A/dm^2 时膜层的磨损率达到最小,为 3.27×10^{-5} mm^3/(N·m)。当

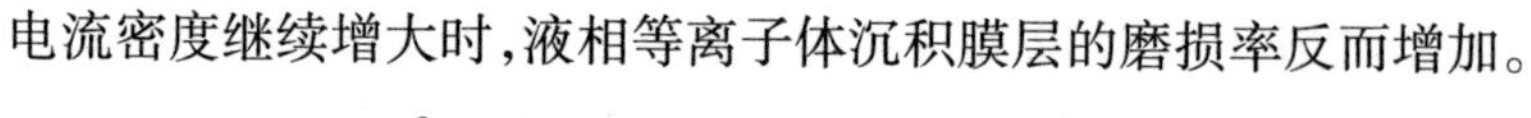
电流密度继续增大时，液相等离子体沉积膜层的磨损率反而增加。

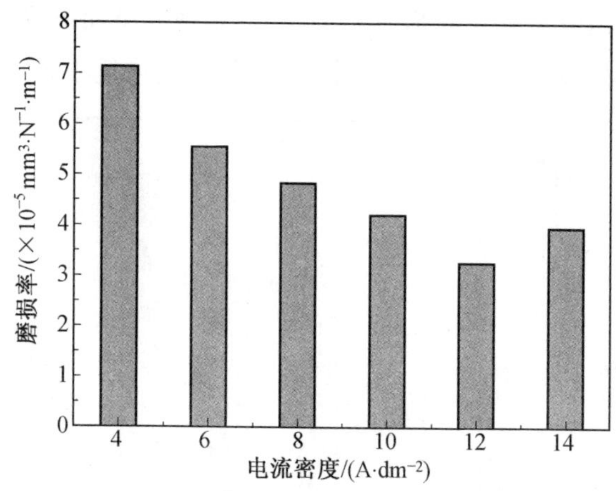

图5.13 不同电流密度下所得膜层的磨损率

5.3.2 频率对膜层结构和性能的影响

频率的物理意义是单位时间内脉冲的振荡次数，其与占空比一起来控制液相等离子体沉积过程中单脉冲能量的变化[35]。本试验是采用恒流液相等离子体沉积方式，在其他能量参数（电流密度和占空比）恒定的条件下，通过改变频率来研究其对陶瓷膜层相组成、表面形貌、纳米硬度及摩擦性能等方面的影响。

1. 频率对膜层相组成和表面形貌的影响

（1）对膜层相组成的影响。不同频率下所得膜层的 XRD 谱图如图5.14所示。从图5.14中可以看出，所得陶瓷膜层主要由方镁石 MgO 组成，MgO 晶相的含量随着频率的增加而减少，但含量变化并不大，远小于电流密度的影响。这是由于在电流密度一定的条件下，作用在试样上的电压差异不大，电场的驱动力也近似相同，陶瓷层生长速率基本不变，最终陶瓷膜层的 MgO 晶相含量的变化也不大。但在频率较小时，单位时间内脉冲振荡的次数少，单脉冲能量就大；随着频率的升高，单位时间内脉冲振荡的次数增加，单位时间发生击穿区域的数量增多，单脉冲能量也就越小，因此，频率较低时膜层中 MgO 晶相的含量较少，反之较多。

（2）对膜层表面形貌的影响。图5.15所示为不同频率下所得膜层的表面形貌。从图5.15中可以看出，随着频率的增加，膜层表面放电微孔的尺寸不断减小，而微孔数量逐渐增多。当频率为500 Hz 时，膜层中微孔分

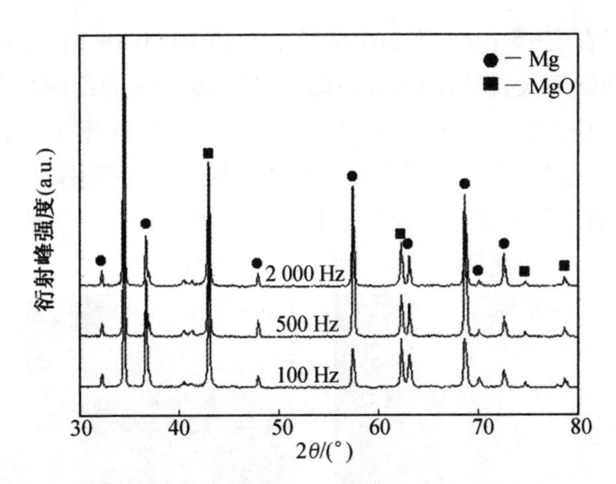

图 5.14 不同频率下所得膜层的 XRD 谱图

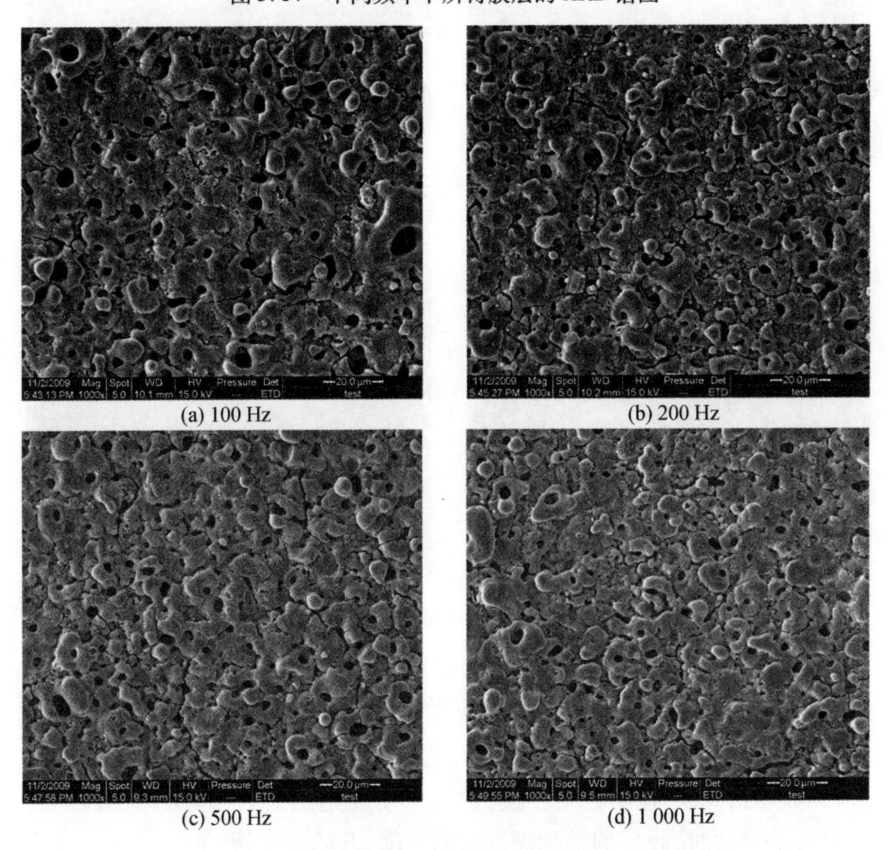

图 5.15 不同频率下所得膜层的表面形貌(1 000×)

布均匀,孔径在 3 ~5 μm。当频率继续上升到 1 000 Hz 时,膜层表面变得粗糙,块状凸起变大,膜层均匀性降低。图 5.16 所示为不同频率下所得膜层截面的背散射图像。从图 5.16 中可以看出,不同频率下制备的膜层均明显分为两层结构:内部紧密层和外部疏松层。随着频率的增加,膜层厚度呈现减小的趋势。这是由于频率的增加相当于阳极反应被阴极反应打断的次数增加,从而使阴极反应增强,膜层厚度降低[36]。

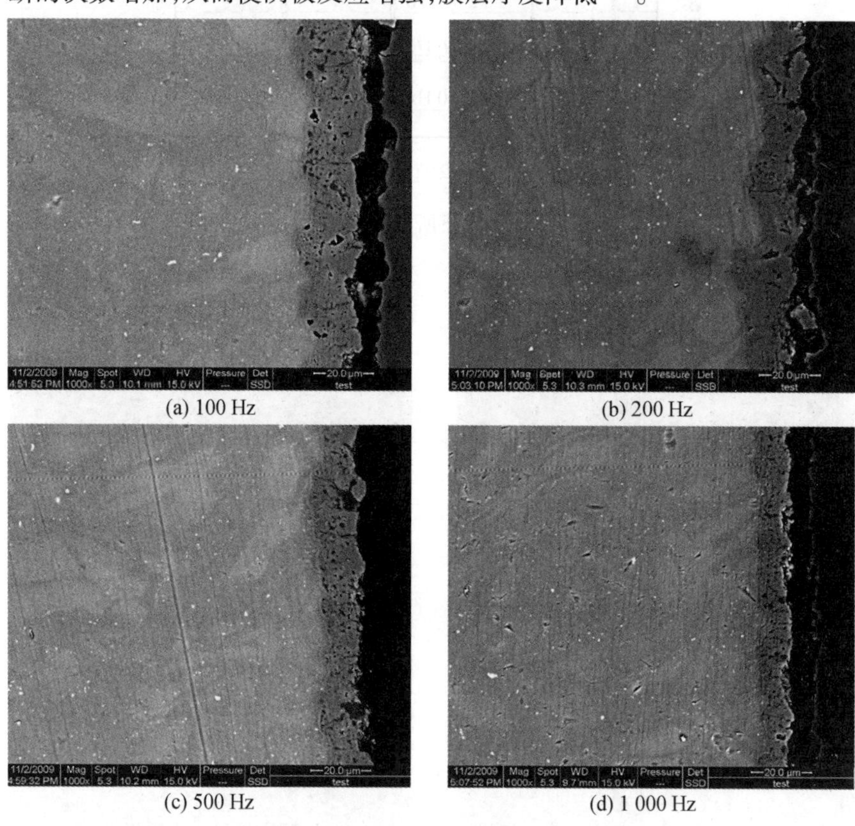

(a) 100 Hz　　(b) 200 Hz

(c) 500 Hz　　(d) 1 000 Hz

图 5.16　不同频率下所得膜层截面的背散射图像(1 000×)

2. 频率对膜层纳米硬度及摩擦性能的影响

(1)对膜层纳米硬度的影响。不同频率下所得膜层的纳米硬度如图 5.17 所示。从图 5.17 中可以看出,膜层的纳米硬度随着频率的增加而增大,当频率为 500 Hz 时,所得膜层的纳米硬度达到最大,为 4.52 GPa。当频率继续增大时,膜层的纳米硬度反而下降,并趋于平缓。

(2)对膜层摩擦性能的影响。不同频率下所得膜层的摩擦系数曲线如图 5.18 所示。从图 5.18 中可以看出,摩擦系数随着频率的增加而增大。对比可以看出,频率较低时膜层的摩擦系数较小,频率较高时膜层的摩擦系数较大。在低频区(100 Hz 和 200 Hz)和高频区(500 Hz、1 000 Hz 和2 000 Hz)内,膜层的摩擦系数变化较小。

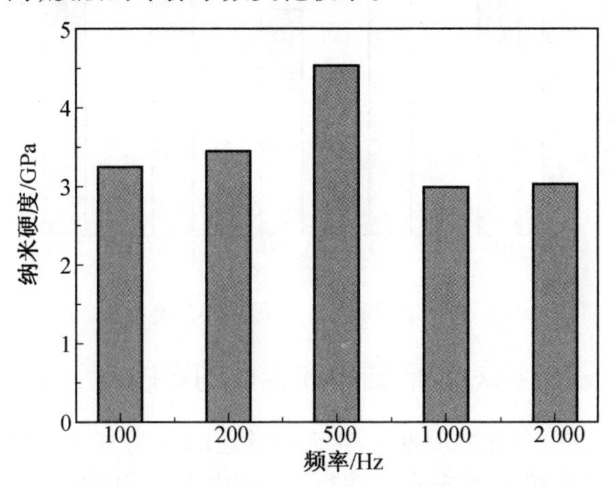

图 5.17 不同频率下所得膜层的纳米硬度

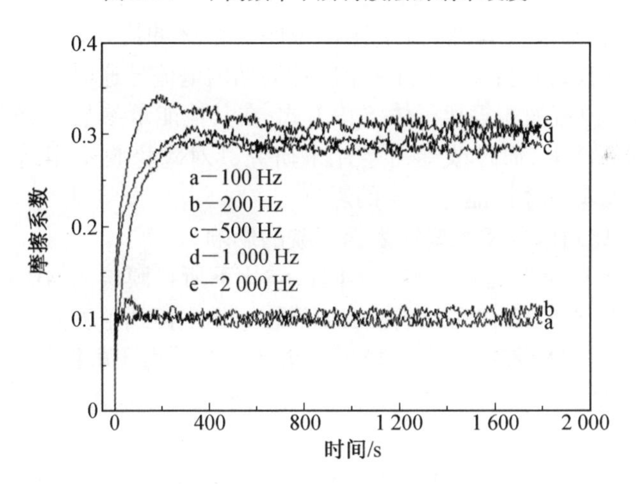

图 5.18 不同频率下所得膜层的摩擦系数

图 5.19 所示为不同频率下所得膜层的磨损率。从图 5.19 中可以看出,液相等离子体沉积膜层的磨损率随着频率的增加而降低,当频率为 500 Hz 时磨损率达到最小,为 2.3×10^{-5} $mm^3/(N\cdot m)$。当频率继续增大时,膜层的磨损率反而增加,且趋于平缓。

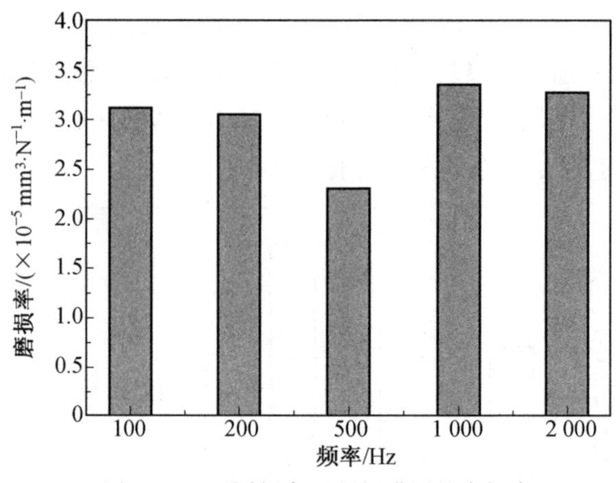

图5.19 不同频率下所得膜层的磨损率

5.3.3 占空比对膜层结构和性能的影响

占空比是在一个脉冲周期内电流的导通时间与整个周期的比值。在导通时间内,陶瓷膜层被击穿产生微弧,在电源关闭时间内,熔融的 MgO 发生凝固,使微孔愈合。改变占空比的大小即调整液相等离子体沉积过程中电流的导通与断开时间,占空比小说明一个脉冲周期内电流导通时间短、断开时间长;占空比大说明一个脉冲周期内电流导通时间长、断开时间短[37]。采用恒流液相等离子体沉积方式,在其他能量参数(电流密度和频率)恒定的条件下,通过改变占空比来研究其对陶瓷膜层相组成、表面形貌、纳米硬度及摩擦性能等方面的影响。

1. 占空比对膜层相组成和表面形貌的影响

(1)对膜层相组成的影响。不同占空比下所得膜层的 XRD 谱图如图5.20 所示。从图 5.20 中可以看出,所得陶瓷膜层主要由方镁石 MgO 组成,MgO 晶相的含量随着占空比的减少而增加。这是由于电源提供的峰值电流等于平均电流与占空比的比值,占空比减小相当于电源提供的峰值电流增加,致使能量得到提高,因此 MgO 晶相含量随着占空比的减小而增加。

(2)对膜层表面形貌的影响。图 5.21 所示为不同占空比下所得膜层的表面形貌。从图 5.21 中可以看出,随着占空比的降低,膜层的致密度增加。这是由于降低占空比可以提高峰值电流,对应较高的反应电压,使得液相等离子体沉积陶瓷膜层的过程中,结晶相膜层的高温重熔更加充分,这给膜层带来较高的表面硬度值;且占空比较低,使高温熔化的陶瓷相有足够的固化时间,使得表面更加致密。因此,在较低的占空比时制备的膜层具备较优越的摩擦性能。

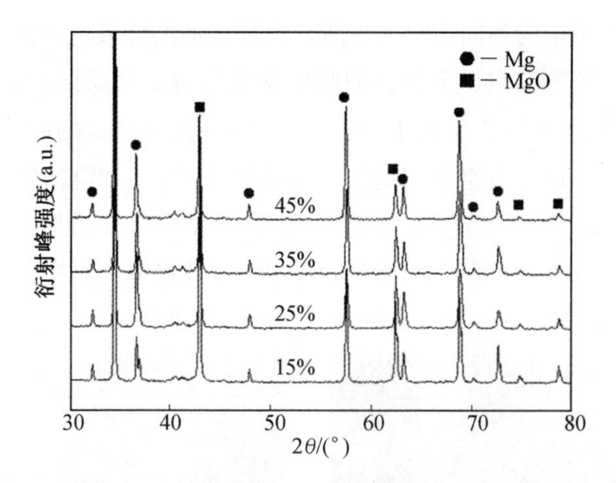

图 5.20 不同占空比下所得膜层的 XRD 谱图

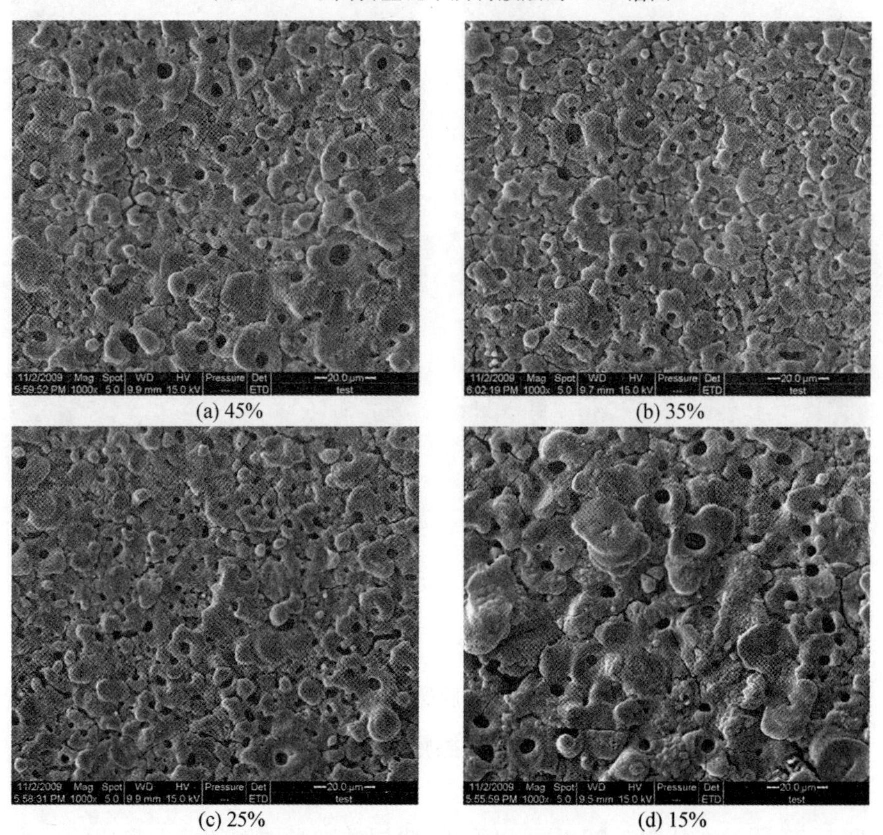

(a) 45%　(b) 35%

(c) 25%　(d) 15%

图 5.21 不同占空比下所得膜层的表面形貌(1 000×)

图5.22所示为不同占空比下所得膜层截面的背散射图像。从图5.22中可以看出,不同占空比下制备的膜层均明显分为两层结构:内部紧密层和外部疏松层。不同占空比下,膜层厚度的变化有一定的起伏,但总体上差别不大,这是由于占空比引起的能量变化很小,不如电流密度变化所引起的效果明显[38]。随着占空比的降低,膜层厚度呈现增加的趋势。这是由于保持平均电流密度不变,降低占空比,会引起单个周期内电流导通时间缩短,而脉冲电流峰值增加,从而导致膜层厚度增加。

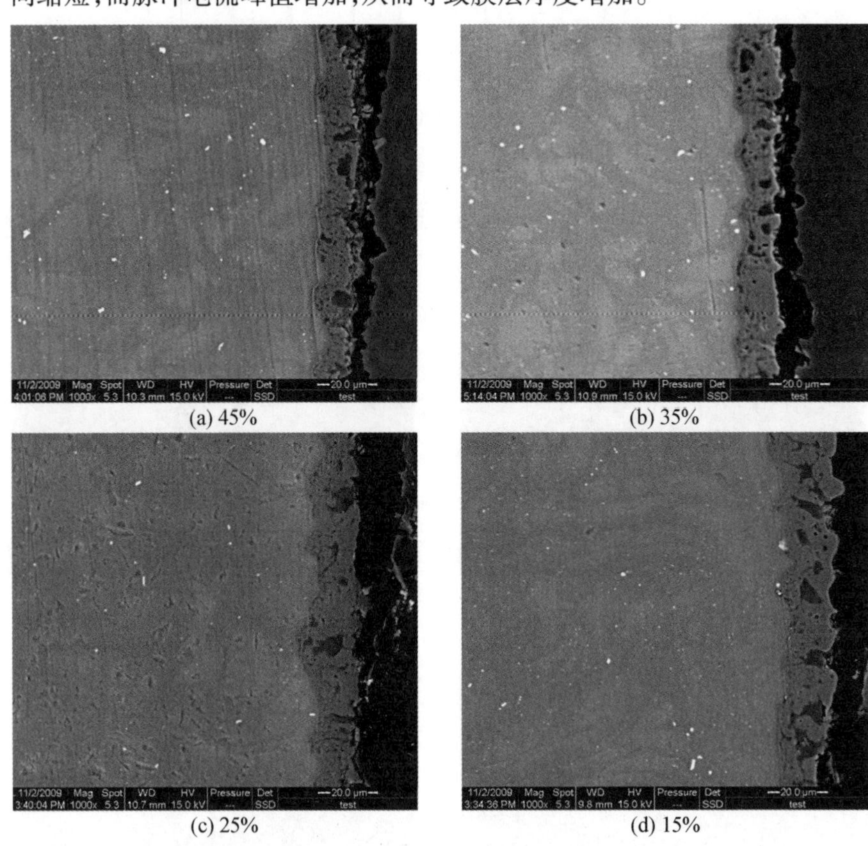

(a) 45%　(b) 35%　(c) 25%　(d) 15%

图5.22　不同占空比下所得膜层截面的背散射图像(1 000×)

2. 占空比对膜层纳米硬度及摩擦性能的影响

(1)对膜层纳米硬度的影响。不同占空比下所得膜层的纳米硬度如图5.23所示。从图5.23中可以看出,膜层的纳米硬度随着占空比的减小而增大,当占空比为15%时,所得膜层的纳米硬度达到最大,为4.99 GPa。

这是由于占空比的降低提高了电源所提供的峰值能量,使得加载在试样上的电压提高,从而提高了膜层的表面硬度。

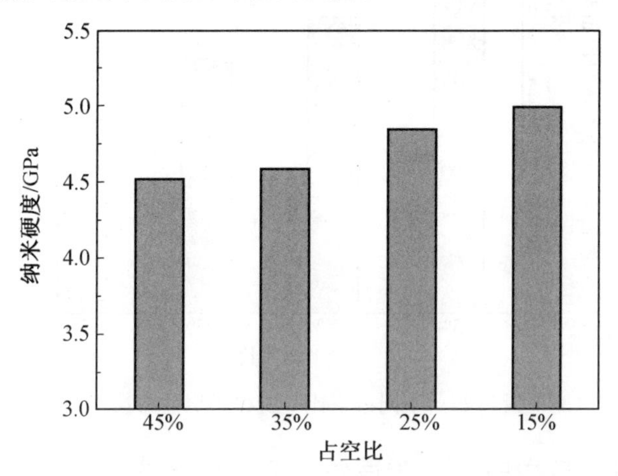

图 5.23　不同占空比下所得膜层的纳米硬度

(2)对膜层摩擦性能的影响。不同占空比下所得膜层的摩擦系数曲线如图 5.24 所示。从图 5.24 中可以看出,摩擦系数随着占空比的减小而增大,但数值上相差并不明显。图 5.25 所示为不同占空比下所得膜层的磨损率。从图 5.25 中可以看出,液相等离子体沉积膜层的磨损率随着占空比的降低而降低,占空比为 15% 时磨损率达到最小,为 1.27×10^{-5} mm^3/(N・m)。

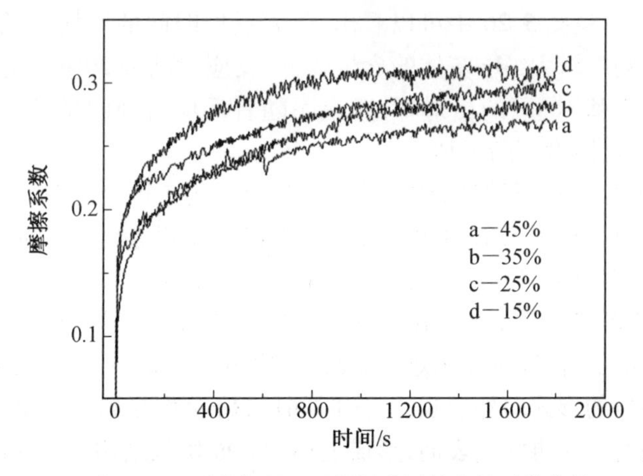

图 5.24　不同占空比下所得膜层的摩擦系数曲线

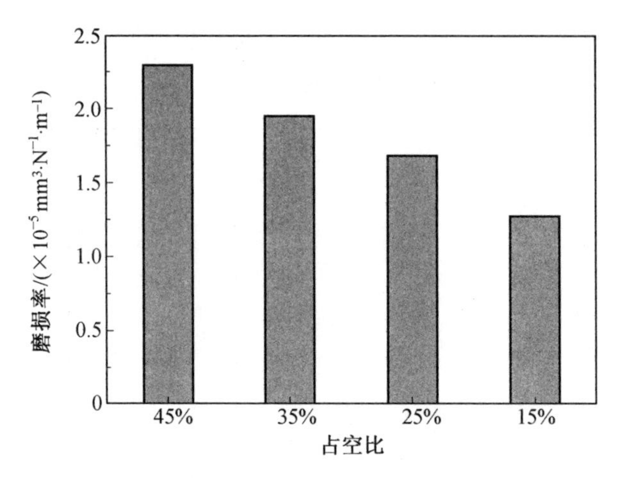

图5.25　不同占空比下所得膜层的磨损率

5.3.4　反应时间对膜层结构和性能的影响

反应时间是液相等离子体沉积过程中一个十分重要的参数。反应时间的长短可以影响到膜层的相结构、元素组成以及膜层的形貌,进而影响膜层的性能。采用恒流液相等离子体沉积方式,在电源参数恒定的条件下,通过改变反应时间来研究其对陶瓷膜层相组成、表面形貌、纳米硬度及摩擦性能等方面的影响。

1. 反应时间对膜层相组成和表面形貌的影响

(1)对膜层相组成的影响。不同反应时间下所得膜层的XRD谱图如图5.26所示。从图5.26中可以看出,随着反应时间的增加,膜层中MgO晶相的含量随之增大,Mg基体的含量降低,反应时间为20 min时,膜层中几乎检测不到基体Mg的衍射峰,这说明随着反应时间的延长,膜层结晶程度提高,并且厚度不断增加。

(2)对膜层表面形貌的影响。图5.27所示为不同反应时间下所得膜层的表面形貌。从图5.27中可以看出,所有的液相等离子体沉积膜均为多孔结构,随着反应时间的延长,膜层表面孔径增大,均匀性降低,表面变得粗糙,微孔形状从单个的火山口状转变成块状结构。这可能是由于随着膜层厚度的增加,击穿越发困难,需要的击穿电压也越高,氧化膜开始时主要是通过外喷的形式向外生长,一定时间后,熔融物受到外层早期形成的膜层的阻挡而不能再涌到表面,形成上述的表面块状结构。反应时间过长时,膜生长过程中的内应力,使膜层表面的微裂纹增加。当反应时间超过5 min时,膜层的致密度开始降低。

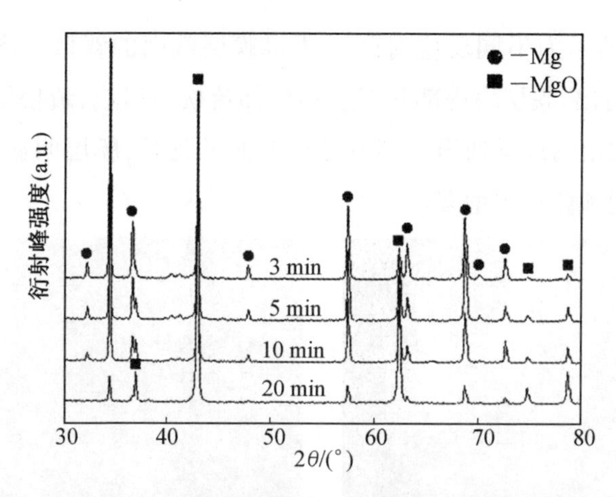

图 5.26 不同反应时间下所得膜层的 XRD 谱图

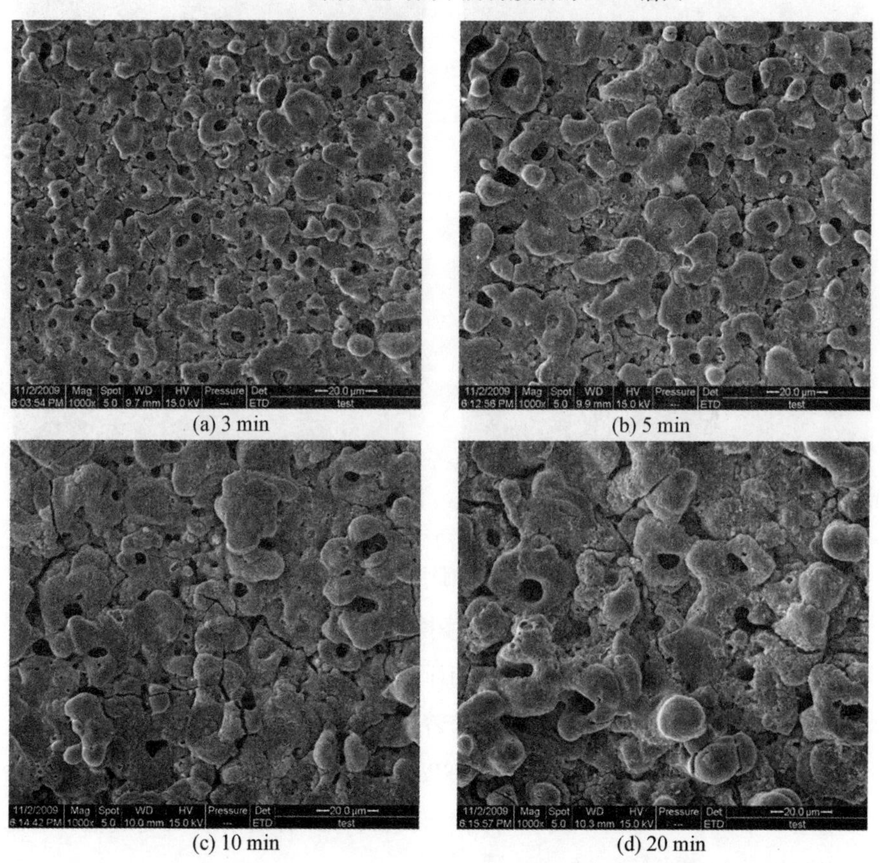

(a) 3 min (b) 5 min

(c) 10 min (d) 20 min

图 5.27 不同反应时间下所得膜层的表面形貌(1 000×)

图5.28所示为不同反应时间下所得膜层截面的背散射图像。从图5.28中可以看出,膜层由内部紧密层和外部疏松层组成,疏松层存在被封闭的孔洞和残留的放电通道。随着处理时间的延长,膜层明显变厚,但同时膜内的孔洞和微裂纹增多。

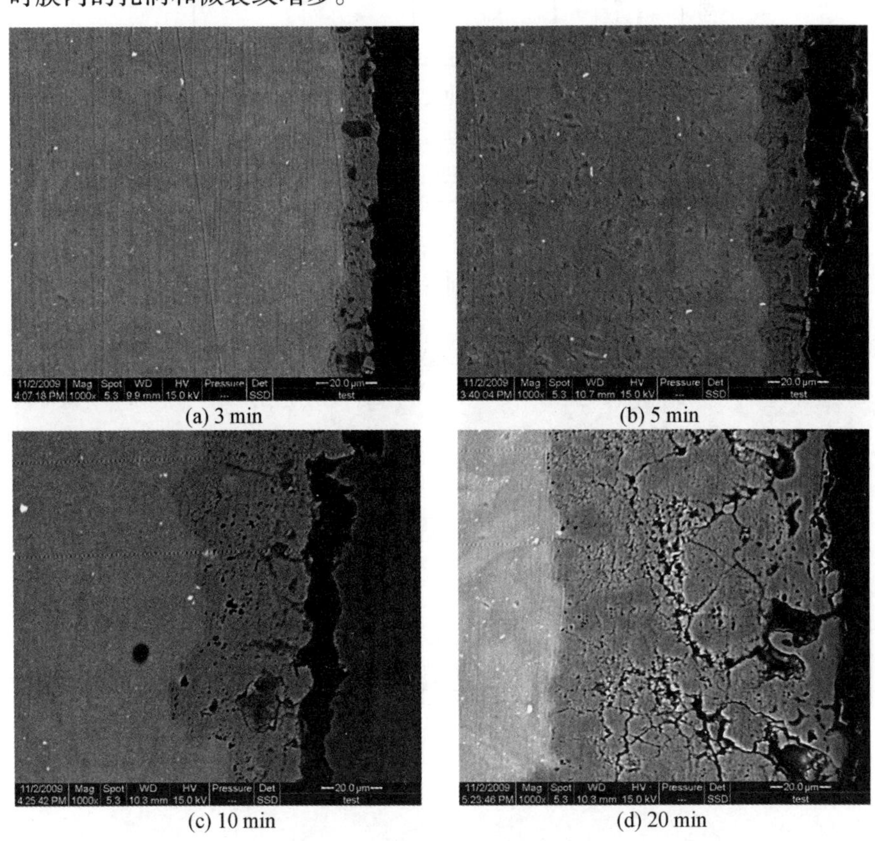

图5.28　不同反应时间下所得膜层截面的背散射图像(1 000×)

2. 反应时间对膜层纳米硬度及摩擦性能的影响

(1)对膜层纳米硬度的影响。不同反应时间下所得膜层的纳米硬度如图5.29所示。膜层的纳米硬度随着反应时间的延长而增大,反应时间为5 min时,硬度达到最大,为4.99 GPa。然后反应时间继续增加,膜层的硬度反而下降。这是由于反应时间继续增大导致膜层的表面变疏松,从而使得膜层的硬度降低。

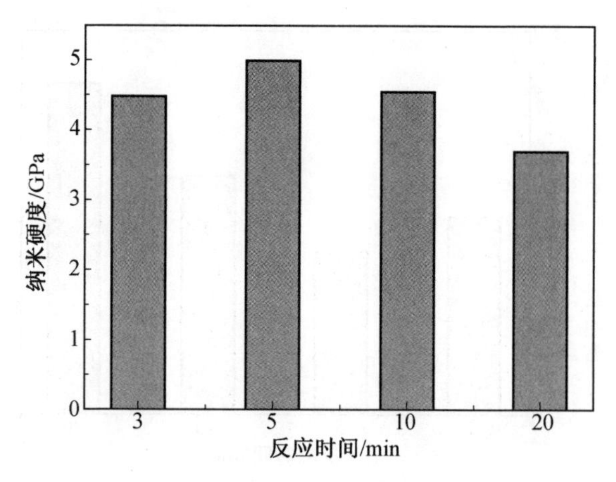

图 5.29 不同反应时间下所得膜层的纳米硬度

(2)对膜层摩擦性能的影响。不同反应时间下所得膜层的摩擦系数曲线如图 5.30 所示。从图 5.30 中可以看出,膜层的摩擦系数随着反应时间的增加而增大,这是由于随着反应时间的增加,膜层表面逐渐变粗糙。

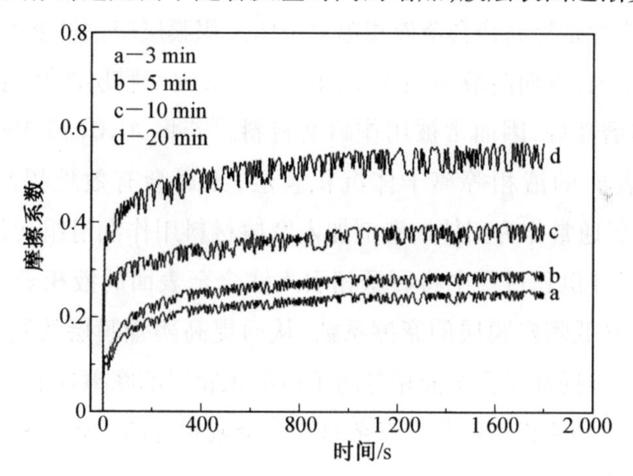

图 5.30 不同反应时间下所得膜层的摩擦系数曲线

图 5.31 所示为不同反应时间下所得膜层的磨损率。从图 5.31 中可以看出,液相等离子体沉积膜层的磨损率随着反应时间的增加而减小,反应时间为 5 min 时,磨损率达到最小,为 1.27×10^{-5} $mm^3/(N\cdot m)$。当反应时间继续延长,膜层的磨损率反而增大。

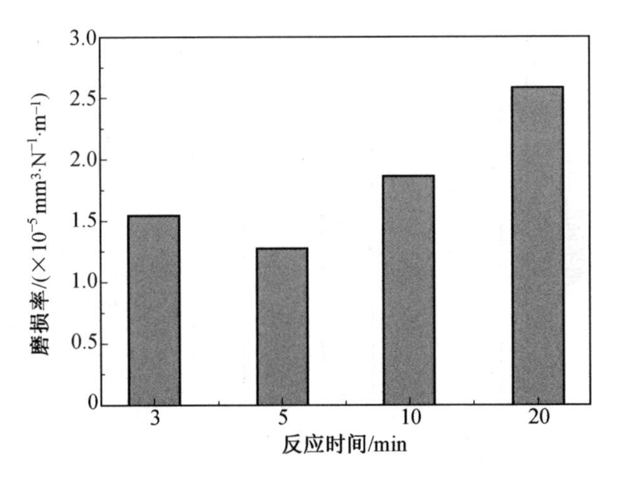

图 5.31 不同反应时间下所得膜层的磨损率

5.4 添加剂对 PED 膜层耐磨性的影响

掺杂改性是提高镁合金液相等离子体沉积膜层摩擦性能的有效手段。根据用途不同,可向溶液中加入不同添加剂来改变膜层的性能。Al_2O_3 的硬度高、耐磨性好,因而常被用作耐磨材料。若将 Al_2O_3 或 $MgAl_2O_4$ 相引入镁合金表面的液相等离子体沉积膜层,无疑会有效地提高膜层的硬度[39]。石墨通常作为固体润滑剂加入摩擦材料用作润滑组元使用。若在液相等离子体沉积过程中将石墨相引入镁合金表面的液相等离子体沉积膜层,将会降低陶瓷膜层的摩擦系数,从而提高陶瓷膜层的减摩作用[40]。因而为进一步提高镁合金液相等离子体沉积膜层的摩擦性能,主要研究无机盐 $NaAlO_2$ 和无机颗粒石墨掺杂对镁合金液相等离子体沉积膜层结构和摩擦性能的影响。

5.4.1 $NaAlO_2$ 掺杂对 PED 膜层结构与性能的影响

1. $NaAlO_2$ 掺杂体系电压-时间曲线

$NaAlO_2$ 掺杂前后镁合金液相等离子体沉积过程的电压-时间曲线如图 5.32 所示。

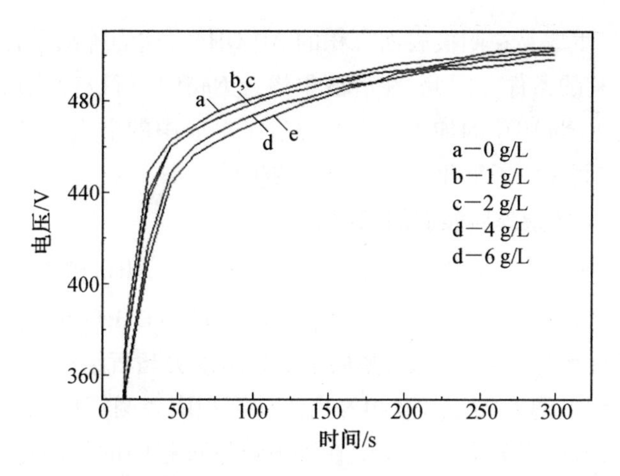

图 5.32 $NaAlO_2$ 掺杂前后镁合金液相等离子体沉积过程的电压-时间曲线

从图 5.32 中可以看出,电压-时间曲线的总特征为:进入火花阶段前工作电压随着反应时间线性增加,而在达到 450 V 后电压随时间增长幅度缓慢,且随着 $NaAlO_2$ 掺杂质量浓度的增加,终止电压呈现逐渐减小的趋势。

图 5.33 所示为不同 $NaAlO_2$ 掺杂质量浓度下镁合金液相等离子体沉积膜层的厚度。从图 5.33 中可以看出,随着 $NaAlO_2$ 掺杂质量浓度的增加,膜层的厚度呈增加的趋势。对比图 5.32 可得,虽然 $NaAlO_2$ 的掺杂导致电压的下降,但膜层的厚度逐渐增加。这是由于 AlO_2^- 在溶液中特别不稳定,在碱性溶液中部分与水反应,同时彼此之间能够形成复合阴离子 $Al(OH)_4^-$。阳极极化时,$Al(OH)_4^-$ 在电场力的作用下,向阳极表面迁移,进

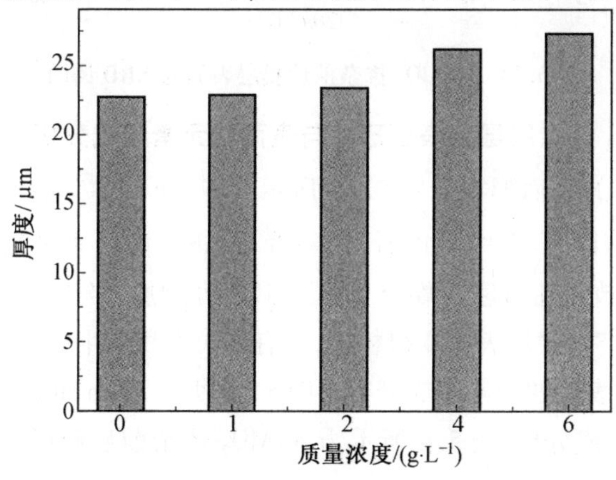

图 5.33 不同 $NaAlO_2$ 掺杂质量浓度下镁合金液相等离子体沉积膜层的厚度

而失去 OH^-,生成易在阳极表面沉积的 $Al(OH)_3$,这为等离子体放电的产生创造了有利的条件。因此,在溶液中掺入 $NaAlO_2$ 可以使生成的膜层厚度增加。可见 $NaAlO_2$ 的加入一方面促进了反应中的电击穿、降低了反应电压,另一方面加快了氧化过程中膜层的生长速率。

2. $NaAlO_2$ 掺杂膜层表面的相组成

图 5.34 所示为 $NaAlO_2$ 掺杂前后膜层表面的 XRD 谱图。从图 5.34 中可以看出,液相等离子体沉积膜层主要由方镁石 MgO 组成,当 $NaAlO_2$ 掺杂质量浓度增加到 4 g/L 时,膜层中开始出现尖晶石结构的 $MgAl_2O_4$ 衍射峰。这说明电解液成分对液相等离子体沉积陶瓷膜层的相组成有很大的影响,电解液的组分决定了发生在微弧放电过程中的物理化学反应,导致在陶瓷膜层中形成了不同的相。

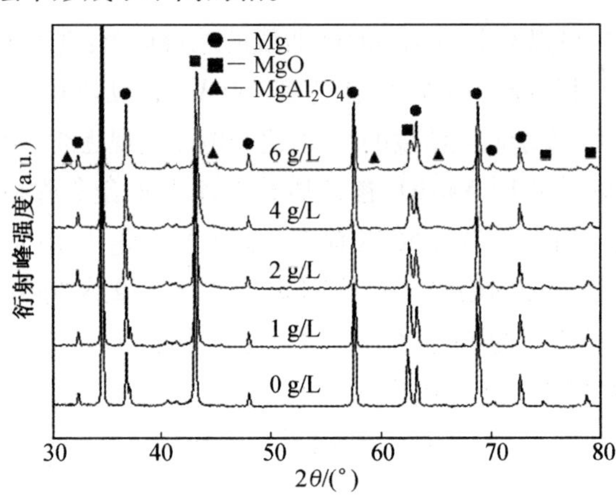

图 5.34　$NaAlO_2$ 掺杂前后膜层表面的 XRD 谱图

3. $NaAlO_2$ 掺杂膜层的表面形貌与表面的元素组成分析

(1)膜层的表面形貌。图 5.35 所示为 $NaAlO_2$ 掺杂前后膜层表面的 SEM 照片。从图 5.35 中可以看出,随着 $NaAlO_2$ 掺杂质量浓度的不断增加,膜层中的放电通道逐渐减少,膜层的致密度增加,当掺杂质量浓度继续增加到 6 g/L 时,膜层表面变得粗糙,并有颗粒堆积物生成。

(2)膜层表面的元素组成分析。图 5.36 所示为 $NaAlO_2$ 掺杂前后膜层表面的元素组成分析,表 5.4 所示为 $NaAlO_2$ 掺杂前后膜层表面各元素的原子数分数。

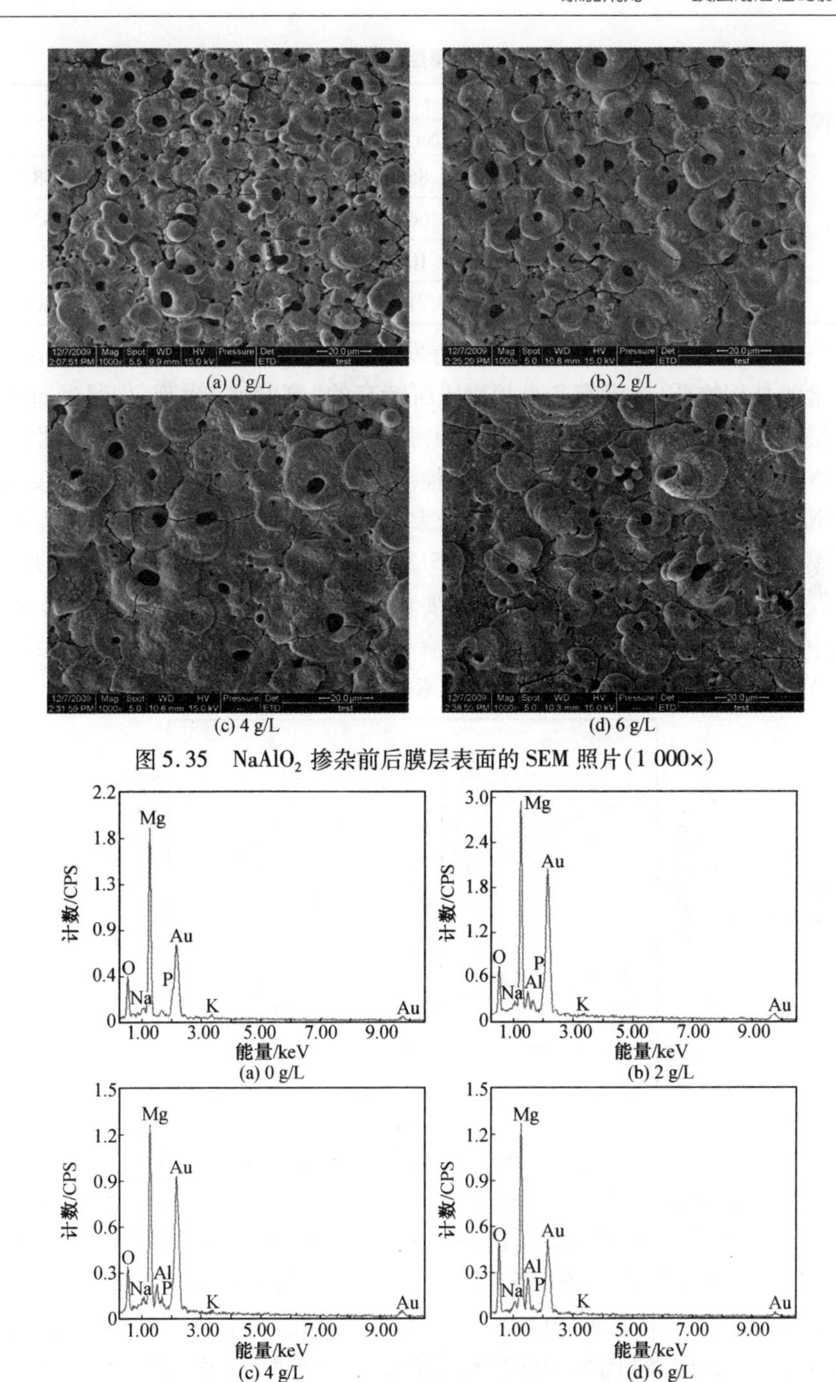

图 5.35　$NaAlO_2$ 掺杂前后膜层表面的 SEM 照片(1 000×)

图 5.36　$NaAlO_2$ 掺杂前后膜层表面的元素组成分析

表5.4 $NaAlO_2$ 掺杂前后膜层表面各元素的原子数分数

掺杂质量浓度/$(g \cdot L^{-1})$	原子数分数/%					
	O	Na	Mg	Al	P	K
0	33.79	2.85	51.23	—	11.05	1.08
2	33.81	2.66	49.22	4.07	9.72	0.52
4	33.69	2.10	46.89	5.99	10.63	0.70
6	32.58	2.71	44.78	8.37	10.75	0.80

在陶瓷膜层的XRD谱图中没有发现作为主成膜剂的Na_3PO_4中含P元素的晶相物质，也没有非晶相物质所特有的"高背底"出现，但是通过对膜层表面的EDS能谱分析，可以看出膜层中存在P元素。作为掺杂物质的$NaAlO_2$中Al元素的特征峰也被检测到，并且Al元素特征峰的强度随着$NaAlO_2$掺杂质量浓度的增加而增大。图5.37所示为掺杂$NaAlO_2$后所得膜层表面的元素组成分析。从图5.37中可以看出，$NaAlO_2$掺杂后所得的镁合金液相等离子体沉积膜层主要由Mg、P、O和少量的Al元素组成，其中C元素主要来源于少量的外界有机污染物。掺入$NaAlO_2$后，可以看到Al2p吸收峰的出现，这说明Al元素已进入膜层。

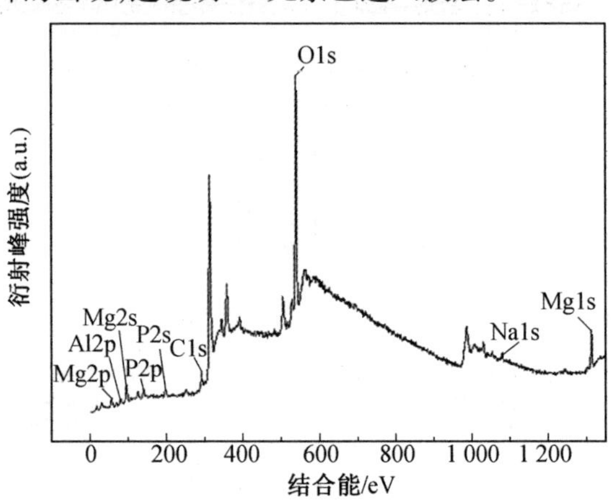

图5.37 掺杂$NaAlO_2$后所得膜层表面的元素组成分析

在XPS全谱基础上对Mg2p、O1s和Al2p进行分峰扫描，谱图如图5.38所示。从图5.38中可以看出，Mg2p谱(图5.38(a))在峰值处的结合能与MgO中Mg的特征峰(50.25 eV)吻合，O1s谱(图5.38(b))在峰值处的结合能与MgO中O的特征峰(531.8 eV)相近，说明膜层中Mg和O以MgO的形式存在。Al2p谱(图5.38(c))在峰值处的结合能与铝氧化物中Al的特征峰(74 eV)吻合，对比图5.34中的XRD谱图可知，Al以$Al_2O_4^{2-}$的形式存在。

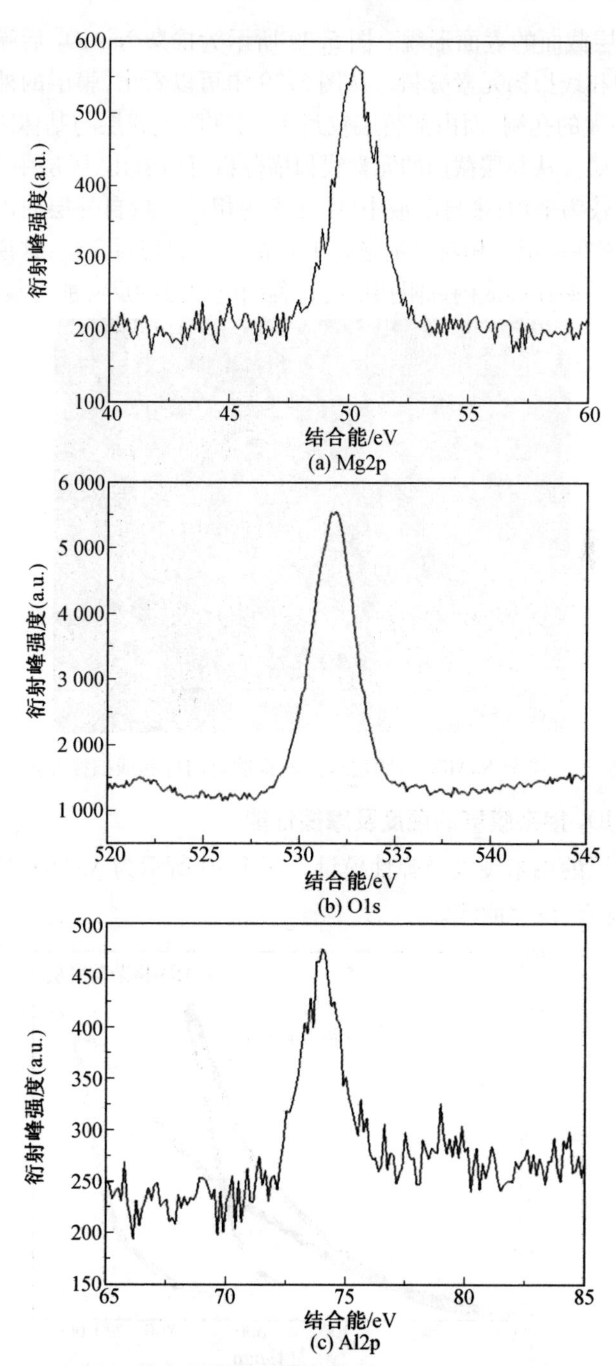

图 5.38 $NaAlO_2$ 掺杂后所得膜层表面 Mg2p、O1s 和 Al2p 的 XPS 谱图

(3)膜层截面的表面形貌。图 5.39 所示为掺杂 $NaAlO_2$ 后膜层截面的背散射图像和线扫描元素分析。从图 5.39 中可以看出,膜层的外部较疏松且含有一些大的孔洞,而内部膜层较致密,且在陶瓷膜层与基体之间有一层较薄的阻挡层。从膜层截面的元素线扫描分析可以看出,膜层中 Mg 元素与 O 元素分布较为平均;来自溶液中 Al 元素的相对含量自外层向内层逐渐减少,而 P 元素在内层的相对含量略高于其在外层的相对含量,这说明液相等离子体沉积初期在形成内部阻挡层的过程中电解液的反应能力较强。

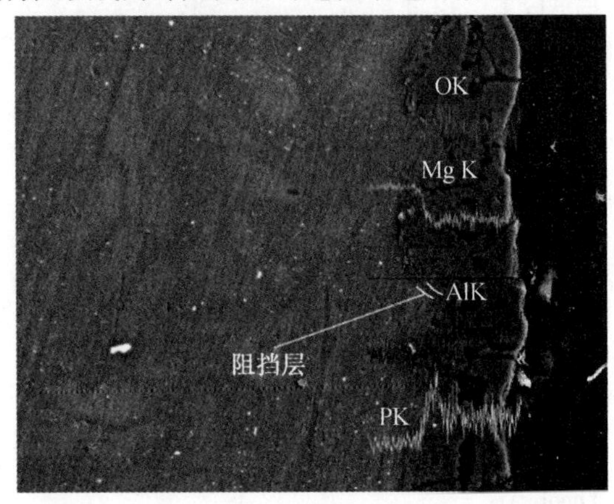

图 5.39　掺杂 $NaAlO_2$ 后膜层截面的背散射图像和线扫描元素分析

4. $NaAlO_2$ 掺杂膜层的硬度及摩擦性能

(1)膜层的纳米硬度及弹性模量。图 5.40 所示为 $NaAlO_2$ 掺杂前后膜层典型的载荷-位移曲线。

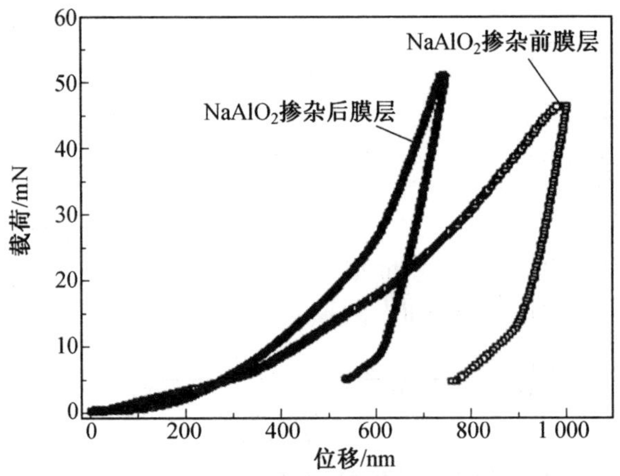

图 5.40　$NaAlO_2$ 掺杂前后膜层典型的载荷-位移曲线

从图 5.40 中可以看出,掺杂后膜层的最大位移小于掺杂前膜层的最大位移,这说明在峰值载荷作用下的最大位移很大一部分在卸载过程中弹性回复了,占最大位移的 28.4%;而掺杂前膜层的弹性回复率为 24.3%。掺杂后膜层的弹性模量为 98 GPa,高于掺杂前膜层的弹性模量(75 GPa)。

$NaAlO_2$ 掺杂前后膜层表面的纳米硬度如图 5.41 所示。从图 5.41 中可以看出,膜层表面的纳米硬度随着 $NaAlO_2$ 掺杂质量浓度的增加先增加后减少,当掺杂质量浓度为 4 g/L 时,膜层的纳米硬度达到最大值(6.302 GPa);当掺杂质量浓度大于 4 g/L 时,膜层表面硬度值低于未掺杂前膜层的表面硬度值,可能是掺杂质量浓度过大导致生长膜层表面致密度降低。

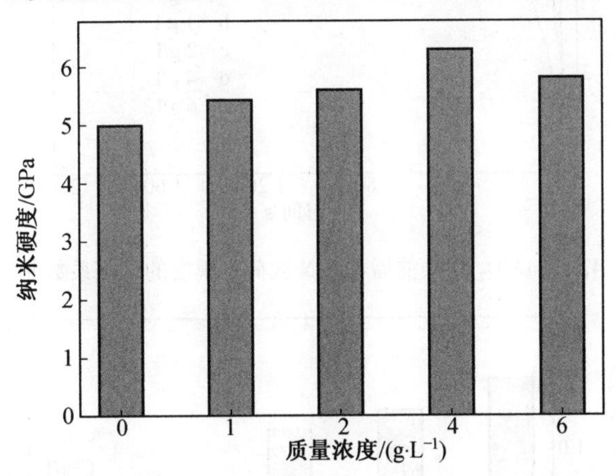

图 5.41 $NaAlO_2$ 掺杂前后膜层表面的纳米硬度

(2)膜层的摩擦磨损性能。图 5.42 所示为 $NaAlO_2$ 掺杂前后在 2 N 载荷下膜层的摩擦系数曲线。从图 5.42 中可以看出,$NaAlO_2$ 的掺杂使膜层摩擦系数较掺杂前有所降低,且膜层摩擦系数随着 $NaAlO_2$ 掺杂质量浓度的增加而降低,掺杂质量浓度为 4 g/L 时摩擦系数达到最低,此时摩擦系数为 0.25,当 $NaAlO_2$ 掺杂质量浓度继续增加时,摩擦系数反而增大,这是由于电解液中掺入 $NaAlO_2$,因此膜层中孔洞分布更加均匀,致密度提高(图 5.4),膜层的摩擦系数降低,当掺杂质量浓度超过 4 g/L 时,膜层表面变得粗糙,并有颗粒堆积物生成,膜层表面均匀性降低,使得膜层的摩擦系数升高。

图 5.43 所示为 $NaAlO_2$ 掺杂前后在 2 N 载荷下膜层的磨损率。从图 5.43 中可以看出,液相等离子体沉积膜层的磨损率随着 $NaAlO_2$ 掺杂质量

浓度的增加呈现先减少后增加的趋势，掺杂质量浓度为 4 g/L 时磨损率最小，为 0.75×10^{-5} $mm^3/(N\cdot m)$。当 $NaAlO_2$ 掺杂质量浓度继续增加时，膜层的磨损率反而增加。这是由于当 $NaAlO_2$ 掺杂质量浓度为 4 g/L 时，膜层的纳米硬度达到最大，而摩擦系数相对较小。

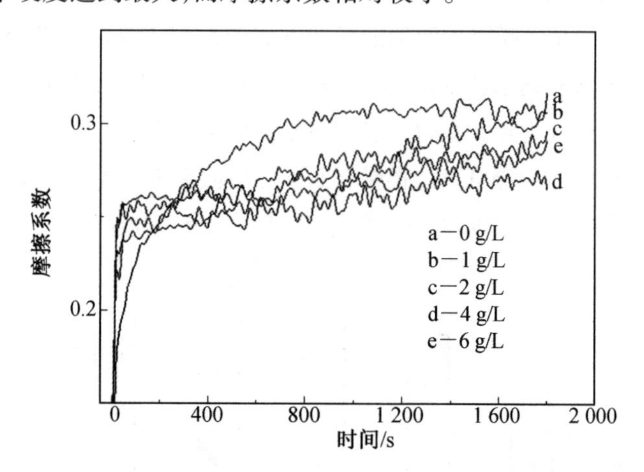

图 5.42　$NaAlO_2$ 掺杂前后在 2 N 载荷下膜层的摩擦系数曲线

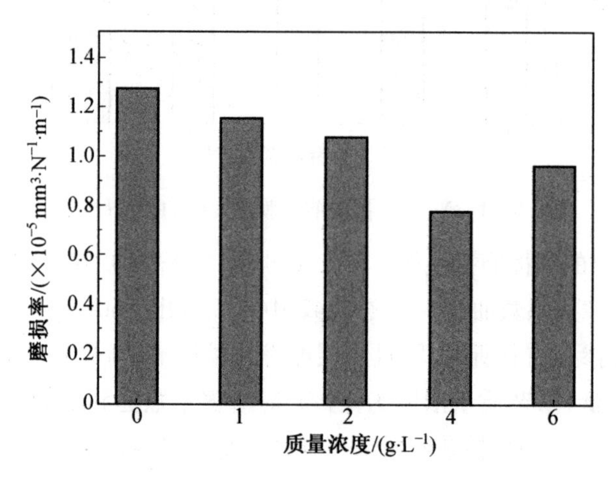

图 5.43　$NaAlO_2$ 掺杂前后在 2 N 载荷下膜层的磨损率

5.4.2　石墨掺杂对 PED 膜层结构与性能的影响

1. 石墨掺杂体系电压–时间曲线

石墨掺杂前后镁合金液相等离子体沉积过程的电压–时间曲线如图 5.44 所示。从图 5.44 中可以看出，电压–时间曲线总特征为：进入火花阶段前终止电压随反应时间线性增加，而达到 450 V 后终止电压随时间增长的幅度缓慢，且随着石墨掺杂质量浓度的增加，终止电压变化不大，但终止电压呈现先增大后减小的趋势。

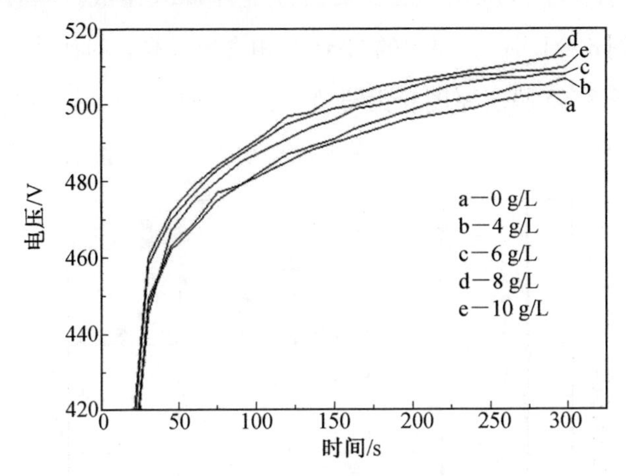

图 5.44 石墨掺杂前后镁合金液相等离子体沉积过程的电压-时间曲线

图 5.45 所示为不同石墨掺杂下镁合金液相等离子体沉积膜层的厚度。从图 5.45 中可以看出，随着石墨掺杂质量浓度的增加，膜层厚度的变化不大，但整体呈现先增加后减小的趋势。对比图 5.44 中的电压-时间曲线，膜层厚度的变化趋势与反应终止电压的变化趋势相同。

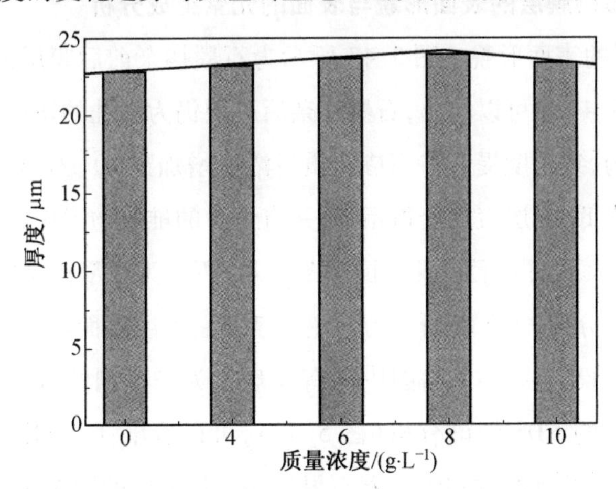

图 5.45 不同石墨掺杂下镁合金液相等离子体沉积膜层的厚度

2. 石墨掺杂膜层表面的相组成

图5.46所示为石墨掺杂前后膜层表面的XRD谱图。从图5.46中可以看出,液相等离子体沉积膜层主要由方镁石MgO组成。当石墨掺杂质量浓度增加到8 g/L时,膜层中的MgO晶相含量最高。对比图5.44电压-时间曲线和图5.45膜层厚度变化图,膜层中MgO晶相含量的增加是电解液反应能力的增加所致。XRD谱图中没有出现含C元素的结晶相。

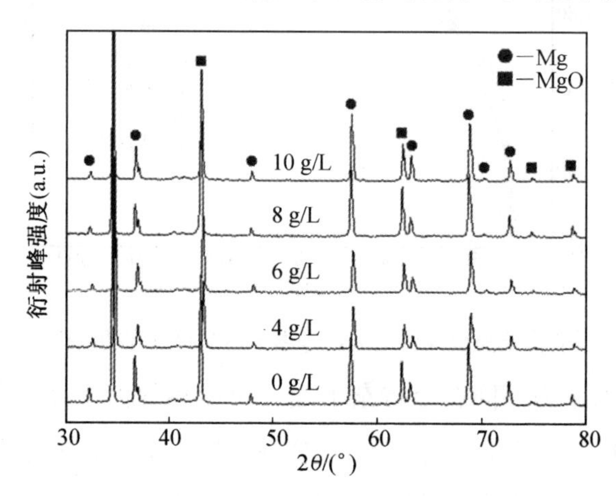

图5.46　石墨掺杂前后膜层表面的XRD谱图

3. 石墨掺杂膜层的表面形貌与表面的元素组成分析

(1)膜层的表面形貌。图5.47所示为石墨掺杂前后膜层的表面形貌照片。从图5.47中可以看出,石墨掺杂后膜层仍为多孔的块体结构,孔洞分布更加均匀,致密度提高。当掺杂质量浓度增加到10 g/L时,由于电解液反应能力降低,膜层表面变得粗糙,并有大片的堆积物沉积到膜层表面。

(2)膜层表面的元素组成分析。图5.48所示为石墨掺杂前后膜层表面的元素组成分析,表5.5所示为石墨掺杂前后膜层表面各元素的原子数分数。从陶瓷膜层的XRD谱图中没有发现作为添加剂的石墨相,但是通过对膜层表面的EDS能谱分析(图5.48),可以看出:C元素存在于膜层中,并且C元素特征峰的强度随着石墨掺杂质量浓度的增加而增大。

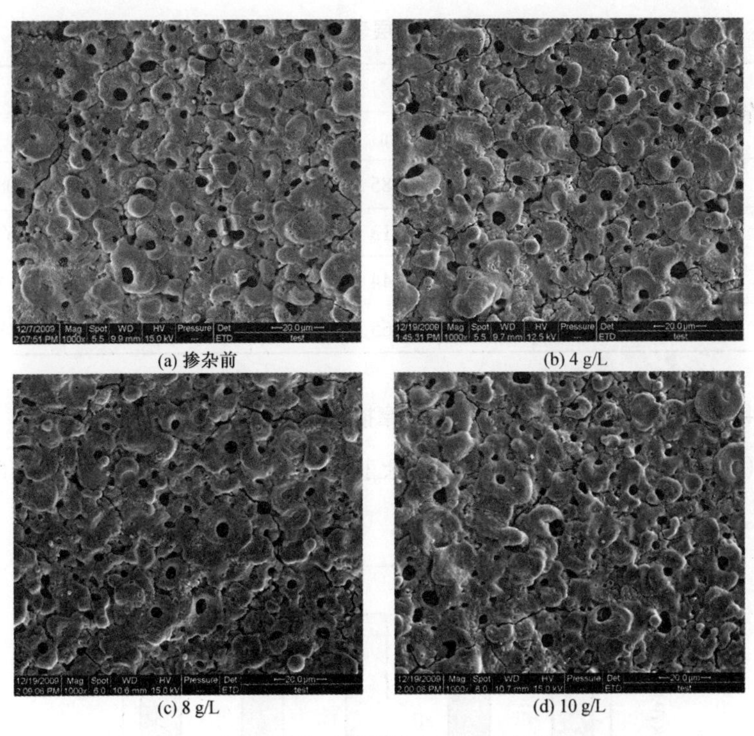

(a) 掺杂前　(b) 4 g/L　(c) 8 g/L　(d) 10 g/L

图 5.47　石墨掺杂前后膜层的表面 SEM 照片(1 000×)

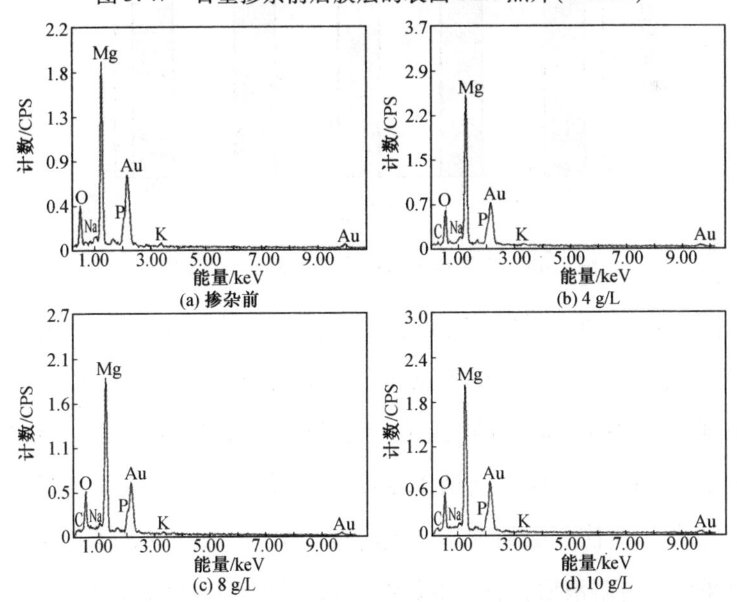

(a) 掺杂前　(b) 4 g/L　(c) 8 g/L　(d) 10 g/L

图 5.48　石墨掺杂前后膜层表面的元素组成分析

表5.5　石墨掺杂前后膜层表面各元素的原子数分数

掺杂质量浓度/(g·L^{-1})	原子数分数/%					
	O	Na	Mg	C	P	K
0	33.79	2.85	51.23	—	11.05	1.08
4	30.71	2.13	37.50	23.62	5.37	0.67
8	30.41	2.44	36.30	25.01	5.14	0.71
10	30.12	1.65	35.83	27.34	4.63	0.43

4. 石墨掺杂膜层的纳米硬度及摩擦性能

(1)膜层的纳米硬度。石墨掺杂前后膜层表面的纳米硬度如图5.49所示。

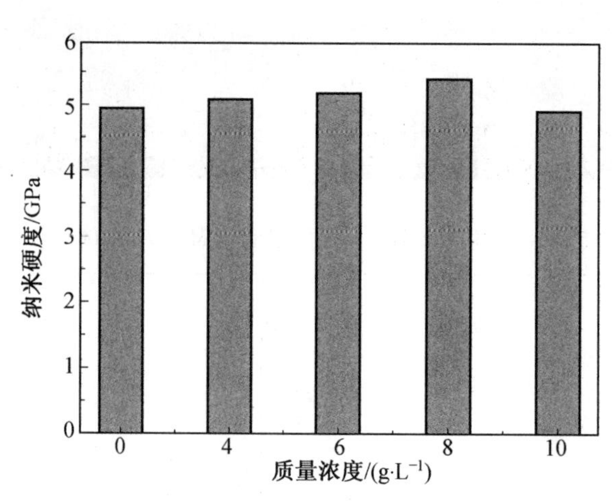

图5.49　石墨掺杂前后膜层表面的纳米硬度

从图5.49中可以看出,掺杂石墨后,膜层表面的纳米硬度值增加得并不大,但整体趋势是随着石墨掺杂质量浓度的增加先增大后减小,当掺杂质量浓度为8 g/L时,膜层的纳米硬度达到最大值(5.647 GPa),掺杂质量浓度大于8 g/L后,膜层表面纳米硬度值降低。从理论上讲,膜层中掺入硬度较低的C,会使膜层的纳米硬度降低。但是,液相等离子体沉积过程中将石墨引入电解液后,会影响成膜过程,由图5.44和图5.47可以看出,将石墨引入电解液后使反应电压有所增加,提高了电解液的反应强度,增加了膜层的致密性;但当掺杂质量浓度大于 8 g/L 后,过多的石墨粉末会使反应电压下降,致使电解液反应能力有所减弱,膜层的致密性下降,最终导致膜层的纳米硬度降低。

(2)膜层的摩擦磨损性能。图 5.50 所示为石墨掺杂前后在 2 N 载荷下膜层的摩擦系数曲线。从图 5.50 中可以看出,石墨的掺杂使膜层的摩擦系数较掺杂前有所降低,且膜层的摩擦系数随着石墨掺杂质量浓度的增加而降低,掺杂质量浓度为 8 g/L 时摩擦系数达到最低,此时摩擦系数为 0.20,当石墨掺杂质量浓度继续增加时,摩擦系数反而增大。这是因为在电解液中引入石墨,膜层中孔洞分布得更加均匀,致密度提高(图 5.47),膜层的摩擦系数降低,当掺杂质量浓度超过 8 g/L 时,膜层表面变得粗糙,并有大片的堆积物沉积到膜层表面,膜层表面均匀性降低,使得膜层的摩擦系数升高。

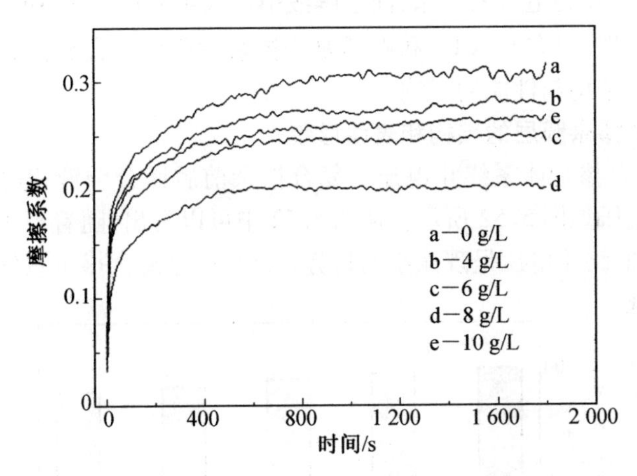

图 5.50 石墨掺杂前后在 2 N 载荷下膜层的摩擦系数曲线

图 5.51 所示为石墨掺杂前后在 2 N 载荷下膜层的磨损率。从图 5.51 中可以看出,液相等离子体沉积膜层的磨损率随着石墨掺杂质量浓度的增加呈先减少后增加的趋势,掺杂质量浓度为 8 g/L 时磨损率达到最小,为 $0.89\times10^{-5}\ mm^3/(N\cdot m)$。当石墨掺杂质量浓度继续增大时,膜层的磨损率反而增大。这是由于当石墨掺杂质量浓度为 8 g/L 时,膜层的摩擦系数最低,而且硬度相对较大。

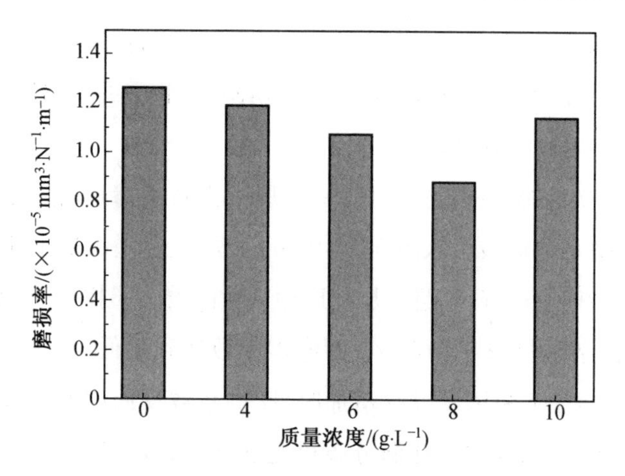

图5.51　石墨掺杂前后在2 N载荷下膜层的磨损率

5.4.3　复合掺杂对PED膜层结构与性能的影响

以 Na_3PO_4 为电解液体系，向电解液中加入4 g/L的 $NaAlO_2$ 和不同质量浓度的石墨，研究 $NaAlO_2$ 和石墨复合掺杂对所得镁合金液相等离子体沉积膜层的结构与性能的影响。

1. 复合掺杂膜层的结构和表面形貌

(1)复合掺杂体系终止电压。复合掺杂前后镁合金液相等离子体沉积的终止电压如图5.52所示。从图5.52中可以看出，随着石墨掺杂质量浓度的增加，终止电压呈现减小的趋势。这可能是复合掺杂致使电解液功能有所降低。

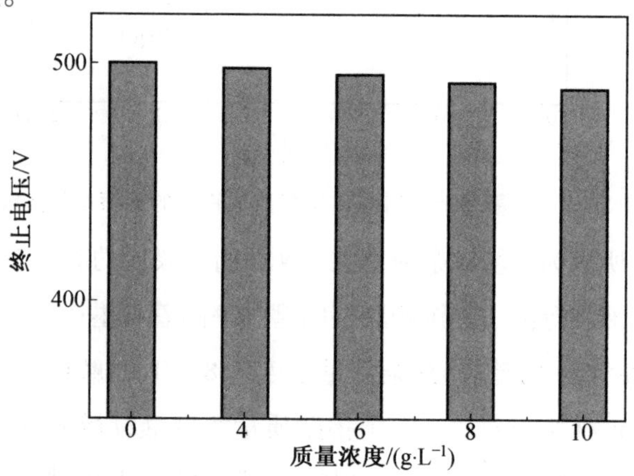

图5.52　复合掺杂前后镁合金液相等离子体沉积的终止电压

图 5.53 所示为不同石墨复合掺杂下所得膜层的厚度。从图 5.53 中可以看出,随着石墨掺杂质量浓度的增加,膜层的厚度呈现减小的趋势。对比图 5.52 中的终止电压,膜层厚度的变化趋势与反应终止电压的变化趋势相同。

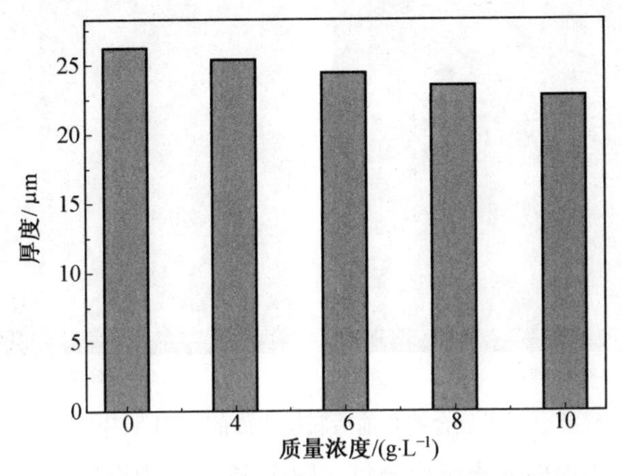

图 5.53　不同石墨复合掺杂下所得膜层的厚度

(2)膜层表面的相组成。图 5.54 所示为不同石墨复合掺杂前后膜层表面的 XRD 谱图。从图 5.54 中可以看出,液相等离子体沉积膜层主要由方镁石 MgO 和镁尖晶石 $MgAl_2O_4$ 组成。复合掺杂对所得液相等离子体沉积膜的晶相组成影响不大,且镁氧化物的含量随着石墨掺杂质量浓度的增加而有所降低。

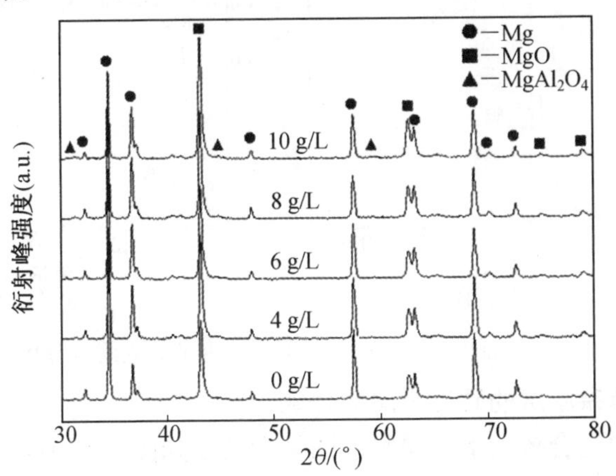

图 5.54　不同石墨复合掺杂前后膜层表面的 XRD 谱图

(3)膜层表面形貌。图5.55所示为石墨(8 g/L)复合掺杂前后膜层表面的SEM照片。从图5.55中可以看出,复合掺杂后由于电解液反应能力下降,膜层表面变得粗糙,并有大量堆积物沉积到膜层表面。

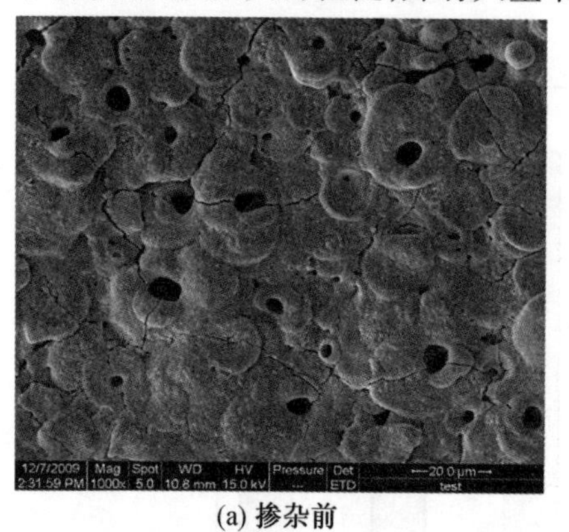

(a) 掺杂前　　(b) 掺杂后

图5.55　石墨复合掺杂前后膜层表面的SEM照片(1 000×)

(4)膜层表面的元素组成分析。图5.56所示为石墨(8 g/L)复合掺杂前后膜层表面的元素组成分析。从陶瓷膜层的XRD谱图中没有发现作为添加剂的石墨以非晶相物质所特有的“高背底”出现,但是通过对膜层表面的EDS能谱分析(图5.56)可以看出:作为掺杂物质的$NaAlO_2$和石墨中Al元素和C元素的特征峰均被检测到。

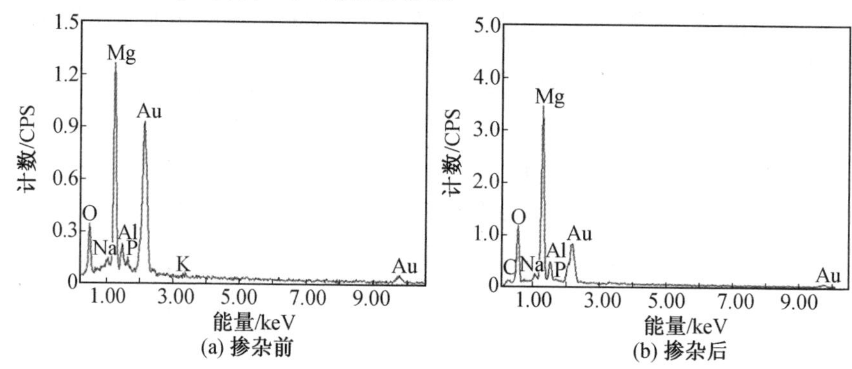

(a) 掺杂前　　(b) 掺杂后

图5.56　石墨复合掺杂前后膜层表面的元素组成分析

2. 复合掺杂膜层的硬度及摩擦性能

不同石墨复合掺杂下所得膜层的纳米硬度如图5.57所示。从图5.57中可以看出,掺杂石墨后,膜层表面的纳米硬度值随着石墨掺杂质量浓度的增加呈现减小的趋势。

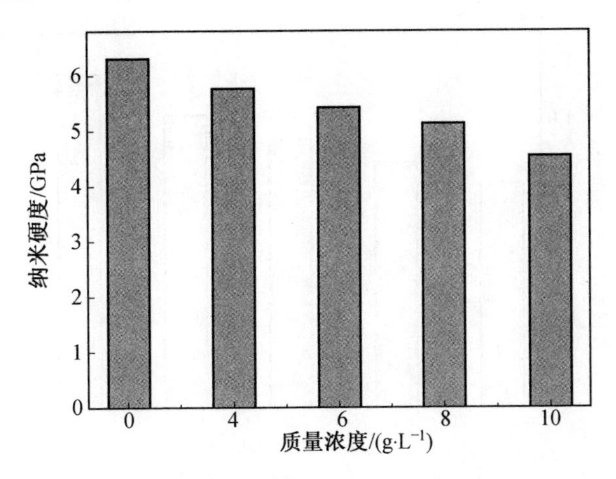

图 5.57　不同石墨复合掺杂下所得膜层的纳米硬度

图 5.58 所示为石墨复合掺杂前后在 2 N 载荷下膜层的摩擦系数曲线。从图 5.58 中可以看出,石墨掺杂后膜层的摩擦系数随着掺杂质量浓度的增加而增大,可见在掺杂 $NaAlO_2$ 的基础上进行石墨的复合掺杂并不能使膜层的摩擦系数进一步降低。

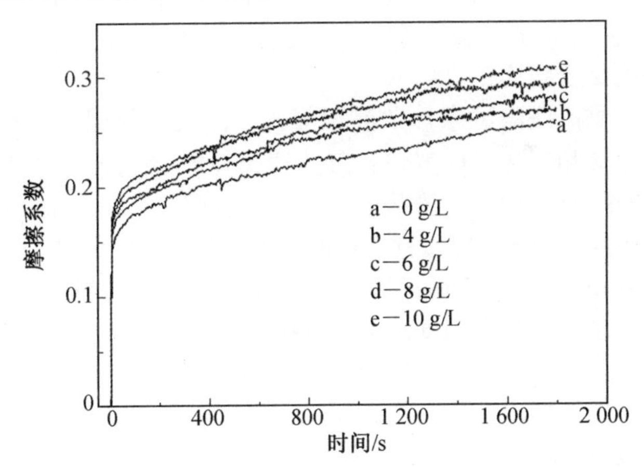

图 5.58　石墨复合掺杂前后在 2 N 载荷下膜层的摩擦系数曲线

图 5.59 所示为石墨复合掺杂前后在 2 N 载荷下膜层的磨损率。从图 5.59 中可以看出,液相等离子体沉积膜层的磨损率随着石墨掺杂质量浓度的增加呈现升高的趋势,由此可见,复合掺杂并不能使膜层的耐磨性能得到提高。

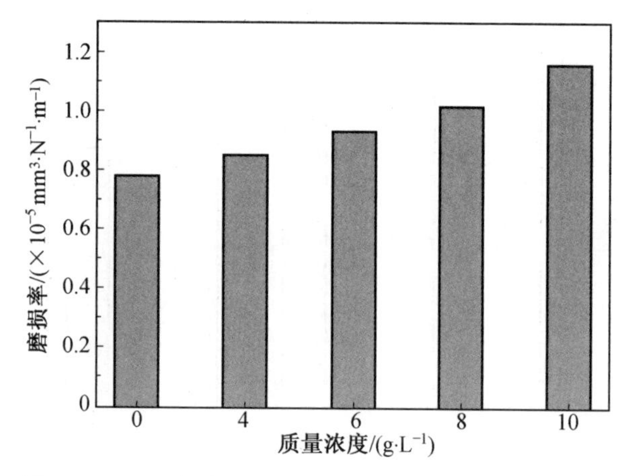

图5.59 石墨复合掺杂前后在2 N载荷下膜层的磨损率

5.4.4 镁合金液相等离子体沉积膜层的结合强度

膜层的结合强度应包括膜层与基体的结合强度(即黏度强度)和膜层层间的结合强度(即内聚强度),内聚强度取决于层间粒子的结合强度,氧化膜的黏度强度与氧化物和金属基体的界面结合能及具体的成膜过程有关。另外,两种结合强度都受到膜层中残余应力的影响。

1. 膜层的结合强度

利用拉伸剥离法测试未掺杂液相等离子体沉积膜层和 $NaAlO_2$、石墨分别掺杂所得液相等离子体沉积膜层的结合强度,测试结果如图5.60所示。从图5.60中可以看出,掺杂后膜层的结合强度均高于掺杂前液相等离子体沉积膜层的结合强度,且 $NaAlO_2$ 掺杂所得膜层的结合强度最高。拉伸试验后发现膜层被拉断的部位主要处于膜层与黏结剂结合部,这说明膜层的内聚强度高于黏度强度。由于液相等离子体沉积膜的生长特点,膜层的成分、结构沿厚度方向呈梯度化分布,因此消除了膜层中的宏观层间界面和由此造成的物理性质突变,改善了层间粒子的结合状况,缓和了膜层中的制备应力,使膜层的内聚强度得以提高。

2. 膜层的抗冷热循环性能

液相等离子体沉积膜层的抗冷热循环性能取决于膜层中热应力和其结合强度的大小[41]。在冷热循环试验的条件下,由于氧化膜的热胀系数小于金属的热胀系数,因此在升温的过程中氧化膜受拉应力作用,拉应力会加剧材料内部的应力集中,使膜层和基体金属界面发生开裂现象,并促进裂纹的萌生或加速微裂纹的扩展;在冷却的过程中膜层受压应力作用,压应力会松弛材料内部的应力集中,但过大的压应力会使膜层起泡或分

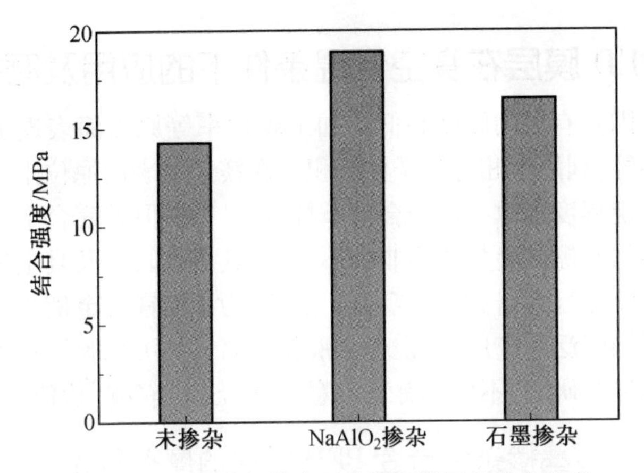

图 5.60 不同液相等离子体沉积膜层的结合强度

层。另外,由于多晶氧化膜内晶粒的结晶取向不是完全相同的,因此温度发生变化时,各晶粒间热膨胀是各向异性的,膜内也会产生热应力。在多数情况下,由这种机制产生的热应力较小,通常在 100 MPa 的数量级,而由热膨胀系数不同引起的应力在 1 000 MPa 量级。因此,在膜层与基体界面处更易形成应力集中。对未掺杂的液相等离子体沉积膜层和 $NaAlO_2$、石墨分别掺杂所得的液相等离子体沉积膜层进行冷热循环冲击试验,测试数据见表 5.6。

表 5.6 不同液相等离子体沉积膜层耐冷热循环冲击的试验结果

试样	高温/℃	低温/℃	循环次数	试验结果
未掺杂	150	-150	65	膜层脱落
$NaAlO_2$ 掺杂	150	-150	100	膜层未脱落
石墨掺杂	150	-150	100	膜层未脱落

试验结果表明,在进行 100 次冷热循环试验后,掺杂后的液相等离子体沉积膜层均未出现膜层开裂的现象,而未掺杂的液相等离子体沉积膜层在冷热循环试验进行到 65 次左右的时候发生膜层脱落的现象,这是由于掺杂改性改善了膜层的均匀性与致密性,并提高了膜层与基体的结合力。液相等离子体沉积膜层能在一定程度上起到在高温下隔绝氧化介质和基体金属发生化学反应的作用,有效防止在保温过程中因 Mg 金属氧化质量的增加而导致的膜层开裂和剥落。但在冷却过程中,未掺杂的液相等离子体沉积膜层由于更疏松,膜层可以吸收膨胀,使热膨胀系数更小,从而使得膜层和基体的热胀系数更加不匹配,导致膜层在冷却过程中积蓄更多的压应力而发生开裂和剥落。

5.5　PED膜层在真空低温条件下的应用及磨损机制

镁合金因具有低的硬度和低的加工硬化率等原因而表现出较差的耐摩擦磨损性能,利用液相等离子体沉积法在镁合金表面原位生长的陶瓷膜层能够在一定程度上改善镁合金的摩擦性能[42]。但是镁合金液相等离子体沉积膜层的摩擦试验数据还非常不足,尤其是在真空及真空低温等环境下对膜层的摩擦行为研究更是空白。因此,为了使镁合金液相等离子体沉积膜层有更加广泛的应用,对镁合金液相等离子体沉积膜层在不同环境下的摩擦行为进行研究,不仅具有理论意义,而且具有实际价值。

5.5.1　石墨掺杂镁合金PED膜层的摩擦行为

1. 载荷对石墨掺杂膜层摩擦系数的影响

图5.61所示为不同载荷下液相等离子体沉积膜层的摩擦系数曲线。随着载荷的增加,膜层的摩擦系数呈现增加的趋势。载荷增加,即作用在膜层上的法向力增大,膜层在摩擦过程中受到更大的机械冲击,使得摩擦系数逐渐增大。

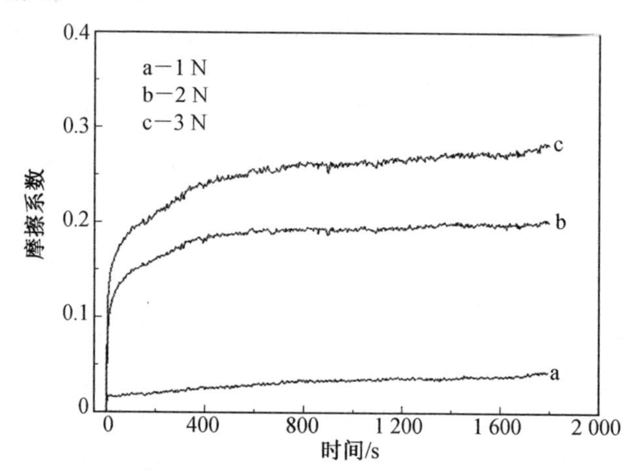

图5.61　不同载荷下液相等离子体沉积膜层的摩擦系数曲线

图5.62所示为镁合金液相等离子体沉积膜层在不同载荷下的磨痕SEM照片。从图5.62中可以看出,随着载荷的增大,磨道逐渐变宽,磨损程度加剧,与此同时在滑动方向上形成了十分明显的被拉长的磨损片状区域。这是由于在两表面滑动接触过程中,在硬微凸体前面的材料受压应力,而在其后面的材料受拉应力,随着载荷增大沿滑动方向发生的塑性流动越加明显。

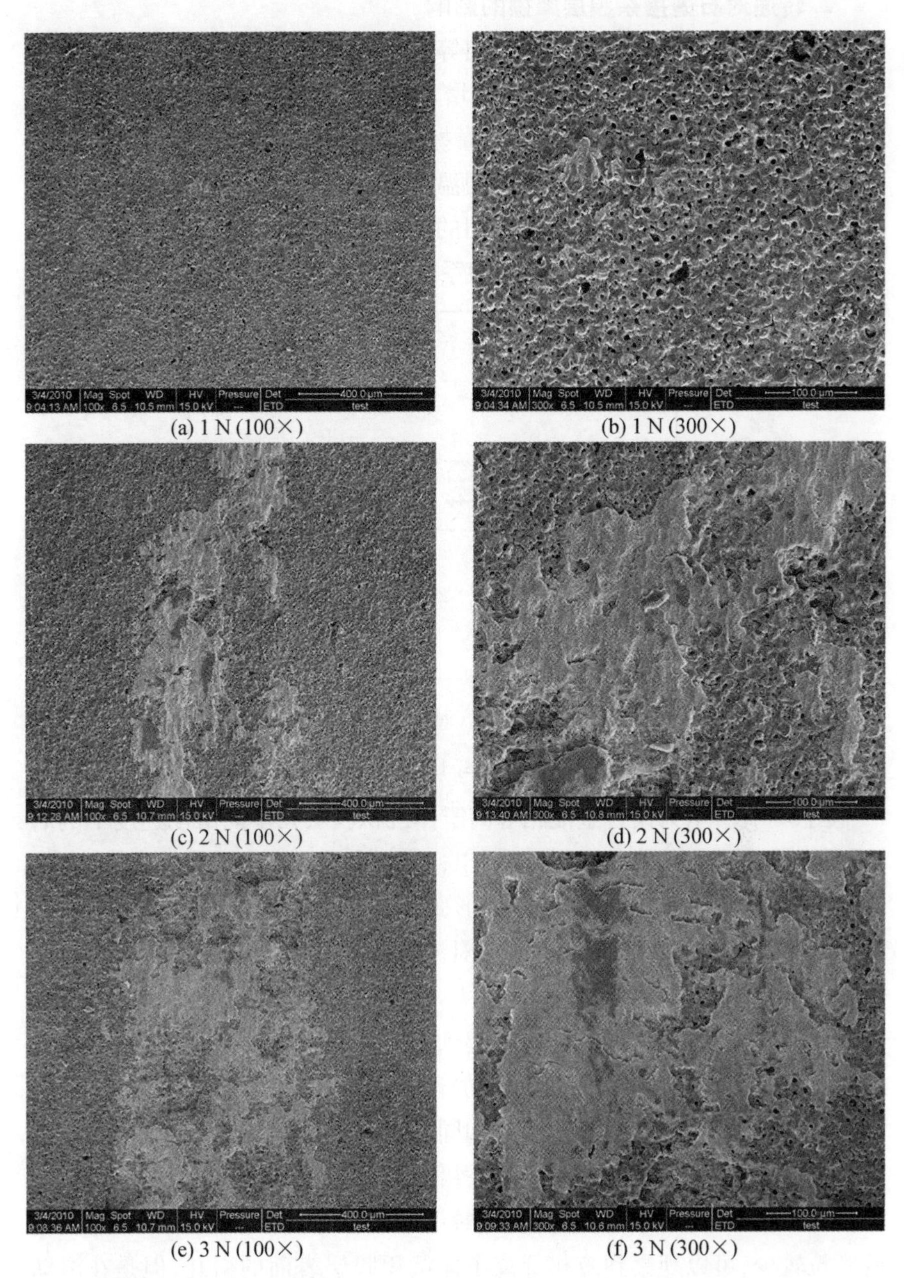

(a) 1 N (100×)　(b) 1 N (300×)

(c) 2 N (100×)　(d) 2 N (300×)

(e) 3 N (100×)　(f) 3 N (300×)

图 5.62　镁合金液相等离子体沉积膜层在不同载荷下的磨痕 SEM 照片

2. 转速对石墨掺杂膜层摩擦的影响

图5.63所示为不同转速下液相等离子体沉积膜层的摩擦系数曲线。从图5.63中可以看出，随着转速的增加，膜层的摩擦系数呈现减小的趋势。这是随着摩擦速度的增加导致摩擦表面摩擦热的增加，提高了摩擦表面的温度，特别是摩擦表面微凸体的温度远大于环境温度，促进了摩擦氧化的发生，有利于形成具有润滑作用的平滑薄膜层，而且温度增加使膜层脆性断裂程度有所减弱，从而使摩擦系数减小。

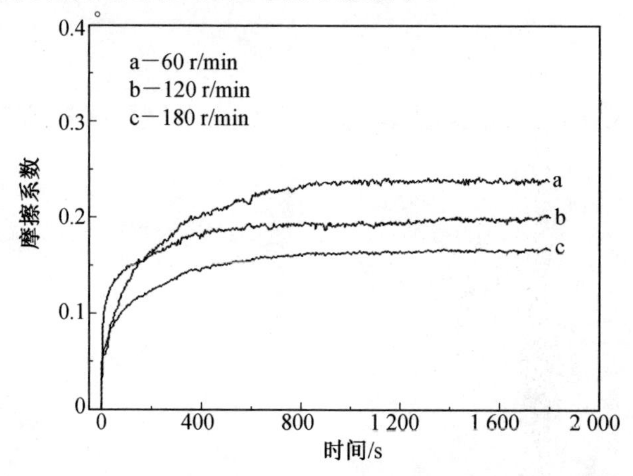

图5.63　不同转速下液相等离子体沉积膜层的摩擦系数曲线

图5.64所示为镁合金液相等离子体沉积膜层在不同滑动速度下的磨痕SEM照片。从图5.64中可以看出，随着滑动速度的增加，磨痕的宽度增加，平滑区的面积不断延伸，塑性形变区逐渐扩宽。在摩擦过程中，被对磨件切削的液相等离子体沉积磨粒对液相等离子体沉积膜层表面的作用力可以分解为法向力和切向力两个力。法向力使磨粒压入液相等离子体沉积膜层的微孔中，在一定程度上起到弥补液相等离子体沉积膜层缺陷，增强液相等离子体沉积膜层耐磨性的作用；切向力使磨粒向前推进，当磨粒的形状与运动方向适当时，磨粒如同刀具，对液相等离子体沉积膜层进行切削而进一步产生磨屑。在试验过程中，随着滑动速度的升高，切削的程度在不断加剧。在滑动速度较低时压入液相等离子体沉积膜层微孔中的磨粒较少，可以观察到液相等离子体沉积膜层表面的微孔，但是在滑动速度较高时有大量的磨粒被压入液相等离子体沉积膜层的微孔中，切削的程度明显加剧，可观察到的微孔数量明显减少。

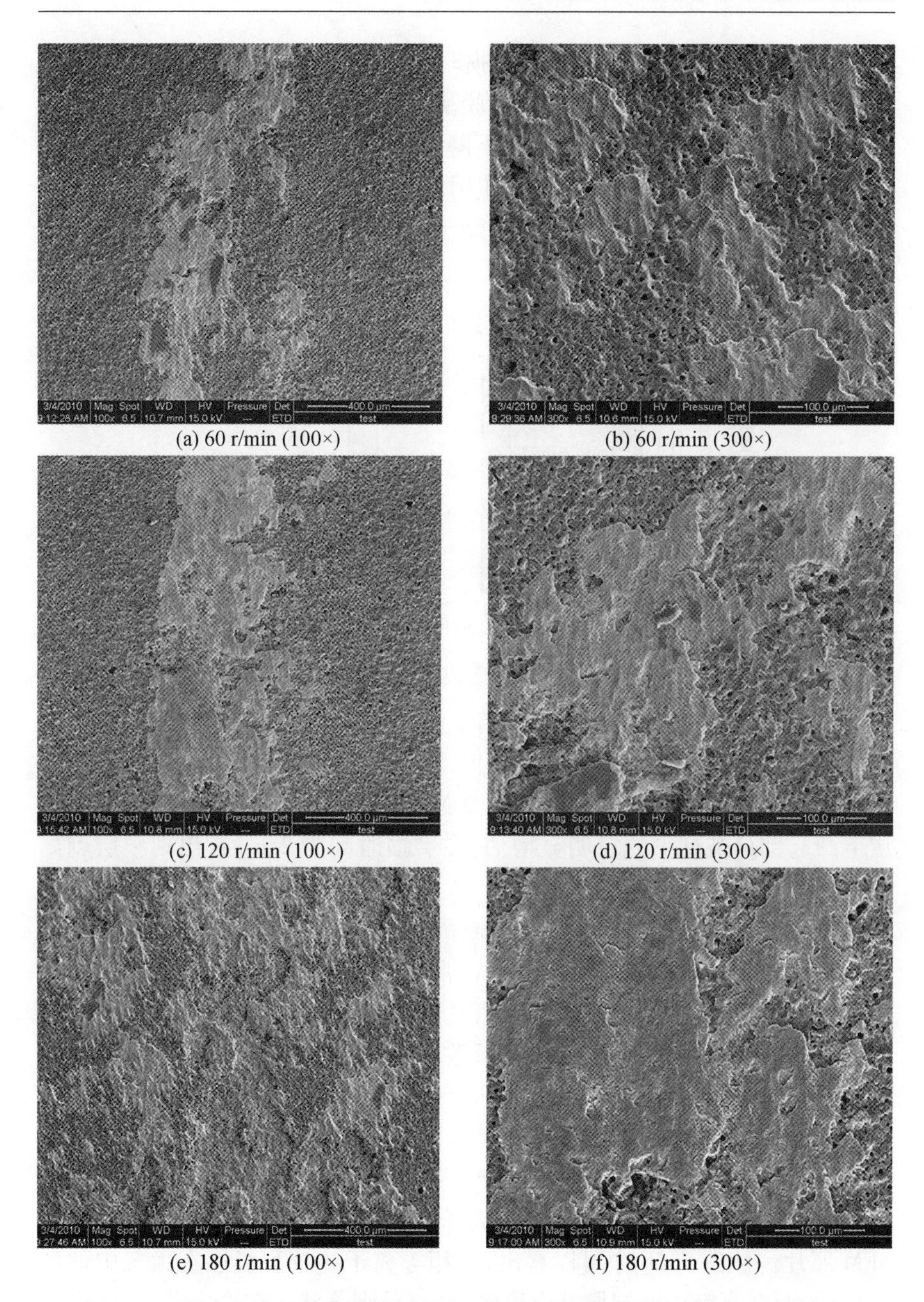

(a) 60 r/min (100×)　(b) 60 r/min (300×)

(c) 120 r/min (100×)　(d) 120 r/min (300×)

(e) 180 r/min (100×)　(f) 180 r/min (300×)

图 5.64　镁合金液相等离子体沉积膜层在不同滑动速度下的磨痕 SEM 照片

3. 磨损时间对石墨掺杂膜层摩擦的影响

图 5.65 所示为不同磨损时间下液相等离子体沉积膜层的摩擦系数曲

线。从图5.65中可以看出,随着磨损时间的增加,膜层的摩擦系数呈现减小的趋势。这是由于摩擦开始阶段膜层表面粗糙,摩擦系数高;但是随着磨损时间的延长,膜层表面粗糙度下降,而且其中包含的石墨相分布于试样和对磨件之间,起到减小摩擦的作用。

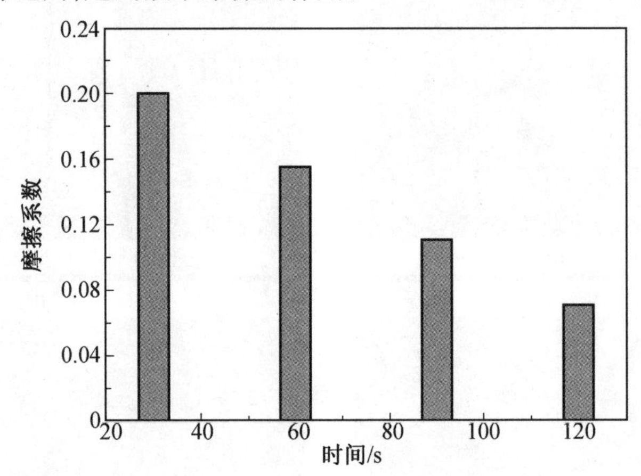

图5.65 不同磨损时间下液相等离子体沉积膜层的摩擦系数曲线

图5.66所示为镁合金液相等离子体沉积膜层在不同磨损时间下的磨痕SEM照片。从图5.66中可以看出,随着磨损时间的增加,磨痕的宽度增加,平滑区的面积不断延伸,塑性形变区逐渐扩宽,液相等离子体沉积膜层上凸起部分被削平的量明显增加,在磨损时间为2 h后,出现膜层剥离脱落迹象。

4. 真空低温对石墨掺杂膜层摩擦系数的影响

对液相等离子体沉积膜层分别在常压和真空度为0.36×10^{-4} Pa的环境下进行摩擦试验,所得膜层的摩擦系数曲线如图5.67所示。从图5.67中可以看出,与常压下膜层的摩擦系数相比,真空环境下膜层的摩擦系数较低。这是由于在真空条件下试件进行干摩擦时产生大量的热,该热量很难散失到环境中,绝大部分被试件吸收,使得接触面的温度很快升高,试件材料的屈服极限和剪切强度下降,摩擦系数较常压下降低[43]。

图5.68所示为镁合金液相等离子体沉积膜层在不同环境下的磨痕SEM照片。从图5.68中可以看出,液相等离子体沉积膜层在大气中的磨痕较浅,而在真空中磨损则严重得多,磨痕呈剥落状。在真空环境下,由于材料在真空环境下粘着作用增强,从摩擦表面粘着点撕脱的磨粒不易离开磨道,磨粒参与磨损过程,加重了对膜层的磨损程度,而且在反复摩擦下,膜层凹凸面发生变形和脆性断裂,膜层表面被剥离出大的碎片。

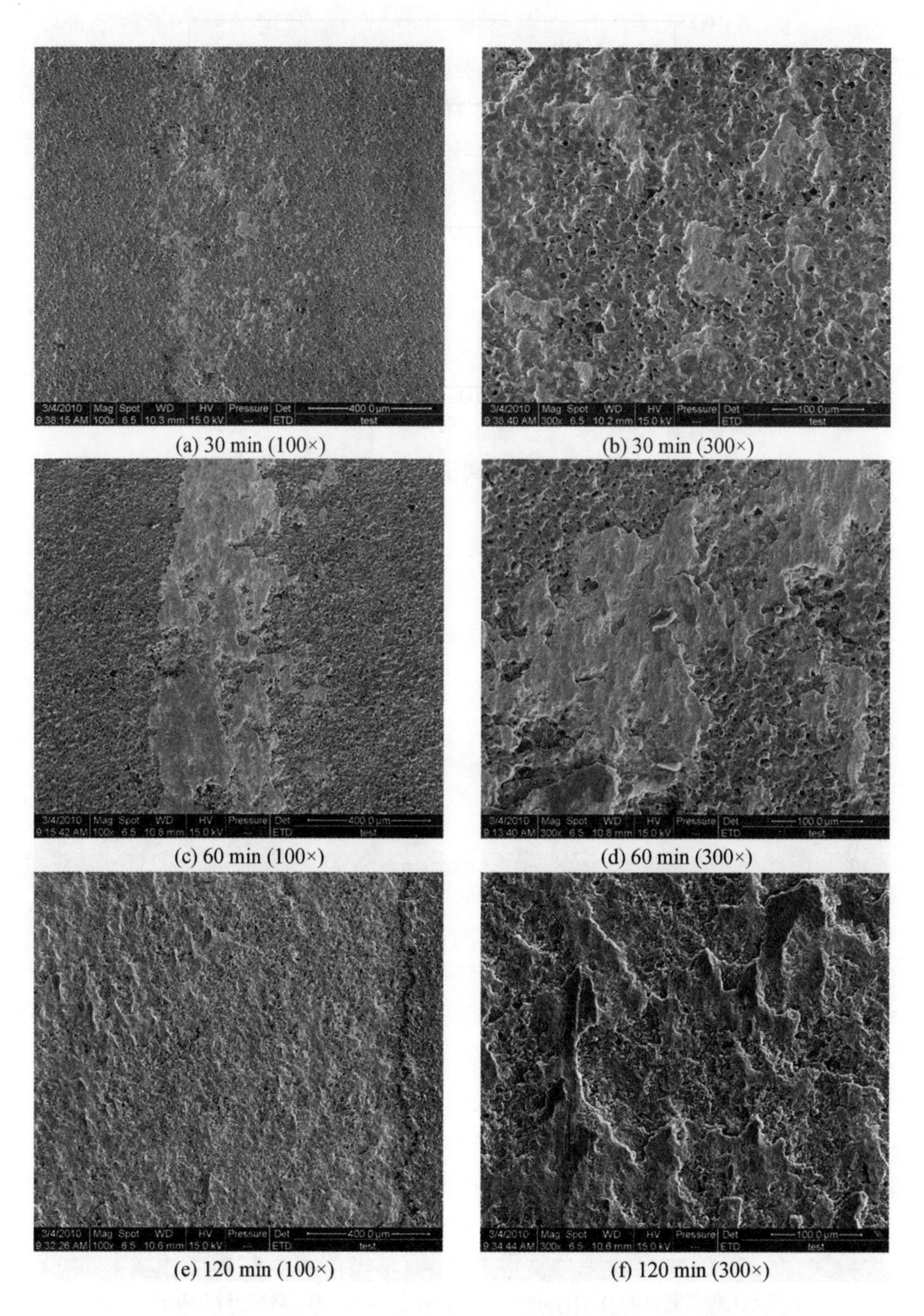

(a) 30 min (100×)　(b) 30 min (300×)

(c) 60 min (100×)　(d) 60 min (300×)

(e) 120 min (100×)　(f) 120 min (300×)

图 5.66　镁合金液相等离子体沉积膜层在不同磨损时间下的磨痕 SEM 照片

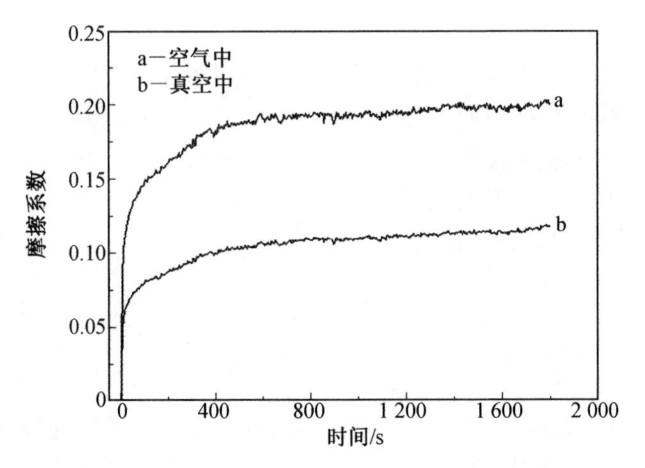

图 5.67　不同环境下液相等离子体沉积膜层的摩擦系数曲线

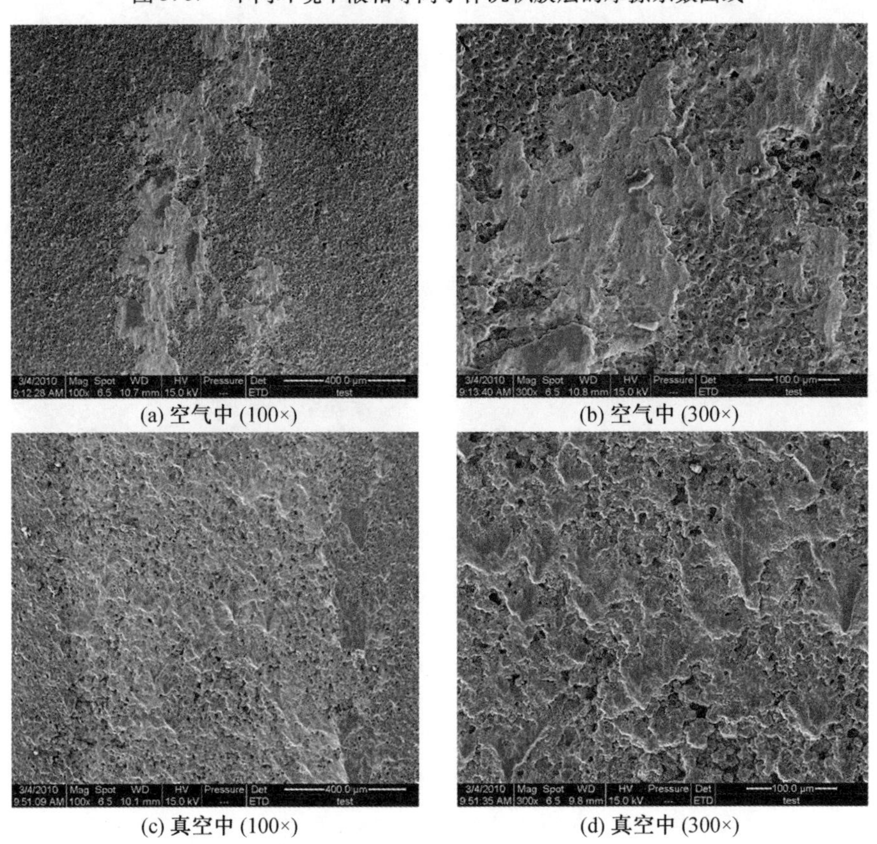

(a) 空气中 (100×)　(b) 空气中 (300×)

(c) 真空中 (100×)　(d) 真空中 (300×)

图 5.68　镁合金液相等离子体沉积膜层在不同环境下的磨痕 SEM 照片

对液相等离子体沉积膜层在真空度为 0.36×10^{-4} Pa、温度分别为室温(20 ℃)和−50 ℃环境下进行摩擦试验，所得膜层的摩擦系数曲线如图5.69所示。从图5.69中可以看出，与室温条件下相比，低温环境下膜层的摩擦系数较高。这可能是由于低温环境会使材料的硬度增加，同时在真空环境下对磨件之间的粘着力增大，因此真空低温下膜层的摩擦系数较常温下膜层的摩擦系数有所升高。

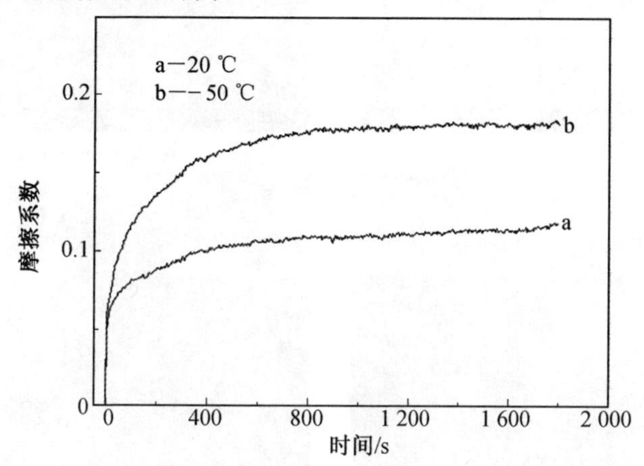

图5.69　真空不同温度下液相等离子体沉积膜层的摩擦系数曲线

对镁合金液相等离子体沉积膜层在真空度为 0.36×10^{-4} Pa、温度分别为室温和−50 ℃环境下进行磨痕扫描，磨痕SEM照片如图5.70所示。从图5.70中可以看出，液相等离子体沉积膜层在低温环境下的磨损程度比室温下的磨损程度更加严重。从真空低温环境下磨痕的SEM照片可以看出，磨痕表面已经看不到液相等离子体沉积膜层典型的多孔结构，说明膜层外部的多孔层已经完全被磨去。这是由于在真空条件下，摩擦产生的热量无法以对流的方式向外传递，使摩擦表面温度易升高，但在真空低温环境下，试样磨损后表面温度升高幅度较小，膜层塑性较低、脆性较高，膜层的摩擦性能有所降低，因此膜层在真空低温环境下磨损较严重。

5.5.2　$NaAlO_2$ 掺杂镁合金PED膜层的摩擦行为

1. 载荷对 $NaAlO_2$ 掺杂膜层摩擦系数的影响

图5.71所示为不同载荷下液相等离子体沉积膜层的摩擦系数曲线。从图5.71中可以看出，随着载荷的增加，膜层的摩擦系数呈现增加的趋势。载荷增加，作用在膜层上的法向力增大，膜层在摩擦过程中受到更大的机械冲击，使得摩擦系数逐渐增大。

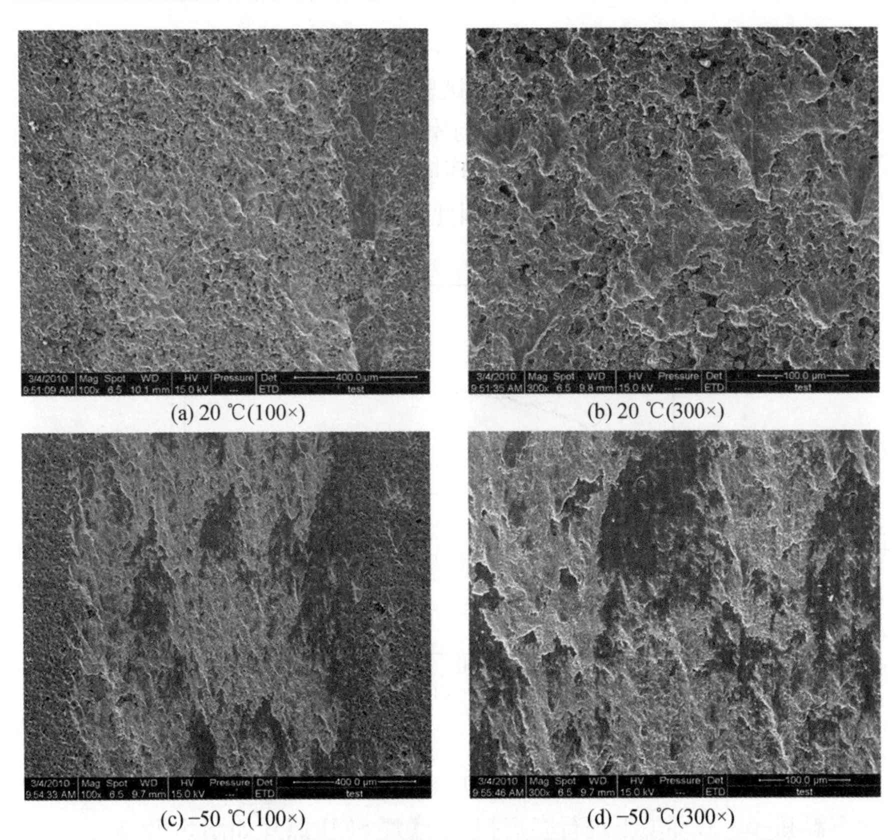

(a) 20 ℃(100×)　　(b) 20 ℃(300×)

(c) −50 ℃(100×)　　(d) −50 ℃(300×)

图 5.70　液相等离子体沉积膜层在真空不同温度下的磨痕 SEM 照片

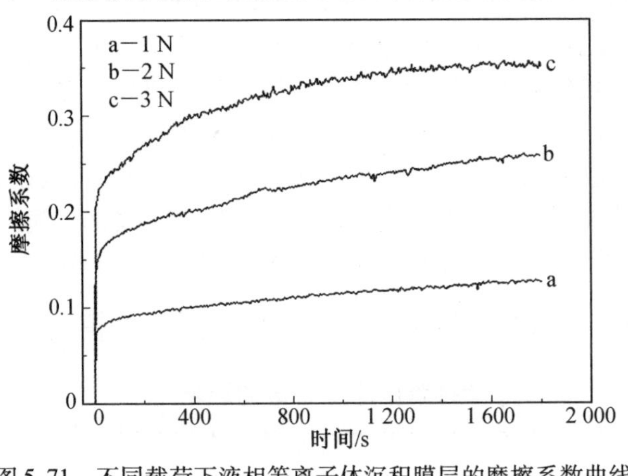

图 5.71　不同载荷下液相等离子体沉积膜层的摩擦系数曲线

图 5.72 所示为镁合金液相等离子体沉积膜层在不同载荷下的磨痕 SEM 照片。从图 5.72 中可以看出,随着载荷的增大,磨道逐渐变宽,磨损

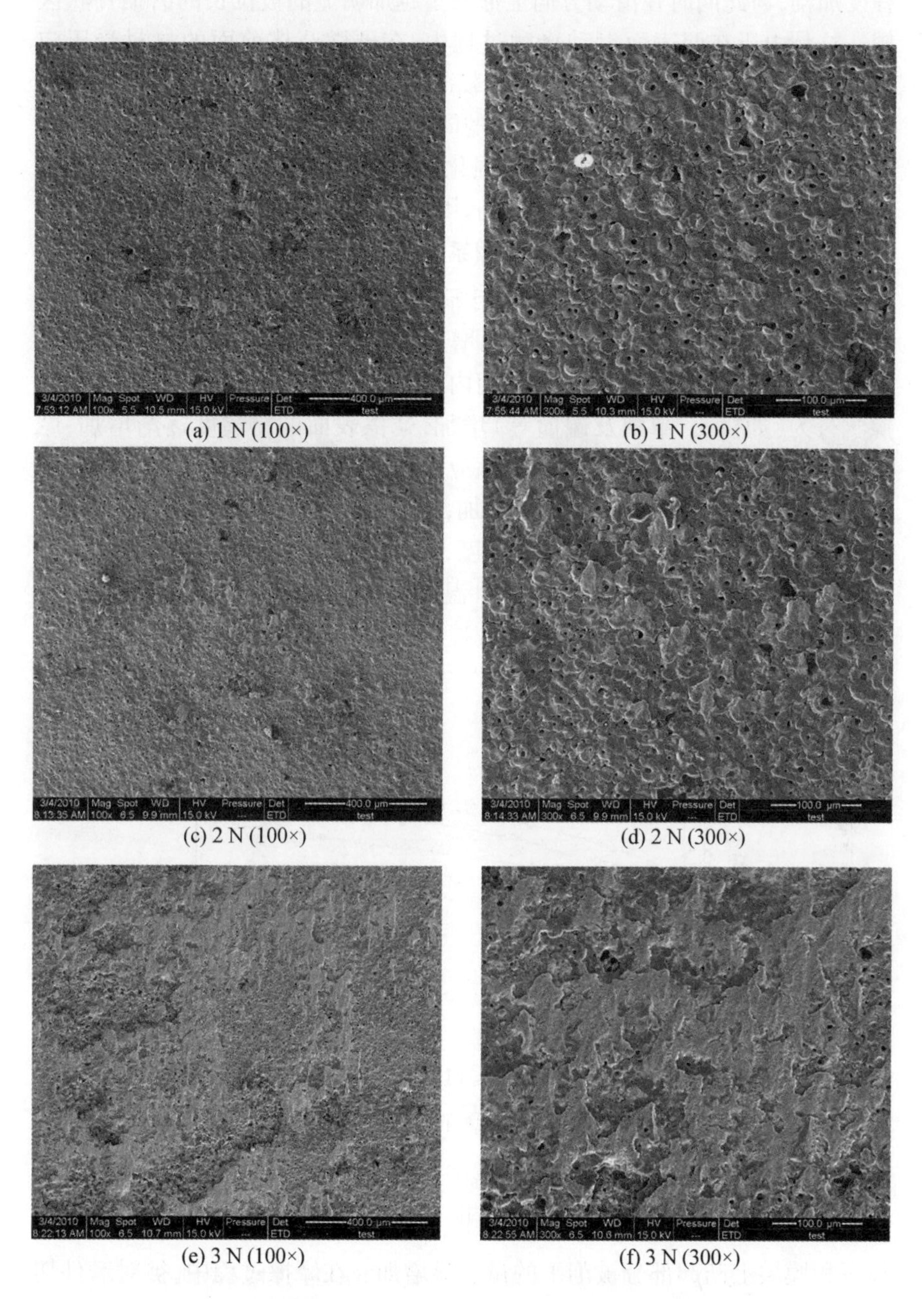

(a) 1 N (100×)　(b) 1 N (300×)

(c) 2 N (100×)　(d) 2 N (300×)

(e) 3 N (100×)　(f) 3 N (300×)

图 5.72　镁合金液相等离子体沉积膜层在不同载荷下的磨痕 SEM 照片

程度加剧,与此同时在滑动方向上形成了越加明显的被拉长的磨损片状区域。这是由于在两表面滑动接触过程中,在硬微凸体前面的材料受压应力,而在其后面的材料受拉应力,随载荷增大沿滑动方向发生塑性流动越明显。表层凸起颗粒发生塑性变形的同时,引起陶瓷膜层表层相对疏松结构的加工硬化,使得表层材料得到强化,提高了表面的疲劳强度。与石墨掺杂膜层相比,由于膜层的硬度较高,因此膜层的塑性变形相对较小。

2. 转速对 $NaAlO_2$ 掺杂膜层摩擦系数的影响

图5.73所示为不同转速下液相等离子体沉积膜层的摩擦系数曲线。从图5.73中可以看出,随着转速的增加,膜层的摩擦系数呈现减小的趋势。随着摩擦速度的增加,单位时间内粗糙峰和微凸体等实际接触点的摩擦学行为(如挤压、犁削及碰撞等)增加,摩擦表面的粗糙度逐渐增加,摩擦应力的机械分量越来越大,对摩擦应力有一定的提高作用。但是摩擦速度的增加导致摩擦表面摩擦热的增加,提高了摩擦表面的温度,特别是摩擦表面微凸体的温度远大于环境温度,促进了摩擦氧化的发生,有利于形成具有润滑作用的平滑薄膜层,而且温度增加使得膜层的硬度降低,有利于改善膜层的表面粗糙度,从而使摩擦系数减小。

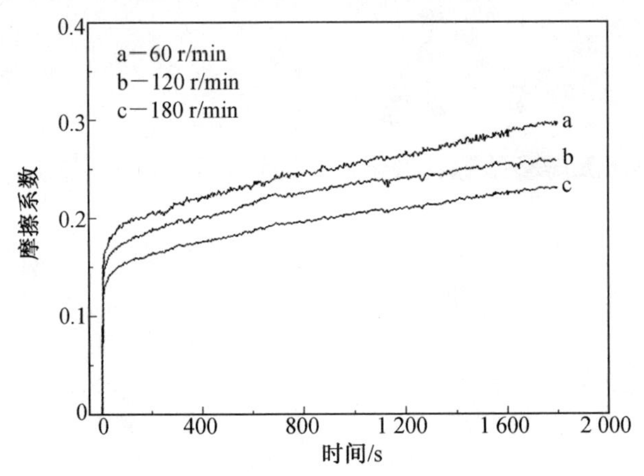

图5.73　不同转速下液相等离子体沉积膜层的摩擦系数曲线

图5.74所示为镁合金液相等离子体沉积膜层在不同滑动速度下的磨痕SEM照片。从图5.74中可以看出,随着滑动速度的增加,液相等离子体沉积膜层上凸起部分被削平的量明显增加。在摩擦过程中,被对磨件切削的液相等离子体沉积磨粒对液相等离子体沉积膜层表面的作用力可以分解成法向力和切向力两个力。法向力使磨粒压入液相等离子体沉积膜

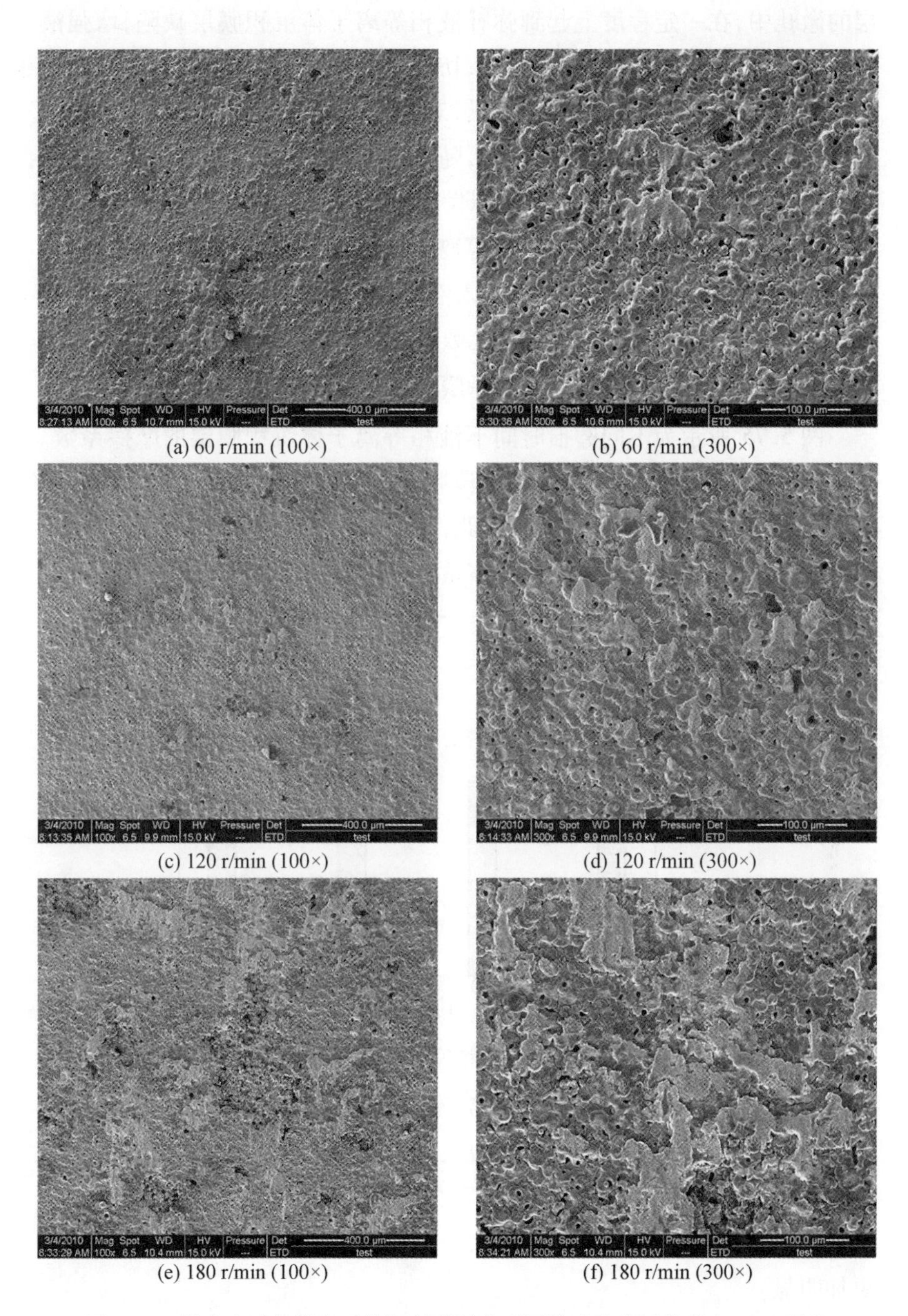

(a) 60 r/min (100×)　(b) 60 r/min (300×)

(c) 120 r/min (100×)　(d) 120 r/min (300×)

(e) 180 r/min (100×)　(f) 180 r/min (300×)

图 5.74　镁合金液相等离子体沉积膜层在不同滑动速度下的磨痕 SEM 照片

层的微孔中,在一定程度上起到弥补液相等离子体沉积膜层缺陷,增强液相等离子体沉积膜层耐磨性的作用;切向力使磨粒向前推进,当磨粒的形状与运动方向适当时,磨粒如同刀具,对液相等离子体沉积膜层进行切削而进一步产生磨屑。在试验过程中,随着滑动速度的升高,切削的程度在不断加剧。在滑动速度较低时,可以发现压入液相等离子体沉积膜层微孔中的磨粒较少,还可以观察到液相等离子体沉积膜层表面的微孔,但是在滑动速度较高时有大量的磨粒被压入液相等离子体沉积膜层的微孔中,切削的程度明显加剧,可观察到的微孔数量明显减少。

3. 不同磨损时间下 $NaAlO_2$ 掺杂膜层的摩擦性能

图5.75所示为不同磨损时间下液相等离子体沉积膜层的摩擦系数。从图5.75中可以看出,摩擦开始阶段膜层表面粗糙,摩擦系数高,磨合一段时间后,膜层表面粗糙度下降,因此,摩擦系数下降;另外,越往膜层内层磨,膜层越致密,膜层硬度越高,摩擦系数越大。

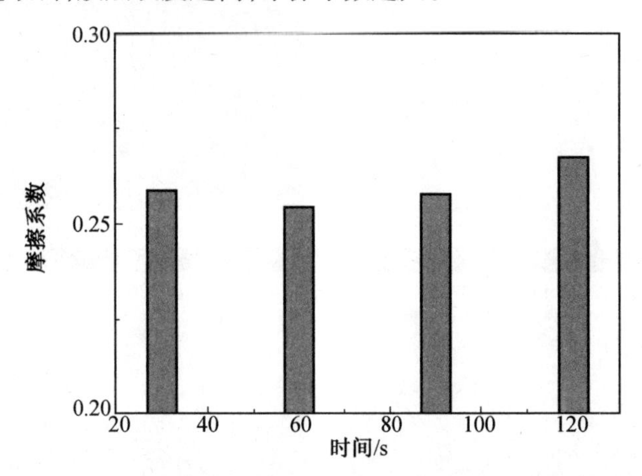

图5.75 不同磨损时间下液相等离子体沉积膜层的摩擦系数

图5.76所示为镁合金液相等离子体沉积膜层在不同磨损时间下的磨痕SEM照片。从图5.76中可以看出,随着磨损时间的增加,磨痕的宽度增加,平滑区的面积不断延伸,塑性形变区逐渐扩宽,液相等离子体沉积膜层上凸起部分被削平的量明显增加,液相等离子体沉积膜层表面塑性变形更加明显。

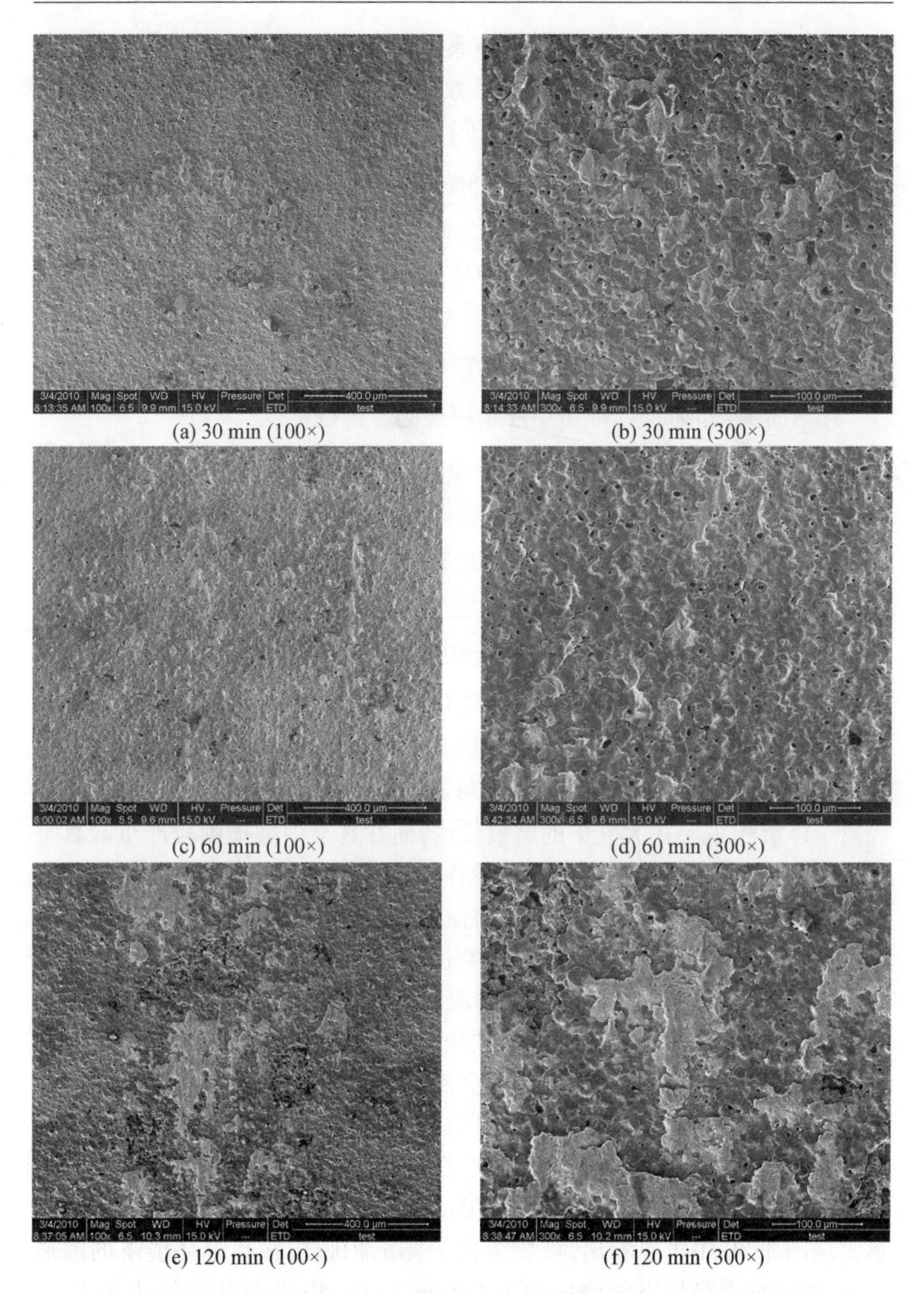

(a) 30 min (100×)　(b) 30 min (300×)

(c) 60 min (100×)　(d) 60 min (300×)

(e) 120 min (100×)　(f) 120 min (300×)

图 5.76　镁合金液相等离子体沉积膜层在不同磨损时间下的磨痕 SEM 照片

4. 真空低温对 $NaAlO_2$ 掺杂膜层摩擦系数的影响

对液相等离子体沉积膜层分别在常压和真空度为 0.36×10^{-4} Pa 的环

境下进行摩擦试验,所得膜层的摩擦系数曲线如图5.77所示。从图5.77中可以看出,与常压下膜层的摩擦系数相比,真空环境下膜层的摩擦系数较小。这是由于在真空条件下试件进行干摩擦时产生大量的热量,该热量很难散失到环境中,绝大部分热量被试件吸收,使得接触面的温度很快升高,试件材料的屈服极限和剪切强度下降,摩擦系数较常压下降低。

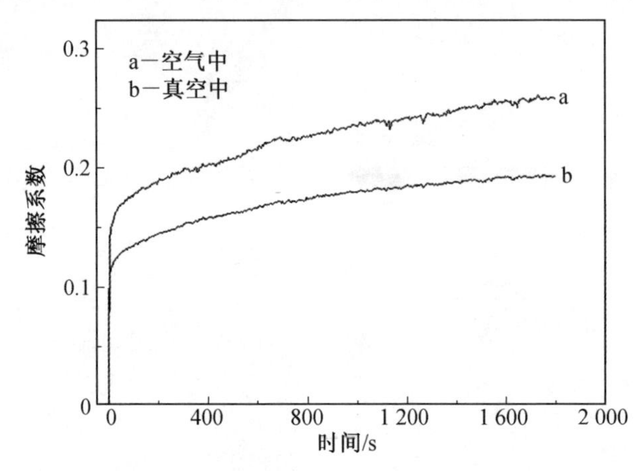

图5.77 不同环境下液相等离子体沉积膜层的摩擦系数曲线

对镁合金液相等离子体沉积膜层分别在常压和真空环境下进行磨痕扫描,所得的磨痕SEM照片如图5.78所示。从图5.78中可以看出,液相等离子体沉积膜层在大气中的磨痕较浅,而在真空中磨损则较严重。真空环境时,由于材料在真空环境下粘着作用增强,而且从摩擦表面粘着点撕脱的磨粒不易离开磨道,磨粒参与磨损过程,加重了对膜层的磨损程度。

对液相等离子体沉积膜层在真空度为0.36×10^{-4} Pa、温度分别为室温和-50 ℃环境下进行摩擦试验,所得膜层的摩擦系数曲线如图5.79所示。从图5.79中可以看出,与室温下膜层的摩擦系数相比,低温环境下膜层的摩擦系数较高。这是由于低温环境会使材料的硬度增加,同时在真空环境下对磨件之间的粘着力增强,因此膜层的摩擦系数增大。

对镁合金液相等离子体沉积膜层在真空度为0.36×10^{-4} Pa、温度分别为室温和-50 ℃环境下进行磨痕扫描,所得的磨痕SEM照片如图5.80所示。从图5.80中可以看出,液相等离子体沉积膜层在室温环境下的磨痕较窄,而在低温环境下的磨损则更加严重。这是由于在真空条件下,摩擦产生的热量无法以对流方式向外传递,使摩擦表面温度易升高,但在真空低温环境下,试样磨损表面温升幅度较小,膜层塑性较低且脆性较高,而且低温环境下膜层的硬度增加,因此膜层在真空低温环境下磨损较严重[44]。

(a) 空气中 (100×)　　(b) 空气中 (300×)

(c) 真空中 (100×)　　(d) 真空中 (300×)

图 5.78　液相等离子体沉积膜层在不同环境下的磨痕 SEM 照片

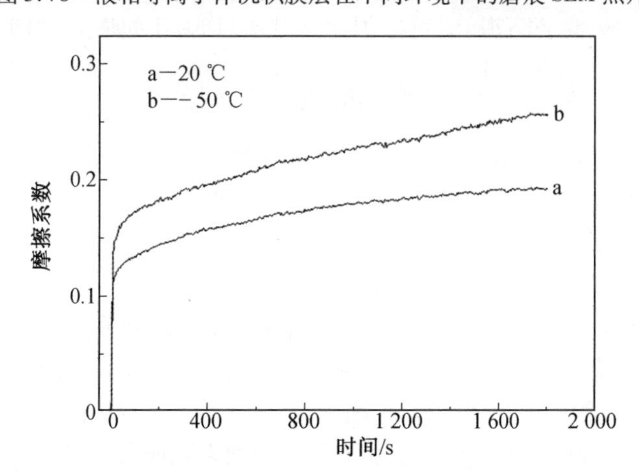

图 5.79　真空不同温度下液相等离子体沉积膜层的摩擦系数曲线

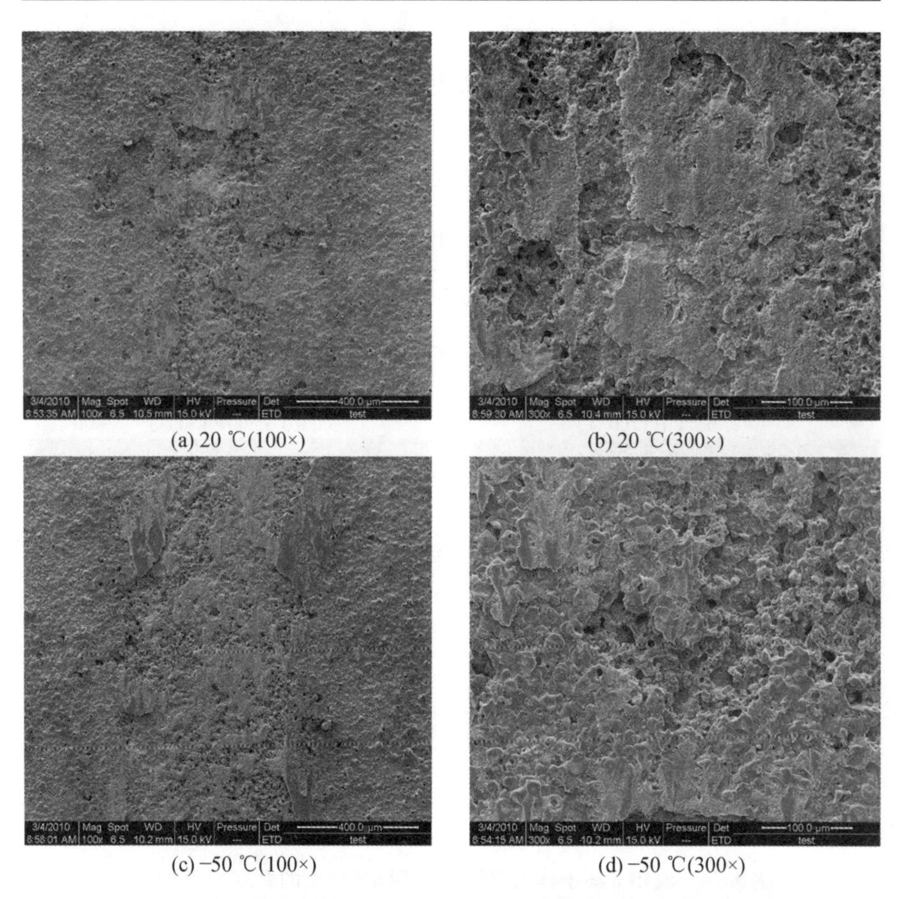

(a) 20 ℃(100×)　(b) 20 ℃(300×)

(c) −50 ℃(100×)　(d) −50 ℃(300×)

图 5.80　液相等离子体沉积膜层在真空不同温度下的磨痕 SEM 照片

5.5.3　镁合金 PED 膜层的磨损机制分析

1. 石墨掺杂镁合金 PED 膜层的磨损机制

(1)常温常压下膜层的磨损机制。石墨掺杂液相等离子体沉积膜层在不同磨损时间下与钢球对磨后磨痕表面的磨损形貌和 EDS 分析如图 5.81 所示。

从图 5.81(a)、(c)和(e)中可以看出,随着磨损时间的增加,磨痕越发深入,磨道中散布的石墨相越多,起到减摩润滑的效果,而且石墨掺杂体系的液相等离子体沉积膜层的硬度较低,因此,膜层在滑动过程中的摩擦系数较低。从图 5.81(a)和(c)中可以看出,由于膜层表面多孔而有许多微凸起,摩擦磨损时这些微凸起先与对磨件接触,发生切削作用而在这些微凸起上产生塑性形变,因此在表面上形成分散的片状平滑区;随着磨损时间的增加,磨痕的宽度增加，平滑区的面积不断延伸，塑性形变区逐渐扩宽，液相等离子体沉积膜层上凸起部分被削平的量明显增加，塑性变形越加明显。

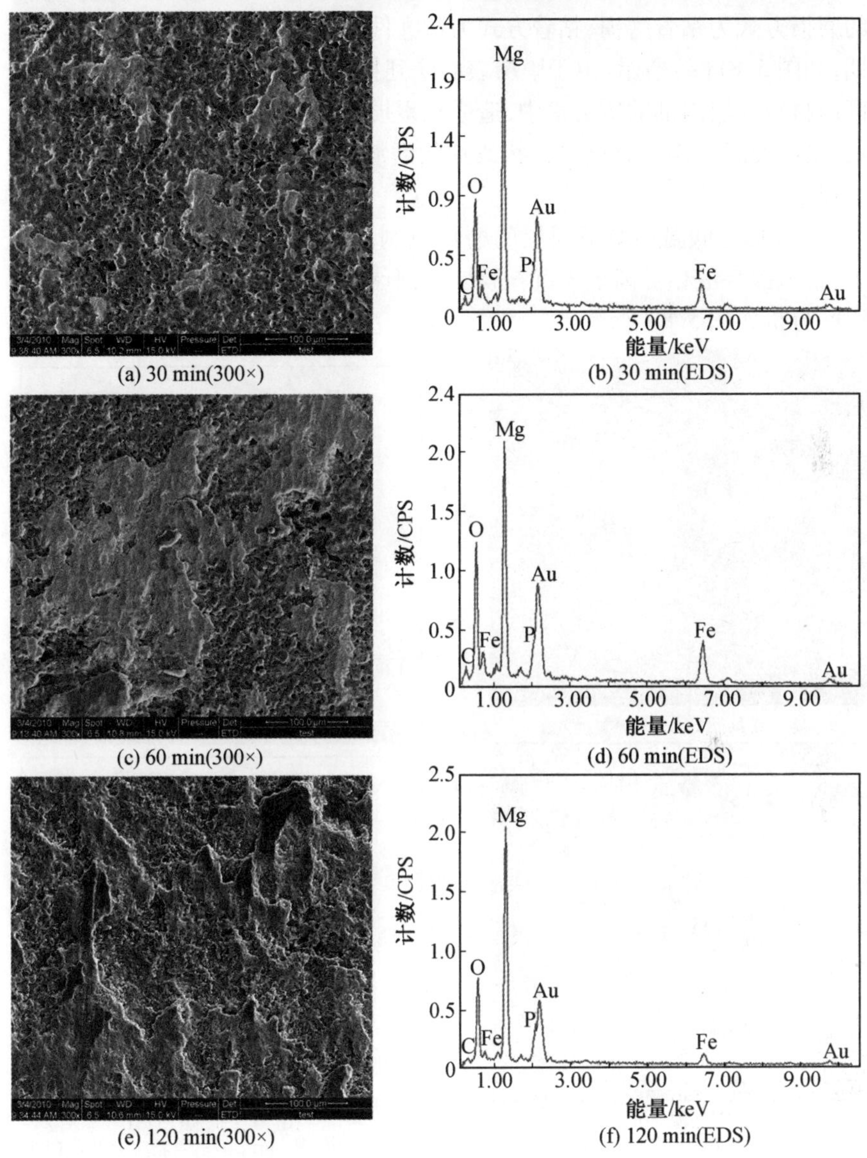

(a) 30 min(300×)　(b) 30 min(EDS)

(c) 60 min(300×)　(d) 60 min(EDS)

(e) 120 min(300×)　(f) 120 min(EDS)

图 5.81　石墨掺杂液相等离子体沉积膜层在不同磨损时间下与钢球对磨后磨痕表面的磨损形貌和 EDS 分析

从图 5.81(b)、(d)和(f)中可以看出，磨损表面存在 Fe 元素，说明磨损表面上存在大量的由钢球表面到硬质膜层表面的材料转移，转移的 Fe

在滑动过程中发生氧化反应生成红褐色的 Fe_2O_3(氧化铁),这可从磨痕表面呈现红褐色的磨斑得到证实,因此在磨损初期,液相等离子体沉积膜层的磨损方式为粘着磨损,粘着方式为对磨件材料向膜层的转移。到磨损后期,如图5.81(e)所示,由于膜层表面受到持续的冲击,因此摩擦表面接触区内材料表层内部的应力集中,造成积累损伤而导致疲劳裂纹的产生和扩展,最后使膜层表面分离出粒状或片状磨屑,这种磨损形式为典型的疲劳磨损[45]。

(2)真空低温环境下膜层的磨损机制。在真空常温和真空低温环境下,石墨掺杂液相等离子体沉积膜层与钢球对磨后磨痕表面的磨损形貌和EDS分析如图5.82所示。

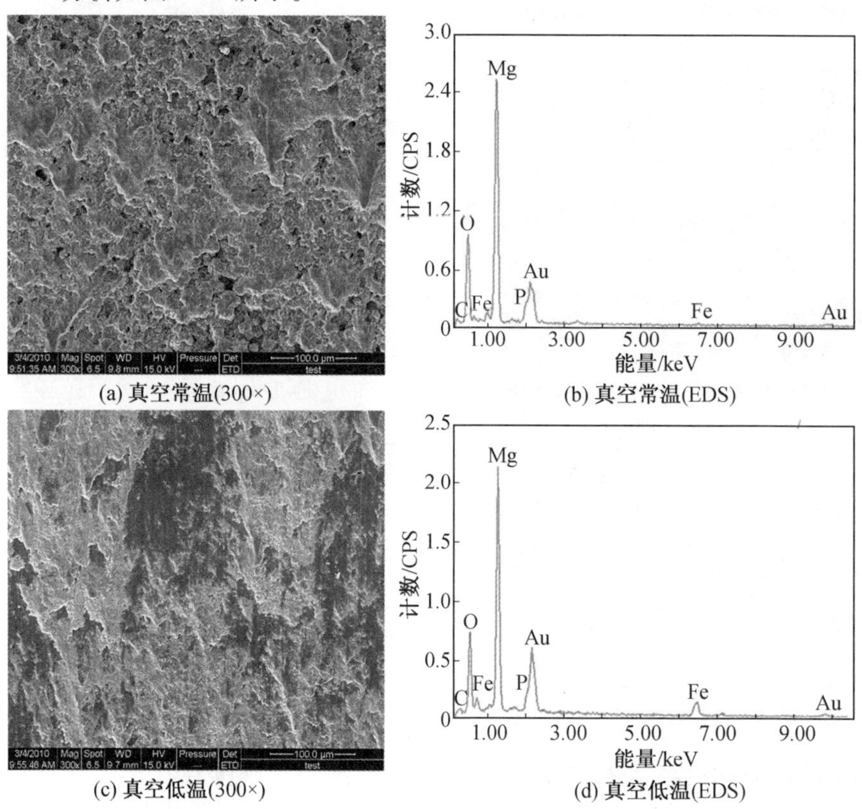

(a) 真空常温(300×)　(b) 真空常温(EDS)

(c) 真空低温(300×)　(d) 真空低温(EDS)

图5.82 石墨掺杂液相等离子体沉积膜层在不同环境下与钢球对磨后磨痕表面的磨损形貌和EDS分析

从图5.82(a)可以看出,与常温常压下液相等离子体沉积膜层的磨痕相比,膜层在真空常温环境下磨损更加严重,磨痕呈剥落状。在真空常温环境下，材料的粘着作用增强，从摩擦表面粘着点撕脱的磨粒不易离开磨道，而且在反复摩擦下，膜层表面被剥离出大的碎片，因此在真空常温环境下膜层的磨损机制主要体现为磨粒磨损和疲劳磨损，且磨损更加严重。

从图5.82(c)中可以看出，磨痕表面已经观察不到液相等离子体沉积膜层典型的多孔表面，膜层外部的多孔层已经完全被磨掉，这说明液相等离子体沉积膜层在真空低温环境下的磨损比真空常温下的磨损更加严重。这是由于真空低温条件下，膜层塑性较低、脆性较高，因此，膜层在真空低温环境下磨损较严重。在液相等离子体沉积膜层表面多孔层被剥离以后，膜层表面发生了典型的塑性流动形貌，而且从图5.82(d)也可以看出，磨损表面上Fe元素的峰值较高，说明磨损表面上存在由钢球表面到硬质膜层表面的材料转移，膜层发生粘着磨损。由此可以看出，在真空低温环境下膜层发生了由疲劳磨损向粘着磨损的转变。

2. $NaAlO_2$ 掺杂镁合金PED膜层的磨损机制

(1)常温常压下膜层的磨损机制。$NaAlO_2$ 掺杂液相等离子体沉积膜层在不同磨损时间下与钢球对磨后磨痕表面的磨损形貌和EDS分析如图5.83所示。$NaAlO_2$ 掺杂体系的液相等离子体沉积膜层的硬度较大、厚度较大，膜层外部结构中存在微孔，容易产生裂纹。而这些孔洞可以有效弥合在滑动接触过程中发生的塑性变形，并可以阻止微裂纹的扩展。但是 $NaAlO_2$ 掺杂体系膜层表层的硬度更高、表面粗糙度更大，表面颗粒粒径和微孔的孔径更大，导致摩擦阻力增加、摩擦系数更大。

从图5.83(a)、(c)和(e)中可以看出，由于膜层表面不是光滑平整的，而是有许多微凸起，摩擦磨损时这些微凸起先与对磨件接触，发生切削作用而在这些微凸起上产生塑性形变，因而在表面上形成分散的片状平滑区；另一方面，由于膜层硬度高及多孔性，对磨件在膜层表面粘着，并在载荷切削作用产生的高温下发生氧化，形成氧化物参与新表面的形成。随着磨损时间的增加，磨痕的宽度增加，平滑区的面积不断延伸，塑性形变区逐渐扩宽，经过短暂的磨损磨合期后形成有利于抵抗摩擦磨损的表面。磨痕表面无粘着的细小颗粒，塑性变形区无凹点，随着磨损时间的增加，塑性形变显著。从图5.83(b)、(d)和(f)中可以看出，磨损表面上Fe元素的峰值逐渐增加，说明磨损由钢球表面到膜层表面的材料转移的量越来越多，转移的Fe在滑动过程中发生氧化反应生成红褐色的 Fe_2O_3(氧化铁)，这可从磨痕表面呈现红褐色的磨斑得到证实，因此液相等离子体沉积膜层的磨损方式为粘着磨损，粘着方式为对磨件材料向膜层的转移。

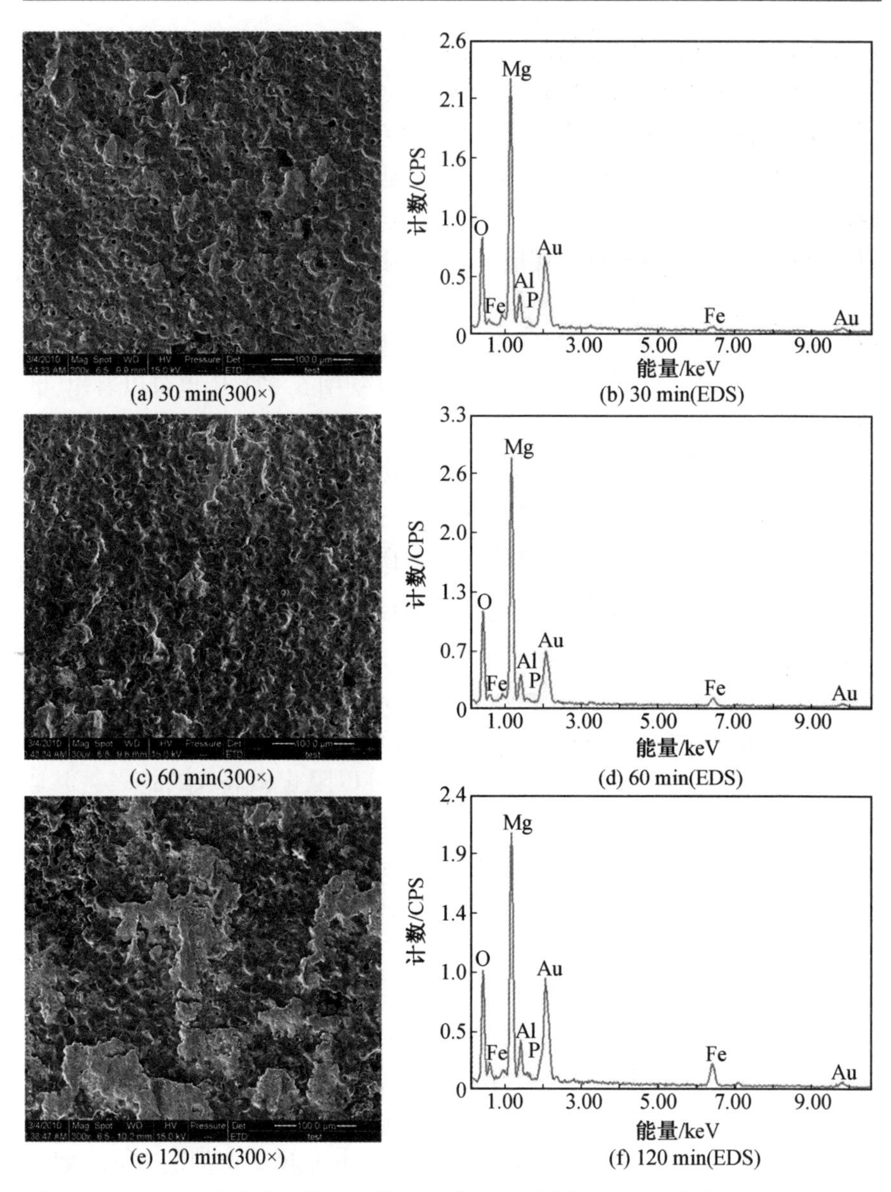

图5.83　$NaAlO_2$ 掺杂液相等离子体沉积膜层在不同磨损时间下与钢球对磨后磨痕表面的磨损形貌和EDS分析

(2)真空低温环境下膜层的磨损机制。真空常温和真空低温环境下石墨掺杂液相等离子体沉积膜层与钢球对磨后磨痕表面的磨损形貌和EDS分析如图5.84所示。

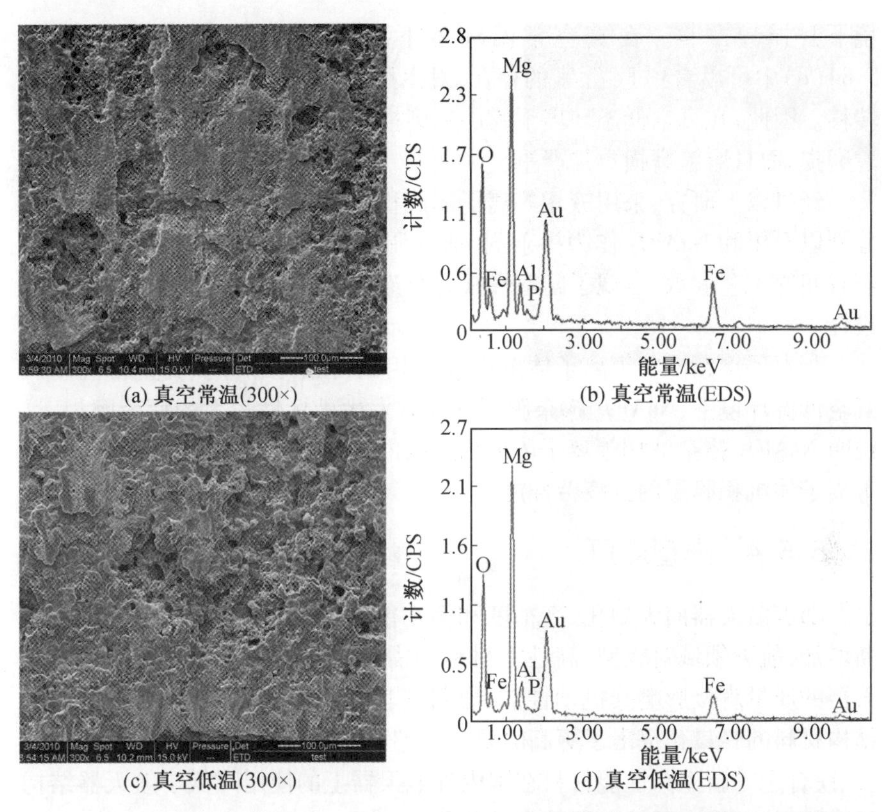

(a) 真空常温(300×) (b) 真空常温(EDS)

(c) 真空低温(300×) (d) 真空低温(EDS)

图 5.84 真空常温和真空低温环境下石墨掺杂液相等离子体沉积膜层与钢球对磨后磨痕表面的磨损形貌和 EDS 分析

从图 5.84(a)中可以看出,与常温常压下液相等离子体沉积膜层的磨痕相比,膜层在真空中磨损更加严重。在真空常温环境下,材料的粘着作用增强,从图 5.83(f)和图 5.84(b)中可以看出,磨损表面上 Fe 元素的峰值有所增加,说明磨损由钢球表面到膜层表面的材料转移的量增加。而且,在真空环境下,从摩擦表面粘着点撕脱的磨粒不易离开磨道,被磨掉的磨粒参与到磨损过程中,形成了磨粒对膜层表面的磨粒磨损,从图 5.84(a)中可以看出,膜层表面有明显被磨粒磨出的沟犁。因此,在真空常温环境下膜层的磨损机制主要体现为粘着磨损和磨粒磨损[46]。

从图 5.84(c)中可以看出,与真空常温下液相等离子体沉积膜层的磨痕相比,液相等离子体沉积膜层在真空低温环境下的磨损程度更加严重。在真空常温环境下,从摩擦表面粘着点撕脱的磨粒不易离开磨道,被磨掉的磨粒参与到磨损过程中,形成了磨粒对膜层表面的磨粒磨损,而且在真空低温条件下,膜层塑性较低,磨粒的硬度较高,因此,膜层在真空低温环境下磨损较严重。在真空常温环境下，材料的粘着作用增强，从图5.84(d)中可以看到Fe元素的存在，发生了由钢球表面到膜层表面的材料转移。因此，在真空低温环境下膜层的磨损机制主要体现为磨粒磨损和粘着磨损，而且磨粒磨损更加严重。

经过以上研究，采用液相等离子体沉积技术以Na_3PO_4为电解液体系，分别以石墨和$NaAlO_2$作为掺杂剂，通过调节电流密度、频率、占空比及反应时间等工艺参数，实现了耐磨性镁合金液相等离子体沉积膜层的构造和设计。

与石墨掺杂液相等离子体沉积膜层相比，在磨损后期、真空常温以及真空低温环境下，$NaAlO_2$掺杂膜层并没有发生破坏性较大的疲劳磨损，这说明$NaAlO_2$掺杂液相等离子体沉积膜层的抗疲劳性能优于石墨掺杂液相等离子体沉积膜层的抗疲劳性能。

5.5.4 典型应用

随着航天器向大型化、高精度和多功能方向发展，航天器有效载荷不断增加，航天领域对轻型、高性能材料的需求日益得到国内外的关注。航天器的质量直接影响其机动性能、燃料消耗及运载费用。因此，对航天器结构材料的轻量化提出了更高的要求。超高模量碳纤维复合材料、铝锂合金、镁合金等新型高性能材料在国内外航天器上的使用降低了航天器结构的质量，从而提高了航天器的有效载荷。

镁合金比强度和比刚度高，抗辐射能力强，导热导电性能好，易切削加工，并具有很好的电磁屏蔽、阻尼性、减振性以及加工成本低和易于回收等优点，是制造轻型构件的优良材料，在航空航天领域具有极其重要的应用价值和广阔的应用前景。从20世纪40年代开始，镁合金首先在航空航天部门得到了优先应用，镁合金的特点可满足航空航天等高科技领域对轻质材料吸噪、减振、防辐射等要求，可显著减轻飞行器的结构质量，同时，大大改善了飞行器的气体动力学性能。但是，镁合金的耐磨性能较差，严重阻碍了其作为优质轻型材料在工程中的应用，因而改善镁合金表面耐磨性能成为亟待解决的问题。

目前，常用的镁合金表面处理方法有表面机械强化、表面喷涂、气相沉积、阳极氧化及液相等离子体沉积等方法。其中，液相等离子体沉积技术是利用弧光放电增强并激活在工件阳极上发生的微等离子氧化反应，从而在镁合金表面原位生成优质强化陶瓷膜层的一种表面改性技术。对于镁合金及其液相等离子体沉积陶瓷膜层在真空环境下的摩擦磨损问题，国内外的报道十分有限。针对镁合金材料在航空航天领域特殊环境中的应用，采用液相等离子体沉积技术在镁合金基体表面原位生长陶瓷膜层，并对其在不同环境下的摩擦机制进行研究具有重要意义。

金属埋件作为结构和仪器的连接件被广泛用于航天器的结构中，目前航天器埋件主要为铝合金埋件，采用镁合金埋件替代铝合金埋件，减重效果显著。但镁合金硬度低、耐磨性差，反复装卸会导致螺牙损坏，因此需要对镁合金进行表面强化处理，赋予其一定的硬度和耐磨性。但埋件的内螺纹和深盲孔结构对其表面强化提出了更高的要求。此外内螺纹呈锥形曲面，如何实现螺纹牙顶、牙中和牙底表面强化膜层厚度均匀且满足埋件盲孔内螺纹的公差配合要求是埋件表面强化的技术难题。

通过研究液相等离子体沉积过程中膜层生长动力学曲线（图 5.85），建立了膜层生长过程中基体尺寸变化与膜层厚度的关系，指导精确控制公差配合，并通过电解液体系和电源参数优化，提高成核率，减少膜层缺陷，细化晶粒尺寸，控制膜层厚度与基体消耗厚度持平（图 5.85（b）中 x 趋近于 0），实现了螺纹陶瓷强化后的尺寸精确控制，满足了螺纹的公差配合。

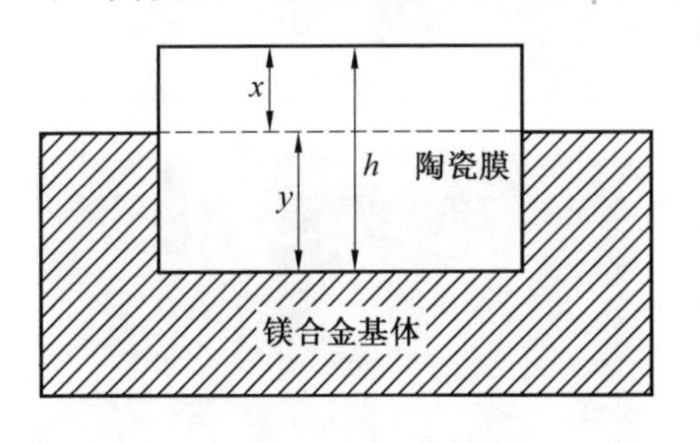

(a) 陶瓷膜层生长示意图

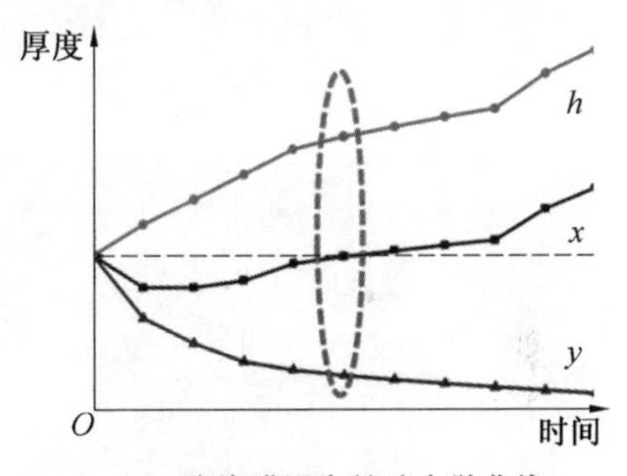

(b) 陶瓷膜层生长动力学曲线

图 5.85 陶瓷膜层生长示意图和陶瓷膜层生长动力学曲线

采用液相等离子体沉积技术在镁合金埋件内外表面原位生长一层优质的耐磨性陶瓷膜层（图 5.86），实现了镁合金埋件表面陶瓷膜层的均匀强化，镁合金埋件表面强化处理后的试样如图 5.87 所示，镁合金埋件表面强化处理后强度大大提高，达到替代铝合金埋件的性能指标。

轻质合金埋件有内螺纹和深盲孔结构，作为复杂型面构件的典型样件，具有一定的代表性，通过结构设计和工艺优化，采用液相等离子体沉积技术在其表面可控制备出均匀的强化膜，其不但满足公差配合要求，还满足空间恶劣环境下使用的苛刻要求，这为轻质合金复杂构件表面强化膜的制备提供了新途径，丰富了轻质合金表面工程技术。

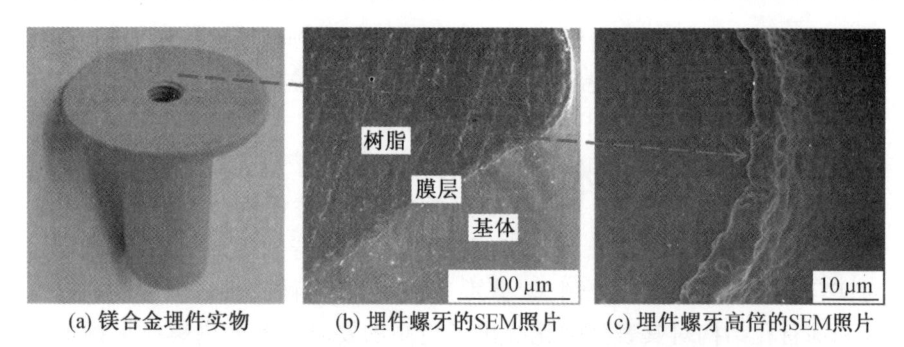

(a) 镁合金埋件实物　(b) 埋件螺牙的SEM照片　(c) 埋件螺牙高倍的SEM照片

图5.86　镁合金埋件实物、埋件螺牙及其高倍的表面形貌

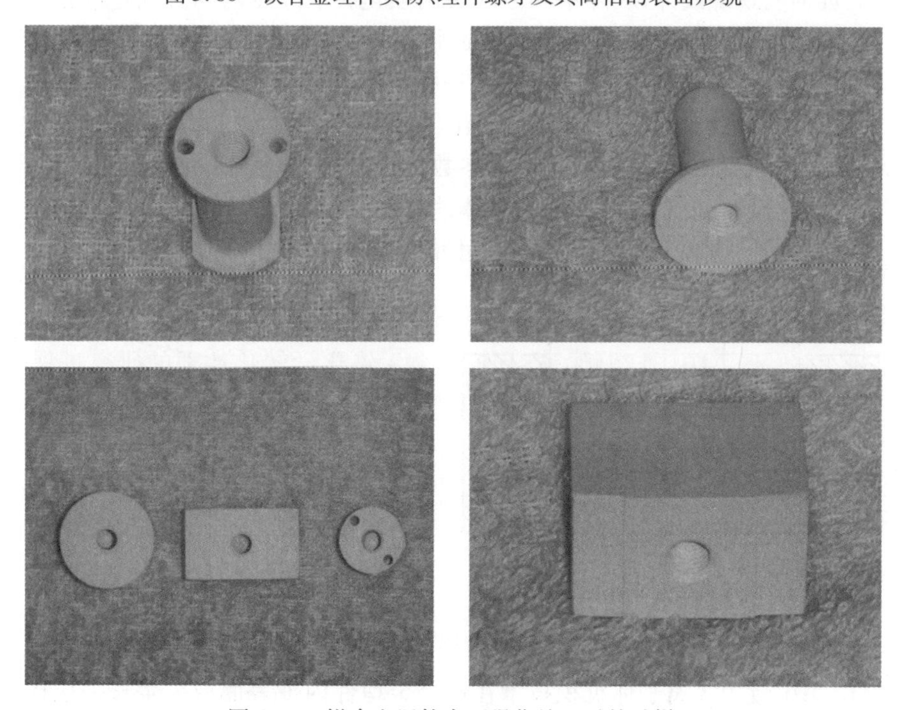

图5.87　镁合金埋件表面强化处理后的试样

本篇参考文献

[1]杨卉芃,张亮,冯安生,等. 全球铝土矿资源概况及供需分析[J]. 矿产保护与利用,2016,6:64-70.

[2]杨祖彬,曾莉红. 金属包装材料涂层防腐技术[J]. 表面技术,2009,38:66-69.

[3]刘煌萍,黎柏松,刘静安. 特种铝合金型材和管材的发展趋势[J]. 轻合金加工技术,2017,45:7-10.

[4] 刘松. 形变热处理对 2024 铝合金组织及性能的影响[J]. 热加工工艺,2016,45:231-233.

[5] 高镜涵,李菲晖,巩运兰,等. 铝合金阳极氧化技术研究进展[J]. 电镀与精饰,2018,40:18-23.

[6] 石磊,石勇,董新民. 铝及铝合金电镀[J]. 表面技术,2007,36:87-88.

[7] 史宁,张书弟,李德顺. 铝及铝合金无铬化学转化处理的研究进展[J]. 化学工程与装备,2015,2:152-154.

[8] 陈岩,薛宏伟,邸建国. 铝合金微弧氧化工艺的研究[J]. 电镀与环保,2018,38:44-45.

[9] 韩保红,张骐,孙志华. 前处理工艺对航空铝锂合金硫酸阳极氧化膜层性能影响[J]. 航空材料学报,2017,37:48-54.

[10] 宋仁国. 微弧氧化技术的发展及其应用[J]. 材料工程,2019,47:50-62.

[11] WANG Z J, WU L N, CAI W, et al. Effects of fluoride on the structure and properties of microarc oxidation coating on aluminium alloy [J]. Journal of Alloys and Compounds, 2010, 505(1): 188-193.

[12] 孟杰. 镁合金阳极氧化工艺与性能研究[D]. 沈阳:沈阳化工大学,2018.

[13] 何良菊, 李培杰. 中国镁工业现状与镁合金开发技术[J]. 今日铸造, 1997, 24(3): 161-162.

[14] THOMAS J R, DARRYL L A. High ductility magnesium alloys in automotive applications [J]. Advanced Material and Processes, 1994,

145(6): 267-272.

[15] GAIR C. The magnesium message[J]. Home Office Computing, 1999, 17(8): 512-518.

[16] 黄海军, 韩秋华, 王瑞权,等. 镁及镁合金研究动态与发展展望[J]. 中国铸造装备与技术, 2010, 1: 1-5.

[17] 王宏良. 镁合金的特点及加工要点[J]. 精密制造与自动化, 2009, 4: 63-64.

[18] 张高会, 张平则, 潘俊德. 镁及镁合金的研究现状与进展[J]. 世界科技研究与发展, 2003, 25(1): 72-78.

[19] 刘静安. 镁合金加工技术发展趋势与开发应用前景[J]. 轻质合金加工技术, 2001, 29(11): 1-2.

[20] 张文毓. 耐蚀镁合金研究现状与应用进展[J]. 全面腐蚀控制,2019, 33:6-10.

[21] JIN F Y, CHU P K, XU G D, et al. Structure and mechanical properties of magnesium alloy treated by micro-arc discharge oxidation using direct current and high-frequency bipolar pulsing modes[J]. Materials Science and Engineering A, 2006, 435-436.

[22] LIANG J, GUO B G, TIAN J, et al. Effect of potassium fluoride in electrolytic solution on the structure and properties of microarc oxidation coatings on magnesium alloy [J]. Applied Surface Science, 2005, 252(2): 345-351.

[23] ABBAS G, LI L, GHAZANFAR U, et al. Effect of high power diode laser surface melting on wear resistance of magnesium alloys[J]. Wear, 2006, 260(1-2): 175-180.

[24] AGHION E, BRONFIN B, ELIEZER D. The role of the magnesium industry in Protecting the environment [J]. Journal of Material Processing Technology, 2001, 117(3): 381-385.

[25] 张永君. 镁及镁合金环保型阳极氧化表面改性技术研究[D]. 沈阳: 中国科学院金属研究所, 2003: 9-15.

[26] MA Y Y, HU H, NORTHWOOD D, et al. Optimization of the electrolytic plasma oxidation processes for corrosion protection of magnesium alloy AM50 using the Taguchi method [J]. Journal of Materials Processing Technology, 2007, 182(1-3): 58-64.

[27] ARRABAL R, MATYKINA E, VIEJO F, et al. Corrosion resistance of WE43 and AZ91D magnesium alloys with phosphate PED coatings[J]. Corrosion Science, 2008, 50(6): 1744-1752.

[28] RAYMOND F, DECKER M. The renaissance in magnesium [J]. Advanced Materials and Processes, 1998, 9: 31-33.

[29] WOLFE R C, SHAW B A. The effect of thermal treatment on the corrosion properties of vapor deposited magnesium alloyed with yttrium, aluminum, titanium, and misch metal [J]. Journal of Alloys and Compounds, 2007, 37(1-2): 157-164.

[30] 杨遇春. 有色金属在汽车工业中的应用前景[J]. 材料导报, 1993, 6(6): 19-22.

[31] BARTON T F, JOHNSON C B. The effect of electrolyte on the anodized finish of a magnesium alloy[J]. Plating and Surface Finishing, 1995, 82(5): 138-141.

[32] 王本力, 曾昆. 加快汽车轻量化材料创新发展[J]. 新材料产业, 2018,10:17-19.

[33] 黄薇, 张露芳, 吴明,等. 一种新的造型材料-镁合金[J]. 机械工程师, 2001(4): 5-7.

[34] SRINIVASAN P B, LIANG J, BLAWERT C, et al. Effect of current density on the microstructure and corrosion behavior of plasma electrolytic oxidation treated AM50 magnesium alloy [J]. Applied Surface Science, 2009, 255(7): 4212-4218.

[35] PARFENOV E V, YEROKHIN A L, MATTHEWS A, et al. Frequency response studies for the plasma electrolytic oxidation process[J]. Surface and Coatings Technology, 2007, 201(21): 8661-867.

[36] YEROKHIN A L, NIE X, LEYLAND A, et al. Characterisation of oxide films produced by plasma electrolytic oxidation of a Ti-6Al-4V alloy[J]. Surface and Coatings Technology, 2000, 130(2-3): 195-206.

[37] YAO Z P, CUI R H, JIANG Z H, et al. Effects of duty ratio at low frequency on growth mechanism of micro-plasma oxidation ceramic coatings on Ti alloy[J]. Applied Surface Science, 2007, 253: 6778-6783.

[38] 祝晓文. ZL205 微弧氧化耐蚀性研究[D]. 北京：北京交通大学，2005：51-54.

[39] MA Y, NIE X, NORTHWOOD D O, et al. Systematic study of the electrolytic plasma oxidation process on a Mg alloy for corrosion protection[J]. Thin Solid Films, 2006, 494(1-2): 296-301.

[30] WU X H, QIN W, GUO Y, et al. Self-lubricative coating grown by micro-plasma oxidation on aluminum alloys in the solution of aluminate-graphite[J]. Applied Surface Science, 2008, 254(20): 6395-6399.

[41] 王书洪，钱翰城，李俊，等. 电流密度对铝合金微等离子体氧化陶瓷膜层抗热震性能的影响[J]. 铸造技术，2007，28(9)：1221-1224.

[42] WU X H, SU P B, JIANG Z H, et al. Influences of current density on tribological characteristics of ceramic coatings on ZK60 Mg alloy by plasma electrolytic oxidation[J]. ACS Applied Materials and Interfaces, 2010, 2(3): 808-812.

[43] 宋宝玉，古乐，邢恩辉. 真空条件下 GCr15 钢摩擦磨损性能研究[J]. 哈尔滨工业大学学报，2004，36(2)：238-241.

[44] 刘勇，叶铸玉，杨德庄，等. TC4 合金在真空低温下的摩擦磨损行为[J]. 哈尔滨工业大学学报，2006，38：335-339.

[45] ZHANG J, ALPAS A T. Delamination wear in ductile materials containing second Phase particles[J]. Materials Science and Engineering A, 1993, 160(1): 25-35.

[46] 张人佶，宋期. GCr15 钢球/Cr7C3 膜层盘摩擦副在大气与真空中摩擦学性能的比较[J]. 摩擦学学报，1993，13(1)：48-58.

第3篇

轻质合金表面热控技术及应用

第6章 航天器热控膜层技术概述

6.1 航天器热控技术简介

航天器(如卫星、飞船)在太空工作时,要长期经受太阳、行星、空间低温热沉的交替加热和冷却,这引起航天器内、外表面以及各种仪器设备的高低温剧烈变化,其温度的变化幅度可达±200 ℃,其基体材料和仪器设备往往无法承受如此恶劣的环境温度变化,因此,要保证航天器仪器设备在正常温度环境下工作,必须要对航天器进行精密热控制设计[1]。

航天器热管理系统主要有主动式热控制技术和被动式热控制技术,如主动式电动百叶窗、风冷和流体回路,以及被动式热管技术和热控膜层等[2]。与主动式热控制技术相比,被动式热控制技术则是不需要外接牵引来实现热控制的一种开环控制技术,其温控过程中无对象温度反馈,通过选取具有一定热物理性能的材料,并根据航天器轨道和姿态进行合理布局,正确组织航天器与外界空间的热交换过程,以满足航天器构件和仪器设备的工作温度平衡要求[3]。其中,热控膜层是实现航天器被动热控制的主要手段,用于调节物体表面光学和热辐射性能,从而达到对目标温度进行控制的目的。热控膜层又称为温控膜层,是空间飞行器热控系统所采用的一种重要的材料,是保证航天器处于正常工作温度范围的关键[4]。热控膜层在使用过程中还要经受高真空、紫外照射、原子氧侵蚀、电子和质子的辐射等空间环境的影响。因此,合适的热控膜层不仅在光学性能上要达到要求,同时必须保证其在空间环境中的稳定性。

6.2 热控膜层的工作原理

自然界中各个物体都不停地向空间发出热辐射,同时又不断吸收其他物体发出的热辐射。航天器在轨运行期间,其热环境的主要特点是低温和高真空,与外界环境的传热过程几乎完全靠辐射方式进行,传导和对流可以忽略不计。外部的辐射热源主要来自太阳的直射辐射、地球红外辐射和地球反射辐射，虽然影响航天器温度的因素很多，但是可供设计者选择的主要因素是航天器外表面的太阳吸收率和发射率。

热控膜层的工作原理是通过调节自身热物理特性（即太阳吸收率（α_s）和发射率（ε））来控制航天器表面的温度。太阳吸收率是指膜层所吸收的与投射其上的太阳辐射能量之比，决定了其表面吸收太阳辐射的能力；任意物体都时刻向周围环境进行热辐射，且不停吸收其他物体所发射的热辐射能，因而热控膜层在吸收太阳辐射能后会升温，并向外部空间发出热辐射，其中绝对黑体是辐射能力最强的。ε 是指膜层表面所辐射热量与处于同一温度下的绝对黑体所辐射的热量之比，决定了其表面向外界空间的辐射能力。

假定在轨航天器上绝热平面只受垂直太阳辐射，忽略地球反照辐射和其自身辐射，且航天器无内部热源的影响，在平面处于热稳定状态时，平面所吸收的太阳辐射能量等于其向外界空间所辐射的能量，辐射入射角为90°，在选定航天器轨道和姿态后，所假定平面的热平衡温度 T 为[5]

$$T=\sqrt[4]{\frac{\alpha_s \cdot A_r \cdot S}{\sigma \cdot \varepsilon \cdot A}} \tag{6.1}$$

式中，T 为航天器处于热平衡状态时的绝对温度；A_r 为垂直于太阳辐射方向的有效面积；S 为太阳常数；A 为航天器总表面积；σ 为 Stefan-Boltzmann 常数，$\sigma=5.67\times10^{-8}$ W/(m^2·K^4)。

由式(6.1)可知，航天器表面温度取决于其表面材料的 α_s/ε，该比值被称为吸收发射比，是热控材料选材的理论依据。热控膜层的 α_s/ε 越小，则航天器表面的降温程度越大，即低吸收发射比的热控膜层的温控效果较佳。热控膜层对某一投射辐射波长的吸收、发射和反射能力称为单色吸收率 α_λ、单色发射率 ε_λ 和单色反射率 ρ_λ。根据能量守恒定律可知，对于某一投射辐射波长下的不透明物体而言：$\alpha_\lambda+\rho_\lambda=1$。鉴于 Kirchhoff（基尔霍夫）定律，不透明物体表面对任一辐射波长的单色发射率和单色吸收率相等，即 $\alpha_\lambda=\varepsilon_\lambda$[6]。然而，通常检测显示物体表面的总吸收率与总发射率并不完全对等，根据热辐射基本定律，物体的总热发射率仅取决于自身绝对温度，而对投射辐射的吸收能力则由物体本身和辐射源两者的绝对温度决定[7]，在轨航天器外表面接收太阳辐射时，其外表面绝对温度和太阳表面的绝对温度（约6 000 K）相差极大，以致航天器表面对太阳辐射的总吸收率和其自身总热发射率相差较大。

当然，实际在轨航天器的表面平衡温度还与轨道姿态、结构材料和航天任务有关，且航天器内部不同设备部件性能对温度和环境要求也不同，在固定的内热源和相应蒙皮温度下，仪器设备也需要选取具有不同 α_s/ε 的热控膜层来进行温控和提升功能精确性，因而正确选择热控膜层的 α_s/ε，是保证在轨航天器在空间高低温环境下正常运行的关键。

6.3 热控膜层的类型

根据航天器的热控要求，国内外已研制出多种热控膜层。热控膜层根据其热辐射性质、组成、控制方式和工艺有多种分类方法。

6.3.1 按热辐射性质分类

按照热辐射性质，即膜层对太阳吸收率 α_s 以及膜层自身的辐射率 ε 来分，热控膜层大致可分成全发射表面、中等反射表面、太阳吸收表面、中等红外反射表面、灰体表面、中等红外吸收表面、太阳反射表面、中等太阳反射表面和全吸收表面 9 种类型。

6.3.2 按控制方式分类

按照控制方式，热控膜层可以分为主动型热控膜层和被动型热控膜层。

1. 主动型热控膜层

主动型热控膜层又称为可变发射率膜层，根据设备的温度自主调节辐射特性，实现对设备温度的自主调节与控制。随着航天事业的发展，特别是微小卫星的发展，新型的智能热控器件越来越受到人们的关注，各个航天大国在该方面都进行了积极的探索研究并且取得了卓有成效的效果。

稀土掺杂钙钛矿锰氧化物是一种研究得比较深入的可变发射率材料，其表达通式为 $RMnO_3$（R 为三价稀土元素，如 La、Pr、Nd 等），当该类化合物被二价离子（如 Sr^{2+}、Ca^{2+}）掺杂时，由于二价离子的引入，为平衡电荷以保持电中性，会出现四价锰离子，此时三价和四价锰离子共存，晶格结构发生畸变，并且 Mn^{3+} 和 Mn^{4+} 之间存在通过氧空位交换电子的双交换作用。该交换作用使得材料在居里温度 T_c 下出现铁磁金属态到顺磁金属态的转变,呈现独特的光学、电学及磁性特性[9]。该种材料在低于相变温度 T_c 时,为铁磁性金属,处于低发射率状态;在高于相变温度 T_c 时,为顺磁绝缘体,处于高发射率状态。

2. 被动型热控膜层

被动型热控膜层是相对于主动型热控膜层来说的,指发射率随温度变化不产生突变的膜层,可分为以下几种[8]:金属基材型膜层、铝阳极氧化型膜层、二次表面镜型膜层和涂料型膜层。

6.3.3 按工艺特点分类

按照工艺特点,膜层可分为未涂覆的金属表面、涂料型膜层、电化学膜层和二次表面镜型膜层。

未涂覆的金属表面有抛光表面、喷砂表面等。这种表面通常主要通过直接的机械或化学抛光、喷砂等处理工艺来取得热辐射性质较稳定的表面。

涂料型膜层包括各种有机无机膜层。涂料型膜层是由色素(颜料)和黏结剂(基料、溶剂)两部分组成,把颜料和黏结剂混合高速搅拌,使颜料充分湿润、分散,然后经球磨机研磨,添加适量消泡剂使之充分混合,制得涂料,最后涂覆于航天器蒙皮、构件及仪器设备表面,使其获得一定的热辐射性质[10]。

电化学膜层是利用电化学原理,使金属表面形成特定的氧化层,或者在金属表面镀上一层所需的金属。例如,阳极氧化法是利用阳极氧化工艺使金属表面上形成一定厚度、致密而稳定的光亮阳极氧化膜层。另一种广泛应用于制备航天器热控膜层的电化学法是电镀,镀金在航天器上应用得较多。在抛光表面上镀金,可以得到很低的热辐射率(0.03 ~0.04)和很高的吸收辐射比($\alpha_s/\varepsilon=7.7\sim10.0$),此外在许多金属上电镀黑镍可得到高吸收-发射比的热控膜层。

二次表面镜型膜层有光学太阳反射镜、塑料薄膜型二次表面镜及涂料型二次表面镜等。二次表面镜可以制成多种形式,如光学太阳反射镜是在很薄的石英玻璃片的背面上真空镀铝或银,即成了反射器;塑料薄膜二次表面镜是利用薄膜代替石英玻璃而制成的二次表面镜[11]。

6.4 常用的热控膜层

目前被大量用于航天器技术的主要是涂料型热控膜层和电化学热控膜层，下面对这两种膜层及其研究进展进行进一步的介绍。

6.4.1 涂料型热控膜层

涂料型热控膜层是将事先制备成的涂料涂覆于航天器蒙皮、构件及仪器设备的表面，使其获得一定的热辐射性质。这类膜层的热辐射性质能在很宽的范围内变化，而且施涂工艺简单、性能重复性好、价格低廉，是迄今航天器上应用最为广泛的一类热控膜层[12]。

涂料型热控膜层是由色素（颜料）和黏结剂（基料、溶剂）两部分组成的，借助于膜层中细分散的色素对于太阳光的吸收作用和底材的红外辐射特性，构成整个膜层的光谱选择作用[13]。

按照黏结剂的不同，涂料可分为有机漆（其黏结剂为硅氧烷、环氧树脂、丙烯酸等）、无机漆（其黏结剂有硅酸钾、硅酸钠、硅酸锂、硅胶、磷酸盐、钛酸盐及锆酸盐等）、玻璃搪瓷及等离子体喷涂料等。根据所采用各种配比的颜料，又可以得到黑漆（颜料为炭黑、乙炔黑等）、白漆（颜料为 ZnO、TiO_2 等）、灰漆和金属漆等各种热辐射性质不同的品种。涂料中的黏结剂对于膜层的稳定性影响很大，比较起来，无机黏结剂的抗老化性能比有机黏结剂的抗老化性能好[14-16]。在无机黏结剂中，以 K_2SiO_3 最为稳定；在有机黏结剂中，硅氧烷有较好的抗老化能力。

在涂料型热控膜层中，有机热控膜层（又称为有机漆）是航天器热控中应用得很广泛的一种涂料。有机漆施涂工艺较为简单，可以喷涂，亦可以刷涂在各种金属或非金属材料表面上。有的品种还可以在室温下干燥固化，固化后的有机漆膜层具有良好的黏度并易于清洗。但是，作为黏结剂的有机硅聚合物的耐紫外辐射性能较差，所以有机漆膜层的空间稳定性比其他膜层略差一些。但甲基硅橡胶或树脂用作黏结剂时，抗紫外辐照性能得以改善[17]。在黏结剂中配以不同的颜料，就可以得到具有不同热辐射特性的有机白漆、黑漆、灰漆和金属漆。

有机白漆是一种低吸收、高发射的有机热控膜层，它是由有机黏结剂（有机硅树脂、环氧树脂、丙烯酸树脂及有机硅橡胶等）和白色无机颜料配成的，其中的白色颜料可以反射大部分的太阳光。因此，这种膜层具有较低的太阳吸收率（$\alpha_s = 0.15 \sim 0.33$）和较高的发射率（$\varepsilon = 0.76 \sim 0.95$）。ZnO/有机硅热控膜层即属于这种热控膜层。1959年，美国科学家Zerlaut[18]根据聚甲基硅氧烷优异的光学性质和空间紫外稳定性，首次制备了热控膜层S13，但飞行试验表明这种膜层空间稳定性较差。为了改进，美国IITRT研究院采用K_2SiO_3包覆ZnO的方法在1965年制备了S13G热控膜层，这种膜层存在可凝挥发物的缺陷[19]。他们以K_2SiO_3包覆的ZnO作为颜料和真空环境下析气量较小的聚甲基硅氧烷为黏结剂，制造出S13系列的第四代白漆膜层S13G/LO-1型膜层，其后又对其进行改性，得到了具有优良耐紫外辐照的热控膜层[20]。

有机黑漆是一种高吸收高发射有机膜层，它是由有机黏结剂和黑色无机颜料（如炭黑、乙炔黑、氧化铜、氧化铬等）配制而成的，其中的黑色颜料可全部吸收可见光和红外光。因此，这种有机漆具有较高的太阳吸收率（$\alpha_s = 0.89 \sim 0.98$）和发射率（$\varepsilon = 0.88 \sim 0.96$）。我国目前所能提供的此类膜层品种单一，且不能满足空间环境下的稳定性和长寿命及可凝挥发物的要求。未来的发展方向是低可凝挥发物（对光学镜面污染小）、高太阳吸收率（提高探测器的分辨率）的膜层。俄罗斯在这方面有着相当的水平，俄罗斯黑色有机热控膜层是由有机树脂（包括丙烯酸树脂、有机硅树脂及特氟隆树脂）和黑色颜料（Co_2O_3、炭黑等）组成[21]。

涂料型热控膜层因其优异的光学性能已经广泛应用于航天器的热控制系统，但其存在一些固有缺点，如空间稳定性不好、耐紫外辐照性能差、质量大且与基体的结合力不理想。而随着航天技术的发展，对热控材料的要求越来越高，亟需发展光学性能优异又可以克服上述缺点的膜层。

6.4.2　电化学热控膜层

电化学热控膜层是利用电化学原理，使金属表面形成特定的氧化层，或者在金属表面镀上一层所需的金属。这类膜层主要通过阳极氧化、电镀、电解着色等来获得。

（1）电镀膜层。电镀是制备金属膜层的一种常用方法，不仅可以在金属表面上形成金属镀膜，而且可以在非金属上实施电镀。用于航天器上的电镀工艺要求严格，以保证确定的热辐射性质及牢固、均匀和性能稳定。镀金在航天器上应用较多，在抛光表面上镀金，可以得到很低的热辐射率

(0.03～0.04)和很高的吸收辐射比(α_s/ε=7.7～10.0)。除了镀金外,还可以在许多金属上电镀黑镍,这种膜层的太阳吸收率 α_s=0.90±0.05,发射率的变化较大,法向发射率 ε=0.13～0.89,故可以制成各种 α_s/ε 的黑表面。

(2)铝合金阳极氧化热控膜层。铝合金的阳极氧化是指将铝合金放在适当的电解液中作为阳极进行通电处理,在外加电场的作用下,在铝合金表面上形成一层氧化物膜层的过程,以提高铝合金表面的耐磨、耐腐蚀以及着色等能力。利用电化学氧化法制备的阳极氧化铝在工程中的应用已有100多年的历史,已被广泛地应用到防腐、耐磨、装饰、超过滤及电子器件等实践中。铝合金阳极氧化工艺最早出现在20世纪20年代[22]。1923年,铬酸法铝阳极氧化的问世,揭开了铝合金工业阳极氧化处理技术的序幕。1927年,首次采用硫酸阳极氧化法对铝的表面进行电化学处理,作为修饰、防护和加硬表面而应用,到20世纪50年代已经广泛使用起来[23-24]。铝合金阳极氧化处理后,可大大提高其表面的耐磨性、抗腐蚀性、绝缘性能和装饰性能。

铝及铝合金阳极氧化工艺现在已发展得比较成熟,但作为热控膜层用于航天器却是在航天事业的不断发展下才逐渐发展起来的,在空间中的使用经验相当有限。利用阳极氧化在铝及铝合金表面上通过酸性电解液处理而形成一层一定厚度的致密而稳定的氧化层,该氧化层的吸收发射比 α_s/ε 很低,一般在0.2～1.1之间。这种膜层直接由铝基体转化而来,又很薄,并且有着相当的稳定性,已应用于我国的东方红一号和实践一号等卫星上。中科院上海硅酸盐研究所设有专门的无机热控膜层研究室,做了大量的工作,并比较系统地研究了纯铝上的阳极氧化膜层用作热控膜层的性能。在NASA刘易斯研究中心进行的太阳能动力的辐射器项目中,铝阳极氧化膜层被暴露于原子氧环境中,结果发现膜层的太阳吸收率和发射率几乎不发生什么变化,同时膜层的表观形貌也没有发生显著的变化[11],说明这种膜层有着一定的空间稳定性。但这种膜层的主要缺点是:膜层的厚度太小(从几微米到几十微米),在空间中容易发生绝缘体击穿现象;紫外辐照性能差,随着太阳辐照,其 α_s 值将明显提高;同时制备这种膜层时其性能的可重复性是一个严重的问题。

6.5 PED 技术制备热控膜层的应用前景

与传统阳极氧化热控膜层相比，液相等离子体沉积膜层在硬度、耐磨、耐腐蚀、耐热及电绝缘性等方面都有着明显的优势[25-27]，而且通过改变工艺条件和向电解液中添加掺杂物，可以很方便地调整膜层的微观结构特征，获得新的微观结构，实现膜层的功能设计。因此，利用液相等离子体沉积法得到的陶瓷膜层，其太阳吸收率和发射率可在大的范围内通过工艺条件的改变来调节，有望应用于高发射率、中发射率、高吸收-发射比热控膜层及中吸收-发射比热控膜层。例如，在铝合金表面生长的陶瓷膜层主要由强度较大的 $\alpha-Al_2O_3$ 和 $\gamma-Al_2O_3$ 组成，具有较高的空间环境稳定性，即抗真空-紫外辐照、电子辐照、真空-质子辐照、气动冲刷及热循环等性能，应比一般热控膜层具有较大优势。同时，膜层主要是由无机氧化物或无机盐组成，可以解决膜层在真空状态下可能有水分被释放出来而发生污染的缺点，保证热控膜层的质量损失及可凝挥发物达到指标。

液相等离子体沉积膜层是在基体上原位生成而来的，其与底层材料结合强度高，不会因为环境的急冷急热在基体和陶瓷膜层之间产生裂纹，满足结合强度和热循环性能的要求。同时表面状态色泽均匀，经过简单的后处理就能达到电化学热控膜层所需要的膜层不疏松、不起泡、不起皮、无剥落等要求；且膜层表面的大量孔洞都呈封闭状态，只有少量孔没有封闭，因此可以减少电蚀、裸露金属等缺陷面积，从而达到基本指标。综上，液相等离子体沉积膜层用作热控膜层具有巨大的潜力，经过深入的理论研究和技术研究可以使热控膜层的性能得到实质性的提高，将为我国长寿命航天器选材提供重要的理论基础和应用基础。

第7章 镁合金表面低吸高发热控膜层的构筑

7.1 镁合金表面低吸高发热控膜层的制备

7.1.1 背景与意义

航天器表面热平衡温度与其表面热控膜层的 α_s/ε 成正比关系[28]，即低吸收发射比（低太阳吸收率和高发射率）热控膜层能够有效地提高在轨航天器对内部所产生的热和空间外热流所引起的吸收热的排散能力，可保证结构部件和仪器设备正常在轨工作。由于航天器外露结构多数处于太阳的照射下，为了减少热辐射对其影响，主要采用低吸收发射比热控膜层进行热控制。目前主要利用喷涂 ZnO 白漆和阳极氧化来制备铝合金、镁合金等金属结构表面低吸收发射比热控膜层，其中，ZnO 白漆与镁合金基体的结合力差，并且 ZnO 白漆长期在轨服役后其性能会下降[29]；镁合金表面阳极氧化生成的 MgO 膜层疏松且易脱落[30]，并且本身发射率很低，导致采用传统阳极氧化法原位生长热控膜层的性能较差[31]，不能满足航天器的热控要求，限制了镁合金作为优质航天器轻质结构材料的应用。因此，在镁合金表面开展高性能热控膜层的研制，对于航天器的减重增容和热控制设计具有实际意义。

液相等离子体沉积（Plasma Electrolytic Deposition，PED）技术因其操作简单、环保成本低、膜层结合牢固和无基材形状限制要求等而成为制备热控膜层的有效手段，现在 PED 热控膜层研制主要集中于调控电源参数和在电解液中引入热控特征元素掺杂改性以实现材料表面可控热控功能设计。目前，有关镁合金表面 PED 热控膜层制备的报道较少，镁合金的化学性质活泼，采用传统技术在其表面成膜困难，因而在镁合金表面开发高性能低吸收发射比热控膜层具有十分重要的意义。

7.1.2 电解液体系的筛选与优化

1. 电解液体系的筛选

在电解液体系中，组分在阳极和阴极间产生电解和离子传输，离子在阳极表面的微等离子通道内产生化学反应，并迅速凝固原位形成陶瓷膜层，其组成取决于阳极材料和电解液的组成。镁合金表面 PED 陶瓷膜层的组成主要是以 MgO 相为主，因而 MgO 可看作基相，以常见低吸收发射比金属氧化物（Al_2O_3、TiO_2、ZnO、ZrO_2、CaO 等）为掺杂相。鉴于 PED 反应过程环境为液相，在电解液中添加带有 Al、Ca、Zn、Zr 和 Ti 元素的可溶性试剂，通过 PED 氧化过程在镁合金表面获得相应的金属氧化物，从而在镁合金表面得到低吸收发射比热控膜层。

由于镁合金本身化学性质活泼，应通过是否反应和膜层质量来初步筛选电解液组分，选择硅酸盐和磷酸盐的碱性电解液作为镁合金的 PED 电解液主盐体系。镁合金表面 PED 膜层质量的评价标准和电解液体系的筛选见表 7.1 和表 7.2，以 PED 膜层发射率为基准，选用双向对称脉冲电源模式，设定电源参数（电流密度为 8 A/dm^2、频率为 50 Hz、占空比为 20%、氧化时间为 10 min），筛选适合在 AZ31 镁合金表面原位生长低吸收发射比热控膜层的电解液体系。

表 7.1 镁合金表面 PED 膜层质量的评价标准

评价标准	是否反应	外观	膜层质量
观察结果	否	有点烧蚀，极度不均匀	较差
	是	无烧蚀，均匀	较好

表 7.2 电解液体系的筛选

电解液组分	是否反应	外观	发射率
$Na_2SiO_3/Ca(NO_3)_2/KOH$	是	较差	0.512
$Na_3PO_4/Ca(NO_3)_2/KOH$	是	较差	0.605
$Na_2SiO_3/Ca(NO_3)_2/Na_2CO_3/KOH$	否	—	—
$Na_3PO_4/Ca(NO_3)_2/Na_2CO_3/KOH$	是	较差	0.462
$Na_2SiO_3/NaAlO_2/KOH$	是	较好	0.511
$Na_3PO_4/NaAlO_2/KOH$	是	较好	0.653
$Na_3PO_4/NaAlO_2/KOH/NaF$	是	较好	0.722
$Na_2SiO_3/K_2TiF_6/KOH$	否	—	—

续表 7.2

电解液组分	是否反应	外观	发射率
$Na_3PO_4/K_2TiF_6/KOH$	是	较差	0.578
$Na_5P_3O_{10}/K_2TiF_6/KOH$	否	—	—
$Na_2SiO_3/ZnSO_4/KOH$	否	—	—
$Na_2SiO_3/Zn(NO_3)_2/KOH$	否	—	—
$Na_3PO_4/ZnSO_4/KOH$	是	较差	0.582
$Na_3PO_4/Zn(NO_3)_2/KOH$	是	较差	0.557
$Na_5P_3O_{10}/ZnSO_4/KOH$	是	较好	0.672
$Na_5P_3O_{10}/ZnSO_4/KOH/Na_2EDTA/NaF$	是	较好	0.776
$Na_2SiO_3/Zr(NO_3)_4/KOH$	否	—	—
$Na_3PO_4/Zr(NO_3)_4/KOH$	是	较差	0.594
$Na_5P_3O_{10}/Zr(NO_3)_4/KOH$	是	较好	0.793
$Na_5P_3O_{10}/Zr(NO_3)_4/KOH/NaF$	是	较好	0.806
$Na_5P_3O_{10}/Zr(NO_3)_4/KOH/Na_2EDTA/NaF$	是	较好	0.824

从表 7.2 可知，在不同电解液体系中，PED 氧化反应情况有所不同；某些体系中所得膜层质量较差，出现了烧蚀现象，这是由于金属离子在其电解液体系中不稳定，容易与 OH^- 生成悬浮或沉积物，造成溶液体系电导率不均匀，以致在基底表面出现电化学烧蚀或无法反应，因而在电解液中加入 Na_2EDTA 络合剂，其能与金属离子生成稳定的络合物以维持电解液体系稳定，通过发射率的测试结果，在 Al^{3+}、Zn^{2+} 和 Zr^{4+} 的电解液体系中所得的膜层发射率较高，且体系反应稳定性和膜层表面质量较好。

2. 电解液体系的确定

对铝盐、锌盐和锆盐电解液体系中所得 PED 膜层表面和截面微观形貌进行测试，如图 7.1 所示。从图 7.1 可看到，膜层表面随机分布着大小不均的微孔，呈现典型的 PED 多孔状微观结构。镁合金在高电压强电场的作用下，其表面产生高温高压的微等离子体放电通道，同时伴有大量氧气气泡生成，熔融产物在气泡逸出和高压作用下从放电通道内喷出，受电解液冷淬作用的影响迅速凝结在通道周围而形成多孔形貌，其本质归因于 PED 氧化过程中微放电通道的存在；膜层表面微裂纹的产生是由于熔融氧化物快速凝结所引起的热应力作用[32]。

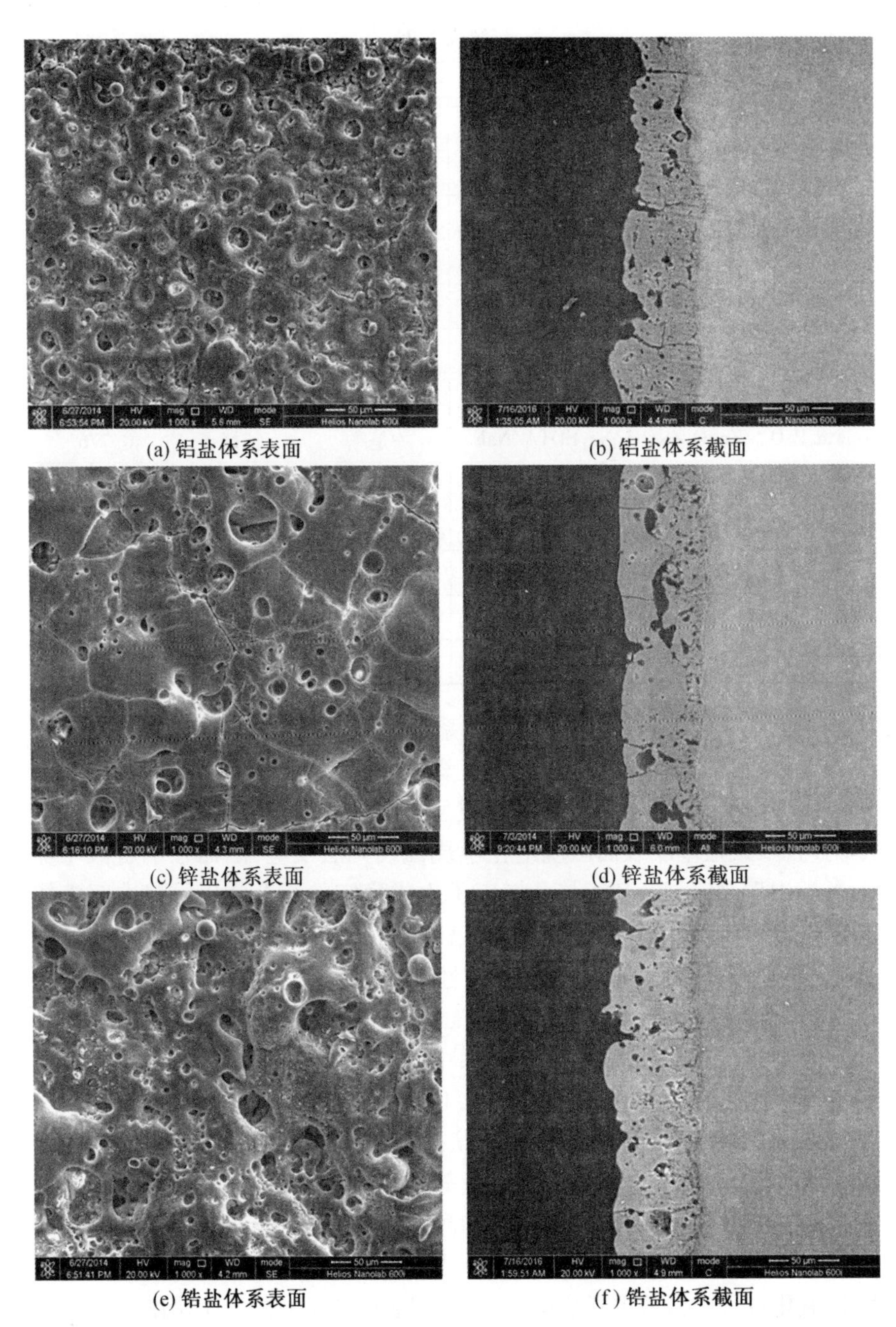

(a) 铝盐体系表面　(b) 铝盐体系截面

(c) 锌盐体系表面　(d) 锌盐体系截面

(e) 锆盐体系表面　(f) 锆盐体系截面

图7.1　不同电解液体系下所得PED膜层的表面和截面微观形貌(1 000×)

其中,铝盐体系下所得膜层的厚度较小,约为 35 μm;其他两种体系下所得膜层的厚度较大,均在 50 μm 左右;从膜层致密性来看,锌盐体系下所得的膜层截面存在较多微孔,直接影响其力学性能,而锆盐体系下的膜层表面微裂纹较少,且截面结构较为致密,因此,在锆盐体系下所得的 PED 陶瓷膜层质量较好。

为了验证 Al^{3+}、Zn^{2+}和 Zr^{4+}是否参与了 PED 氧化反应,采用 XRD 手段检测 3 种电解液体系下所得 PED 膜层的相组成,如图 7.2 所示,3 种 PED 膜层中均存在镁基体衍射峰,这可能是由于 PED 陶瓷膜层的多孔形貌使其局部区域相对较薄,因此穿透性较强的 X 射线容易进入内部基体。在铝盐体系下所制备的膜层主要由方镁石 MgO 相和尖晶石结构 $MgAl_2O_4$ 相组成,说明 MgO 相中的 Mg 元素来自于镁合金基体,电解液中 Al 元素参与了 PED 反应,溶液中的 AlO_2^- 与水反应形成 $Al(OH)_4^-$[33],其在电场作用下吸附于阳极表面并发生氧化反应,所形成的 Al_2O_3 与 MgO 在高温高压和急速

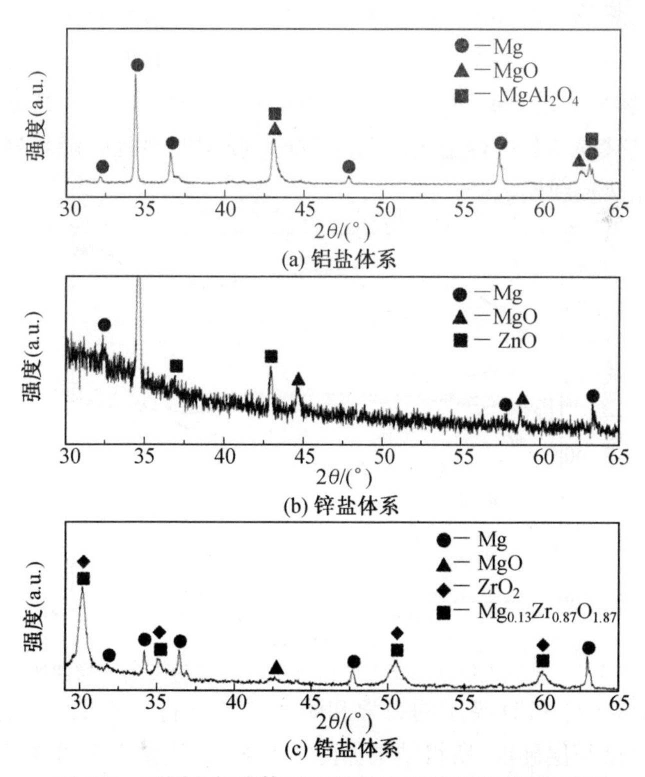

图 7.2 不同电解液体系下所得 PED 膜层的 XRD 谱图

冷却条件下生成了 $MgAl_2O_4$ 相。$ZnSO_4$ 在电解液中水解并形成了 $Zn(OH)_4^{2-}$[34]，其在 PED 氧化过程中生成了 ZnO；而 $Zr(NO_3)_4$ 在水解后生成 $Zr(OH)_5^-$[35]，在阳极表面氧化形成了 ZrO_2，且在放电通道的极端环境下与 MgO 形成了新的 $Mg_{0.13}Zr_{0.87}O_{1.87}$ 化合物，说明 Al^{3+}、Zn^{2+} 和 Zr^{4+} 参与了 PED 氧化过程，并以结晶态氧化物的形式进入了 PED 膜层，因此，通过改变电解液组成可以有目的地对 PED 膜层的组成进行调控。

为了比较 3 种 PED 陶瓷膜层的热控性能，对其太阳吸收率和发射率进行了测试。对镁合金和 3 种 PED 陶瓷膜层在 200～2 500 nm 波长范围内进行漫反射测试，得到的漫反射光谱曲线如图 7.3 所示。从图 7.3 可以看出，镁合金基体反射率较高，这是由于入射光迫使镁合金内部自由电子振动，造成镁合金表面具有较强的反射能力；镁合金、$MgO-Al_2O_3$、$MgO-ZnO$ 和 $MgO-ZrO_2$ 陶瓷膜层的 α_s 分别为 0.141、0.483、0.462 和 0.443，其中，镁合金表面 $MgO-ZrO_2$ 陶瓷膜层的太阳吸收率较低。镁基体和 3 种 PED 膜层的热控性能如图 7.4 所示，镁合金作为金属导体材料，其本身发射率很低，仅为 0.08；镁合金在经过 PED 技术表面处理后，其表面发射率得到显著提高，其中，$MgO-ZrO_2$ 膜层发射率较高（0.824），其 α_s/ε 达到 0.54，根据热控原理，镁合金表面 $MgO-ZrO_2$ 膜层的热控性能较好，属于低吸收发射比热控膜层。

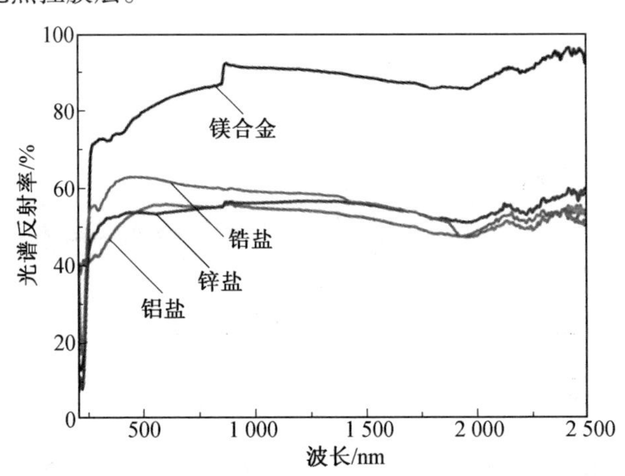

图 7.3　不同电解液体系下所得 PED 膜层的漫反射光谱曲线

此外，对 3 种 PED 膜层的力学和防腐性能进行了表征。通过维氏显微硬度计测试膜层硬度，所得结果如图 7.5 所示，从图 7.5 可知，镁合金在经过 PED 技术处理后，其表面硬度得到极大提高，硬度提升了 1 个数量

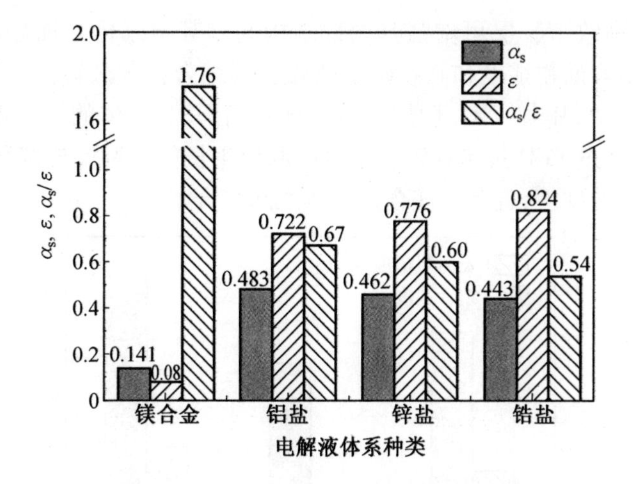

图 7.4 镁基体和 3 种 PED 膜层的热控性能

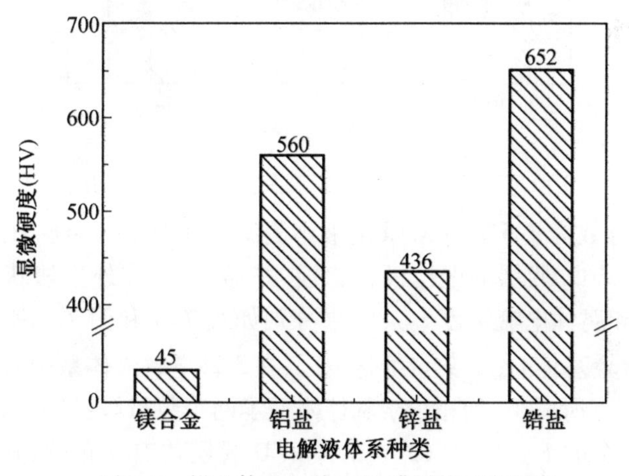

图 7.5 镁基体和 3 种 PED 膜层的显微硬度

级,这是由于膜层中结晶态 MgO、Al_2O_3、ZnO 和 ZrO_2 陶瓷相的硬度较高。表面硬度还受膜层结构致密性的影响,相比于 MgO-ZnO 和 MgO-Al_2O_3 膜层,MgO-ZrO_2 膜层的致密性较高,有利于膜层硬度的提高。

膜层结合强度与其表面粗糙度和致密性密切相关[36],3 种 PED 膜层的表面粗糙度及其与基体之间的结合强度如图 7.6 所示,可知 MgO-ZrO_2 膜层的表面粗糙度和结合强度较高,分别可达 5.99 μm 和 12.5 MPa,MgO-Al_2O_3膜层的结果次之。粗糙表面具有较高的比表面积,其高的表面能可增强膜层与测试用黏结剂界面间的结合强度;此外,高致密度则能够提高膜层内聚强度(即层间粒子黏度强度),其受膜层内部裂纹及孔隙等影响较大,高致密膜层可增强其内部结构间和其与基体界面处的结合强度,因而,高表面粗糙度和高致密度的膜层的结合强度较高。从图7.1的截面形貌可知,$MgO-ZrO_2$ 膜层的致密性较高,其与基体的结合强度较高。综上可知,通过PED技术在镁合金表面原位生长的3种陶瓷膜层,可显著提高镁合金的硬度,且其与镁合金基体之间结合牢固。

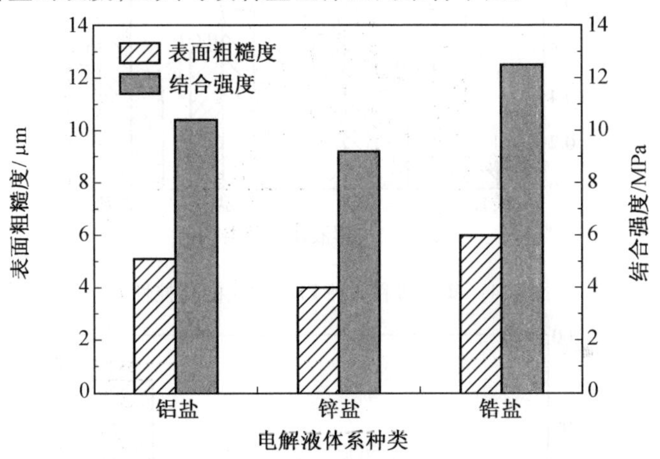

图7.6　3种PED膜层的表面粗糙度及其与基体之间的结合强度

在质量分数为3.5%的NaCl溶液中测试了镁合金、$MgO-Al_2O_3$、MgO-ZnO和 $MgO-ZrO_2$ 膜层的电位极化曲线,并通过Tafel外推法获得膜层腐蚀电位 E_{corr} 和腐蚀电流密度 i_{corr},结果分别如表7.3和图7.7所示。从结果可知,镁合金基体 i_{corr} 的数量级达 10^{-5},在3种电解液体系中所得的PED膜层的 i_{corr} 都有所减小,均相较于基体降低了两个数量级;且从腐蚀电位来看,基体镁合金的 E_{corr} 为-1.63 V,3种PED膜层均有所正移,其中,$MgO-ZrO_2$ 膜层的 E_{corr} 最大,为-1.44 V,比基体增加了0.19 V,表明通过PED技术对镁合金进行表面处理,在其表面原位生长的PED膜层可显著提高镁合金的防腐蚀能力。

表7.3　镁基体和3种PED膜层的腐蚀特性参数

试样	腐蚀电位 E_{corr}/V	腐蚀电流密度 i_{corr}/(A·cm^{-2})
镁合金	-1.63	7.66×10^{-5}
铝盐	-1.51	2.74×10^{-7}
锌盐	-1.57	5.60×10^{-7}
锆盐	-1.44	3.35×10^{-7}

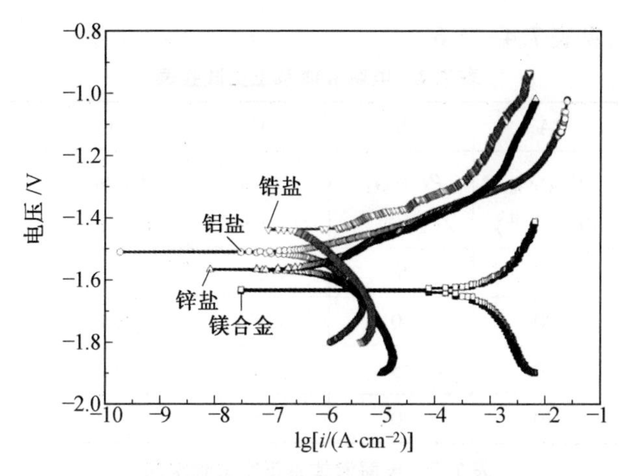

图 7.7 镁基体和 3 种 PED 膜层的电位极化曲线

镁合金表面 PED 膜层的结构从外向内依次为多孔层和致密层，由于膜层表面存在微裂纹和微孔缺陷，在腐蚀初期，侵蚀溶液中的 Cl^- 和 H_2O 能较快地向膜层内部渗透，Cl^- 进入缺陷内部能取代 O 原子的位置，形成可溶性物质（如 $MgCl_2$），致使膜层分解[37]，且能逐渐充满一些孔隙内部，增加对微孔底部的侵蚀，加速腐蚀破坏。MgO-ZnO 膜层中存在较多的微孔和微裂纹，其较大的比表面积可增加 Cl^- 在膜层表面的吸附和积聚，造成 Cl^- 对膜层的腐蚀作用增强，因而其 E_{corr} 较小；MgO-Al_2O_3 膜层则较薄，降低了腐蚀性离子 Cl^- 或 H_2O 向内部基体纵向扩散的难度，不利于膜层耐腐蚀性的提高；膜层的耐腐蚀性能还与其致密性相关，膜层的微孔隙尺寸越小，Cl^- 向基体的渗透难度就越大，其中 MgO-ZrO_2 膜层致密度较高，则其 E_{corr} 较大。

综上所述，从硬度、耐蚀和热控性能综合分析来看，镁合金表面 MgO-ZrO_2 膜层的综合性能较好，因此，选择锆盐体系作为制备 AZ31 镁合金表面低吸收发射比热控膜层的电解液体系。

3. 电解液组分浓度的优化

采用正交试验法对锆盐电解液组成进行设计和优化，以膜层的发射率为性能指标，来分析电解液组分对膜层发射率的影响，以优化出电解液中各组分的质量浓度。在相同的电源参数（电流密度为 10 A/dm^2、频率为 50 Hz、占空比为 10%、氧化时间为 10 min）下，选择 $Na_5P_3O_{10}$、$Zr(NO_3)_4$、KOH、Na_2EDTA 和 NaF 作为正交试验的 5 个影响因素，每个因素取 4 个水平，得到电解液体系的 L16(5^4) 正交试验设计表和相应的试验结果及其极差分析结果，见表7.4～7.6。

表7.4　电解液体系正交试验表

水平	A	B	C	D	E
	$\rho_{Na_5P_3O_{10}}$ /(g·L^{-1})	$\rho_{Zr(NO_3)_4}$ /(g·L^{-1})	ρ_{KOH} /(g·L^{-1})	ρ_{Na_2EDTA} /(g·L^{-1})	ρ_{NaF} /(g·L^{-1})
1	10	5	2	0	0.5
2	20	10	3	0.5	1
3	30	15	4	1	1.5
4	40	20	5	1.5	2

表7.5　电解液体系正交试验结果

编号	因素					发射率
	ρ_A/(g·L^{-1})	ρ_B/(g·L^{-1})	ρ_C/(g·L^{-1})	ρ_D/(g·L^{-1})	ρ_E/(g·L^{-1})	
1	10	5	2	0	0.5	0.796
2	10	10	3	0.5	1	0.753
3	10	15	4	1	1.5	0.727
4	10	20	5	1.5	2	0.771
5	20	5	3	1	2	0.826
6	20	10	2	1.5	1.5	0.814
7	20	15	5	0	1	0.816
8	20	20	4	0.5	0.5	0.806
9	30	5	4	1.5	1	0.832
10	30	10	5	1	0.5	0.845
11	30	15	2	0.5	2	0.819
12	30	20	3	0	1.5	0.811
13	40	5	5	0.5	1.5	0.805
14	40	10	4	0	2	0.798
15	40	15	3	1.5	0.5	0.786
16	40	20	2	1	1	0.786

表 7.6 电解液体系正交极差分析

指标	指标因素	A	B	C	D	E	方案
发射率	S_1	0.762	0.815	0.804	0.805	0.808	A3B2C4D3E1
	S_2	0.816	0.802	0.794	0.796	0.797	
	S_3	0.827	0.787	0.791	0.796	0.789	
	S_4	0.794	0.793	0.809	0.801	0.803	
	R	0.065	0.028	0.018	0.009	0.019	

在极差分析结果中,S_i 为算术平均值;R 为极差,其表示对应组分对结果的影响程度,由表 7.6 可知,影响发射率的因素主次顺序为 A→B→E→C→D,优化试验方案为 A3B2C4D3E1,即最佳电解液体系的配方为:30 g/L 的 $Na_5P_3O_{10}$, 10 g/L 的 $Zr(NO_3)_4$,5 g/L 的 KOH,1 g/L 的 Na_2EDTA 和 0.5 g/L 的 NaF。

7.1.3 电流密度对 $MgO-ZrO_2$ 膜层结构和性能的影响

PED 技术是利用电解液与阳极界面处的等离子体放电激活阳极反应,在微区瞬间放电的高温高压烧结作用下使镁合金表面原位生长陶瓷膜层,致使金属和陶瓷材料完美结合;反应过程中电场特性是影响陶瓷膜层成膜质量和速度的重要因素之一,而电流密度直接决定了等离子体氧化过程中的能量注入,是电场特性的重要指标,也是影响膜层结构和性能的重要工艺参数。

1. 电流密度对氧化过程中电压的影响

固定电源参数(频率 50 Hz、占空比 10% 和氧化时间 10 min)并采用双向对称恒流模式,不同电流密度下阳极电压随时间的变化曲线如图 7.8 所示。根据曲线特征可得,PED 过程分为 3 个阶段,初始阶段时电压呈线性增长,阳极表面有吸附小气泡产生且无火花出现,在基体表面首先会形成一层薄薄的钝化绝缘膜;随着氧化时间的延长,电压增长速率逐渐放缓,基体表面氧化膜发生高电压击穿,击穿处出现细小火花游动;随着反应的继续进行,基体表面产生大量且密集的火花,伴随着膜层厚度的增加,电击穿容易发生在其较薄位置,火花体积变大,进入稳定生长阶段。

由图 7.8 可知，随着电流密度增大，终止电压依次为 340 V、439 V、494 V和 518 V，阳极氧化阶段持续时间随之缩短，即到达起弧电压时间提前，说明电流密度增大，单位时间的输出能量提升，致使击穿氧化膜产生火花的放电时间缩短，表明在同样氧化时间内有利于促进膜层生长，提高成膜速度；但是电流密度过大时，过高的能量注入对膜层化学溶解加剧，即辉光清洗，且释放的热量随之增加，易集中放电和局部烧蚀，对膜层生长和成膜质量不利。

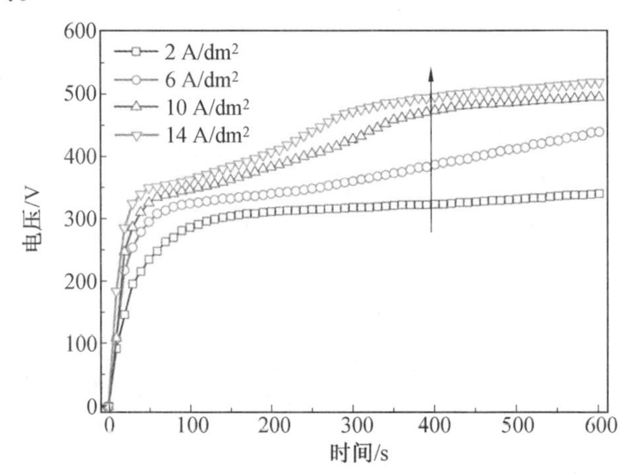

图 7.8　不同电流密度下阳极电压随时间的变化曲线

2. 电流密度对膜层微观形貌的影响

在微弧放电过程中产生的高温高压作用下，阳极表面熔融生成氧化物，喷射出微放电通道并迅速凝结，在不断的熔融–喷出–冷凝过程中形成典型的多孔微观形貌，如图 7.9 所示，膜层表面存在呈火山口状微米级孔洞和微裂纹，裂纹的产生是由于迅速冷凝的熔融物中的热应力。随着电流密度增大，微孔数量和孔径逐渐减小，表面环形凸起尺寸随之增大，即表面粗糙度明显上升，与图 7.11 所示表面粗糙度测试结果相一致，使膜层比表面积增大，有助于提高其发射率。单个火花能量强度随着电流密度增大而增强，高的阳极表面能量密度可促使 PED 反应变得剧烈，造成较多的熔融产物喷射出放电通道，并冷凝且相互堆积重叠形成较大凸起，以致表面粗糙度增大；当电流密度为 10 A/dm^2 时，膜层表面微孔的尺寸最小，这是由于高能量密度注入下放电通道内的高温使熔融产物凝固减缓，驱使熔融物充分融合烧结引起微孔有所封闭。

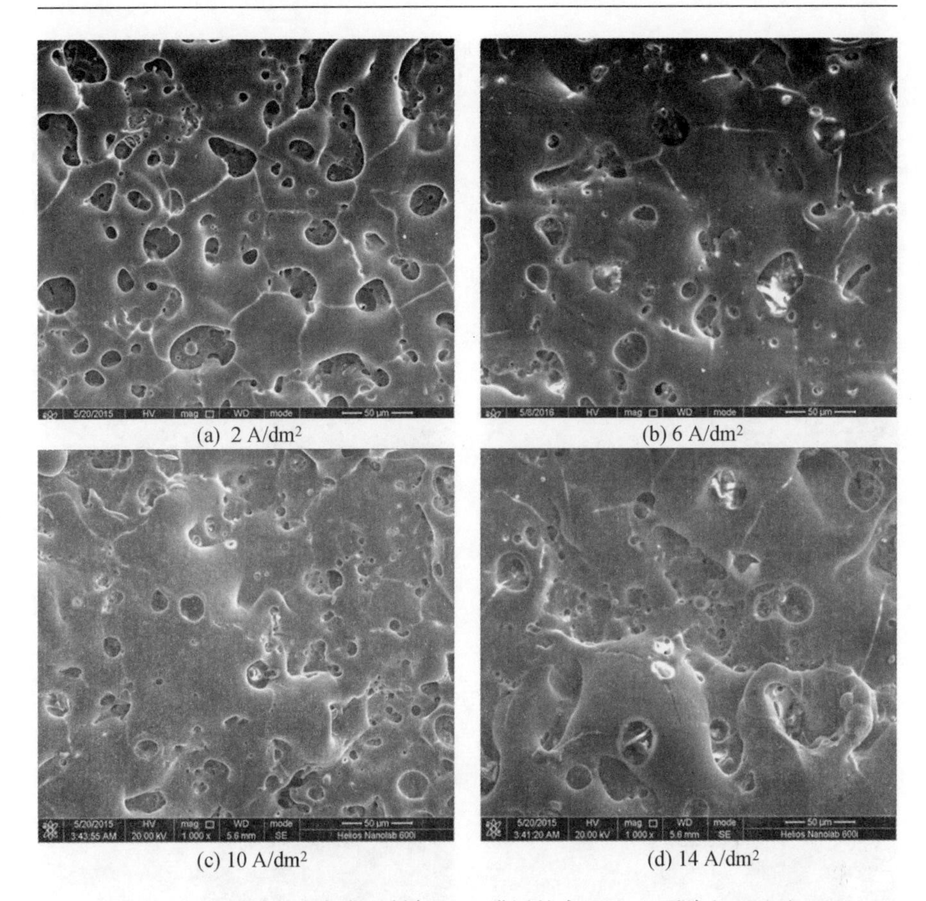

(a) 2 A/dm²　　(b) 6 A/dm²

(c) 10 A/dm²　　(d) 14 A/dm²

图 7.9　不同电流密度下制备 PED 膜层的表面 SEM 照片(1 000×)

随着电流密度继续增加,阳极表面弧光强度增大,通道内部过高的温度引起热应力增强以致微裂纹也随之增多,过高能量的微等离子体放电造成熔融产物未能完成凝固而再次熔融,导致部分熔融产物被电解液溶解,致使对膜层表面侵蚀加剧引起表面粗糙度上升,且容易在膜层薄弱区域集中产生弧光放电而造成其局部烧蚀,对膜层有一定的破坏作用,不利于膜层生长。

在不同电流密度下制备的 PED 膜层截面的 SEM 照片如图 7.10 所示,膜层内部同样也有微孔存在,且从基体向外按微孔分布可看出,膜层均由过渡层、致密层和疏松层组成。这是由于膜层与电解液界面处的 O 原子和 Mg 原子在微等离子体的高温高压作用下不断扩散,少量 O 原子通过放电通道进入基体内部与 Mg 原子结合,而镁合金基体内部受电解液作用较小,因此膜层致密层位于其结构内部[38];从放电通道中喷射出的熔融产物，会使膜层与电解液界面处的陶瓷膜层发生重熔，并迅速凝固沉积在通道内壁形成多孔结构。

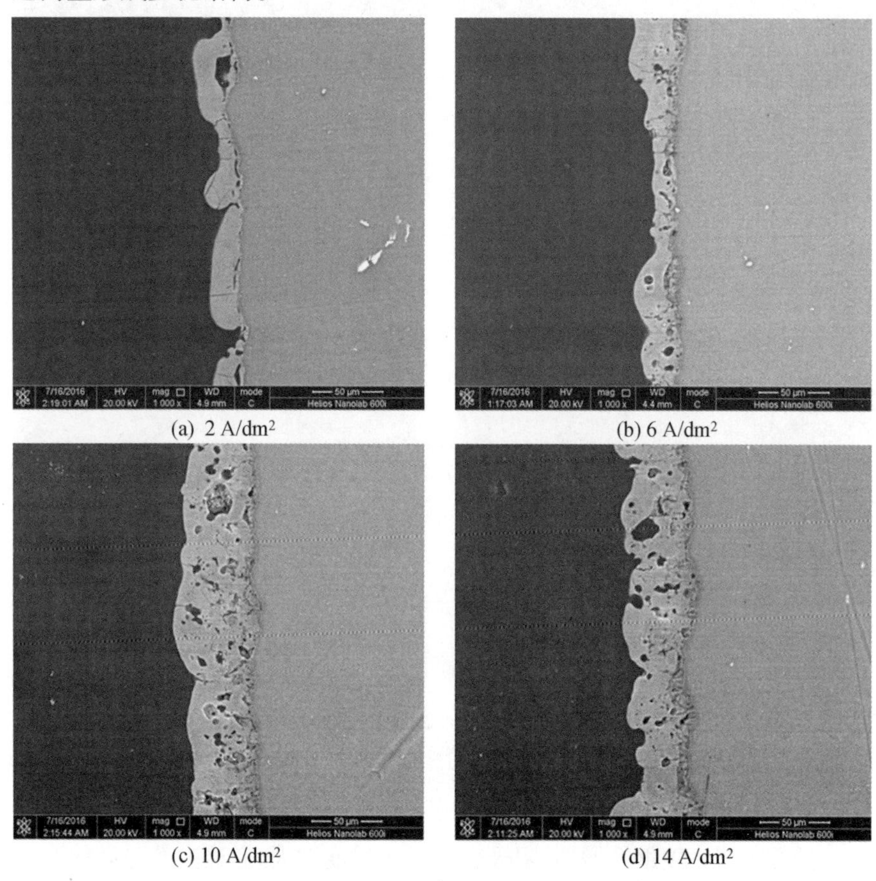

(a) 2 A/dm²　(b) 6 A/dm²　(c) 10 A/dm²　(d) 14 A/dm²

图 7.10　不同电流密度下制备的 PED 膜层截面的 SEM 照片(1 000×)

对不同电流密度下所得膜层的厚度和表面粗糙度进行测试，测试结果如图 7.11 所示，根据厚度结果可知，随着电流密度增大，厚度先增大后减小，电流密度为 2 A/dm^2 时的膜层厚度最小，为 17 μm 左右；在 10 A/dm^2 时厚度达到最大，约 35 μm；升至 14 A/dm^2 时厚度则降至约 31 μm。

从以上结果可见，适当的高电流密度有助于膜层生长，过低的电流密度以及低的能量注入不足以生成较厚膜层；高能量密度下的 PED 反应剧烈，以致较多的熔融产物喷射出放电通道，有利于提高膜层的生长速率；但若电流密度过高，将使火花能量密度和强度增强，且表面热量过高不易散失，致使熔融产物未完全凝固就被再次熔融，进而在电解液作用下被溶解、冲刷和侵蚀,导致膜层生长速率降低,其表面粗糙度增加。

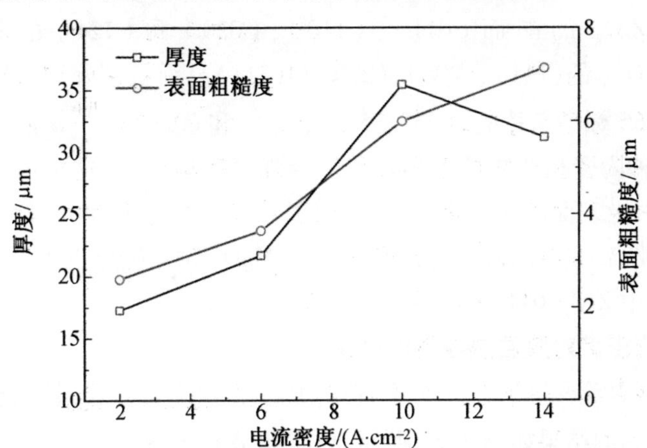

图 7.11 电流密度对 PED 膜层厚度和表面粗糙度的影响

3. 电流密度对膜层相组成的影响

对不同电流密度下 PED 膜层的相组成进行分析,测试结果如图 7.12 所示,从图 7.12 可以看出,膜层主要由 MgO、ZrO_2 和 $Mg_{0.13}Zr_{0.87}O_{1.87}$组成,说明 Mg^{2+}和 Zr^{4+}参与 PED 氧化反应并进入膜层;但含磷结晶相产物未被检测到,可能是由于含磷相含量较少或其以非晶态形式存在。

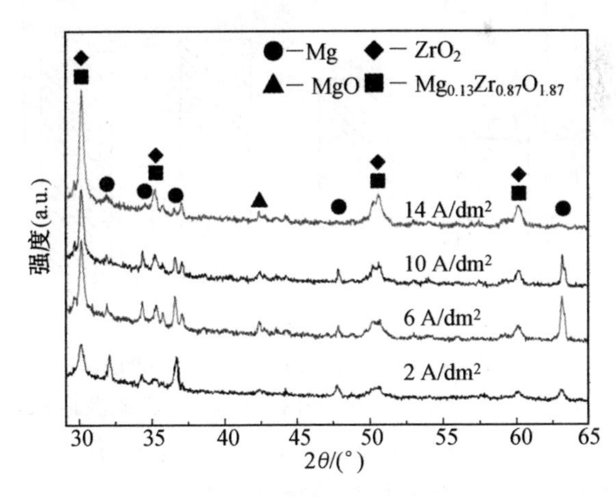

图 7.12 不同电流密度下制备 PED 膜层的 XRD 谱图

经 XRD-Jade 6.0 软件分析可得,在 42.9°处的特征衍射峰为 MgO (200)晶面对应峰,与 45-0946#JCPDS 标准卡片相匹配;在 30.3°、35.3°、

50.7°和60.2°处的衍射峰，经过与标准PDF卡片(JCPDS No. 50-1089)比对，其为ZrO_2的晶面(011)、(110)、(020)和(121)的特征峰；$Mg_{0.13}Zr_{0.87}O_{1.87}$的(111)、(200)、(220)和(311)晶面特征峰则分别对应于No. 54-1266标准卡片的30.3°、35.3°、50.8°和60.4°处[39]。随着电流密度增加，3种陶瓷相产物的大多数衍射峰强度逐渐增强，这是由于高能量注入促使阳极表面熔融产物氧化完全，以致膜层结晶度增大，相对应的结晶相含量较高，表明随着电流密度的升高，$MgO-ZrO_2$膜层组成具有择优生长特征，其中ZrO_2(011)择优取向尤为明显。

4. 电流密度对膜层热控性能的影响

对不同电流密度所得的$MgO-ZrO_2$膜层发射率，使用红外发射率仪进行测量，得到的结果如图7.13所示，可以明显看出，镁合金表面经过PED技术处理后其发射率显著提升，且随着电流密度增大，膜层发射率先增大后减小，其变化趋势与膜层厚度变化相一致，较厚的膜层能够有效阻止辐射到达基体表面，且膜层发射率随其厚度增加而增大，两者成正比关系。因此，膜层厚度是影响随电流密度而变化的膜层发射率的主要因素。

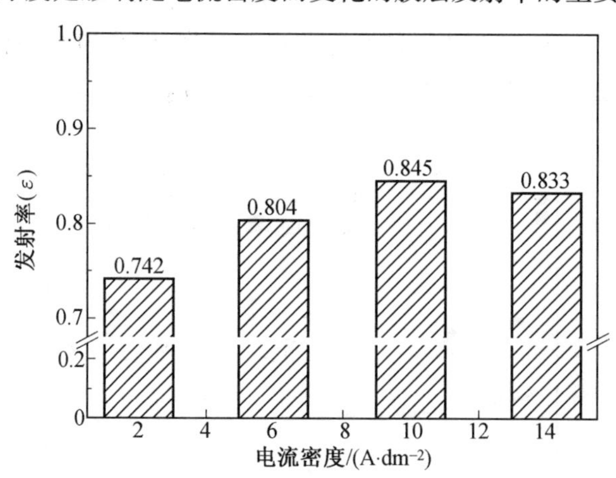

图7.13　电流密度对PED膜层发射率的影响

对于$MgO-ZrO_2$白色不透明陶瓷材料而言，其在短波区的消光系数无限接近于0，根据菲涅耳方程(Fresnel方程)可知，膜层α_s仅与其自身折射率有关，不同电流密度下$MgO-ZrO_2$膜层的漫反射光谱曲线如图7.14所示。

随着电流密度增大，膜层α_s分别为0.456、0.417、0.379和0.428。当电流密度小于10 A/dm^{2}时，随着电流密度增大，膜层α_s逐渐减小，这可能与膜层的晶粒结晶程度有关，如图7.12中在30.3°处的ZrO_2衍射峰，明显地随电流密度增大而呈现(011)晶面择优取向特征,即结晶程度和相对含量逐渐升高,则 ZrO_2 膜层折射率增加,理论设计表明 ZrO_2 有助于 MgO 膜层折射率增大及其 α_s 降低,因而膜层 α_s 随电流密度增大而降低。但是,随着电流密度继续增大,膜层表面粗糙度随之增大,造成光辐射在空气-膜层界面处的散射和吸收增强,即漫反射作用增强,导致 α_s 升高[40]。因此,当电流密度为 10 A/dm^2 时,MgO-ZrO_2 陶瓷膜层的热控性能较佳。

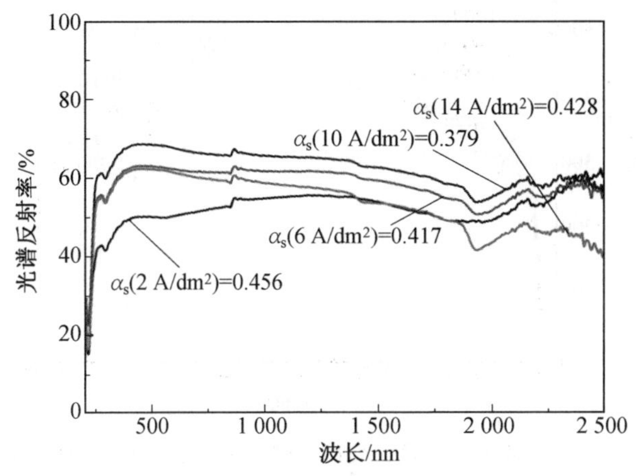

图 7.14　不同电流密度下 MgO-ZrO_2 膜层的漫反射光谱曲线

7.1.4　电源频率对 MgO-ZrO_2 膜层结构和性能的影响

电源频率的物理意义为单位时间内脉冲的振荡次数,是 PED 技术重要的工艺参数之一。改变频率可控制单位微等离子体放电时间和火花密度,对 PED 膜层的结构和性能有显著作用,本节通过调节电源频率来研究其对 PED 膜层微观形貌、相组成和热控性能的影响。

1. 电源频率对氧化过程中电压的影响

设定电源电流密度为 10 A/dm^2、占空比为 10%、反应时间为 10 min,不同电源频率下膜层成膜过程中阳极电压随时间的变化曲线如图 7.15 所示,终止电压随频率增大而降低,依次为 514 V、510 V、486 V 和 475 V,但下降幅度较小,这是由于频率升高使得膜层在单位时间的电击穿次数增多,而在单位脉冲周期内的电源能量注入则相应降低,但是电源总能量输入由其电流密度和电源占空比所决定,造成电压降幅不大。随着频率增加,阳极起弧电压时间延后,以致火花放电期间的工作电压相应较低;膜层生长为击穿和重塑熔融过程,高频率致使单位时间的火花密度升高,但是单位脉冲的低能量注入造成熔融氧化物喷射较少，导致膜层生长速率和其粗糙度下降，但却利于致密度的提高，因而微弧放电阶段初期工作电压因高致密度膜层的高电阻率而有所升高；随着反应过程的进行，高频低能量的微区火花并不利于膜层生长和表面粗糙度提高，而低频率则有助于膜层厚度和表面粗糙度增大，并有助于提高发射率。

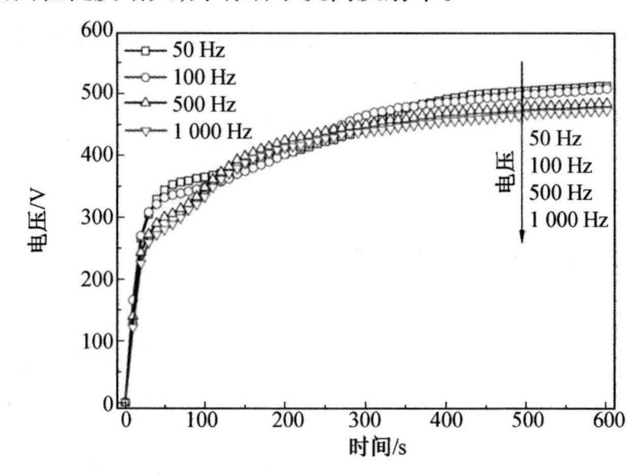

图7.15　不同电源频率下膜层成膜过程中阳极电压随时间的变化曲线

2. 电源频率对膜层微观形貌的影响

在PED反应过程中，单位矩形的脉冲能量 E_m 与脉冲电压 U_m、电流强度 I_m 和脉冲宽度 L_m 有关，其理论公式为[41]

$$E_m = U_m I_m L_m = \frac{U_m^2 D}{Rf} \tag{7.1}$$

式中，D 为占空比；f 为频率(Hz)；R 为单位脉冲所产生的放电回路等效电阻。

由此可知，随着电源频率增大，单位脉冲能量减小，单位脉冲期间膜层击穿的能量注入就减小，微弧放电持续时间和其强度减小，反之亦然。由图7.16可知，随着频率增大，膜层表面微孔数量增多且其孔径逐渐减小，致密性随之增大；高频率导致单脉冲期间所生成的熔融产物减少，不利于膜层生长，且在低能量脉冲下放电通道较小，造成微孔孔径较小；单位时间火花放电次数增多，可有效抑制过多电荷积累所引起的局部弧光放电，但直径较小且较高密度的放电微孔致使熔融产物产出较少，使膜层生长更为均匀平整，即随着频率增大，膜层表面粗糙度逐渐减小，与图7.18测试结果相符，这有利于膜层 α_s 的降低。

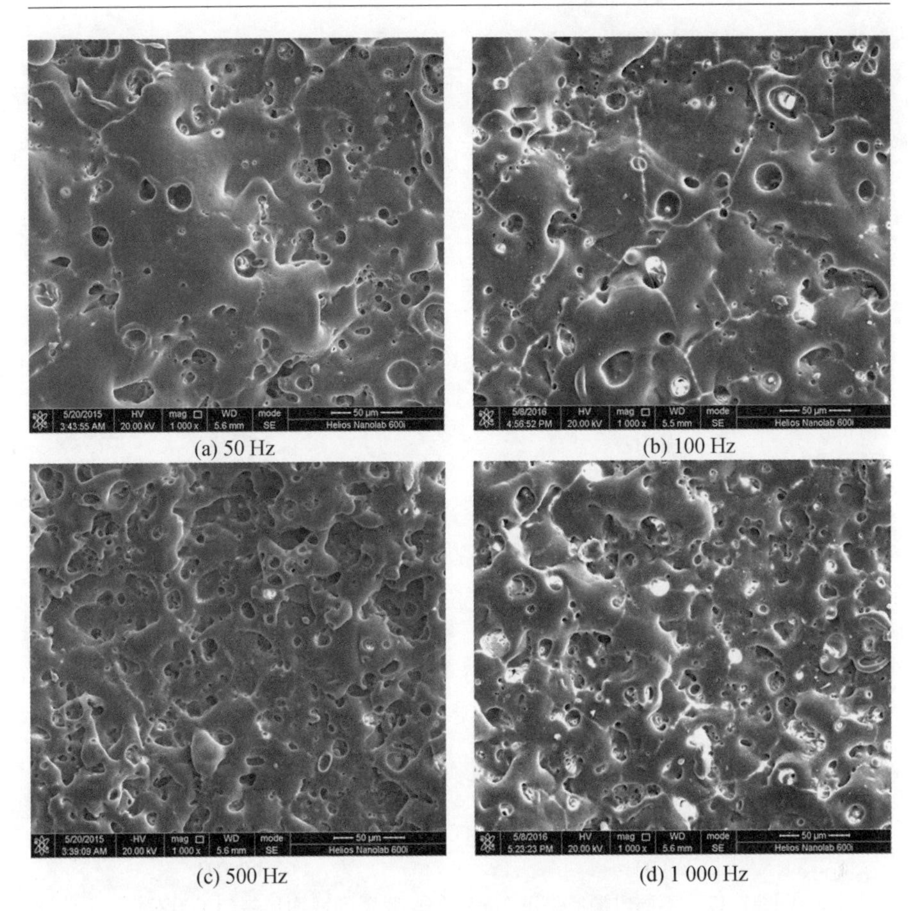

(a) 50 Hz (b) 100 Hz

(c) 500 Hz (d) 1 000 Hz

图 7.16 不同电源频率下制备 PED 膜层的表面 SEM 照片(1 000×)

不同电源频率下 $MgO-ZrO_2$ 膜层的截面形貌如图 7.17 所示,膜层具有明显的双层结构,在其与基体界面处存在过渡层且较高的频率下该界面处较为均匀,说明膜层生长更为均匀,也同时表明高频率低能量的火花放电强度在基体表面较小。从图 7.18 可以明显看出,随着电源频率的增大,膜层厚度逐渐降低且降幅较大,依次约为 35.4 μm、33.1 μm、24.7 μm 和 19.4 μm,可知膜层生长速率随频率增大而呈现逐渐减小的趋势,相比于 50 Hz 时的膜层厚度,1 000 Hz 时的厚度下降幅度达 45.2%。PED 膜层的成膜速度主要取决于单位脉冲放电能量,根据式(7.1)可知,在电流密度和占空比固定时,单位脉冲能量由脉冲宽度大小(即单位脉冲放电持续时间)决定,高频率下阳极表面的火花放电时间缩短,则电击穿能量下降,以致生长速率降低和膜层厚度减小,进而能够造成膜层发射率下降。

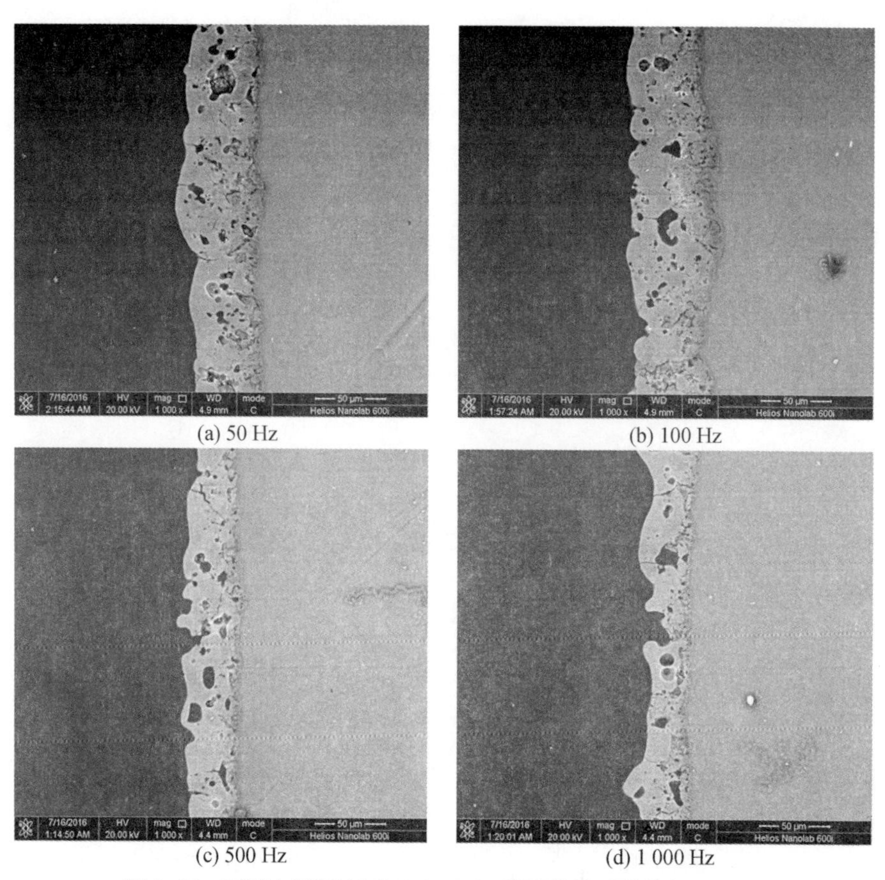

(a) 50 Hz　(b) 100 Hz　(c) 500 Hz　(d) 1 000 Hz

图 7.17　不同电源频率下 $MgO-ZrO_2$ 膜层的截面形貌(1 000×)

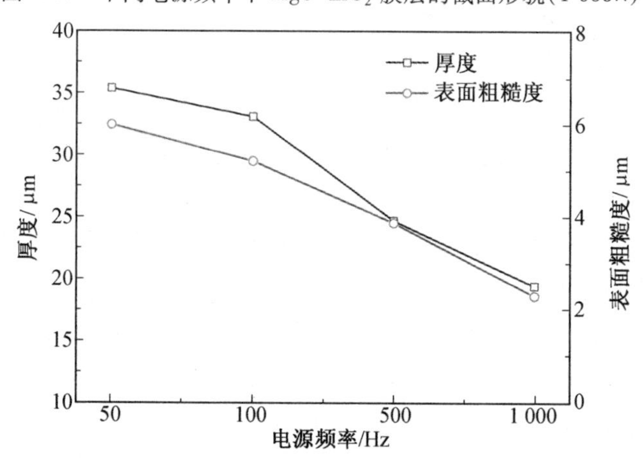

图 7.18　电源频率对 PED 膜层厚度和表面粗糙度的影响

3. 电源频率对膜层相组成的影响

不同电源频率下 $MgO-ZrO_2$ 膜层的 XRD 谱图如图 7.19 所示，随着电源频率的增大，膜层中晶格类型和种类并未改变，即 MgO、ZrO_2 和 $Mg_{0.13}Zr_{0.87}O_{1.87}$。就衍射峰的变化而言，不同频率下膜层物相的相对强度差异不大，远小于电流密度对其的影响，这时电源所提供的电场驱动作用基本不受频率影响，即阳极表面所获得的总能量注入近似相同。当频率由 100 Hz 升至 500 Hz 时，ZrO_2 晶面(011)衍射峰强度和宽度稍微增大，这可能是由于不同频率下单位时间的电场功率近似相同，即脉冲峰值电流不变，随着频率升高，单位阳极表面的火花密度增大，在单位面积内膜层表面熔融产物的重熔重塑次数增多，即对氧化产物的反复熔融烧结作用增强，有利于物相结晶度的提高，因而 ZrO_2 衍射峰强度有些许提高但无明显择优取向特征。

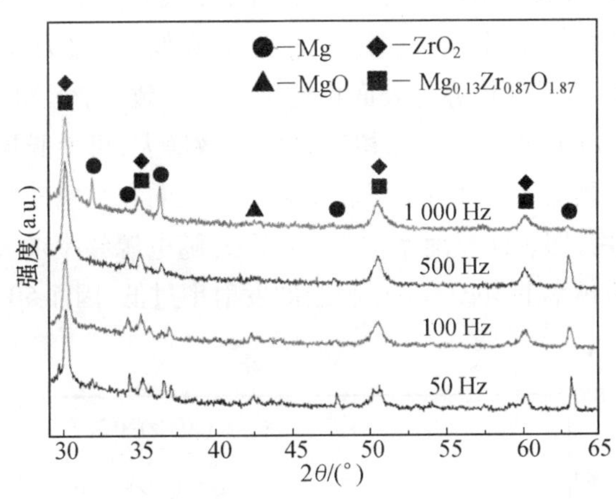

图 7.19 不同电源频率下 $MgO-ZrO_2$ 膜层的 XRD 谱图

4. 电源频率对膜层热控性能的影响

不同电源频率下 $MgO-ZrO_2$ 膜层的发射率如图 7.20 所示，很明显，随着电源频率的增大，发射率随之减小，且降幅较大，相比于 50 Hz 时的发射率，1 000 Hz 时的发射率下降了 0.08。根据热控膜层结构理论分析可知，膜层发射率与其厚度和表面粗糙度成正比关系，其变化趋势与厚度和粗糙度表面变化一致，较薄的膜层对红外辐射的阻止本领较小，同时低粗糙表面也能够增加表面镜面反射能力，造成膜层发射率随频率增大而减小。

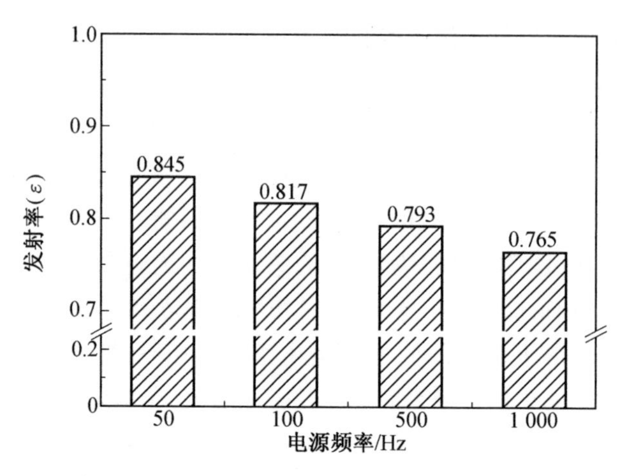

图7.20　不同电源频率下 $MgO-ZrO_2$ 膜层的发射率

电源频率对 $MgO-ZrO_2$ 膜层光谱反射率的影响如图7.21所示，通过计算可知，随着电源频率增大，膜层 α_s 逐渐降低，依次为0.379、0.371、0.363和0.354，其下降趋势与表面粗糙度变化一致；结合XRD分析可知，随着频率增加，ZrO_2 相结晶性和相对含量稍微增大，可使膜层材料折射率升高，也有利于膜层 α_s 降低；平滑膜层表面可减弱在与空气界面处光辐射的散射吸收作用，即表面反射率增强，因而 α_s 随电源频率增大而降低。通过分析可知，高频率下 $MgO-ZrO_2$ 膜层的发射率过低，因而50 Hz为最佳电源频率。

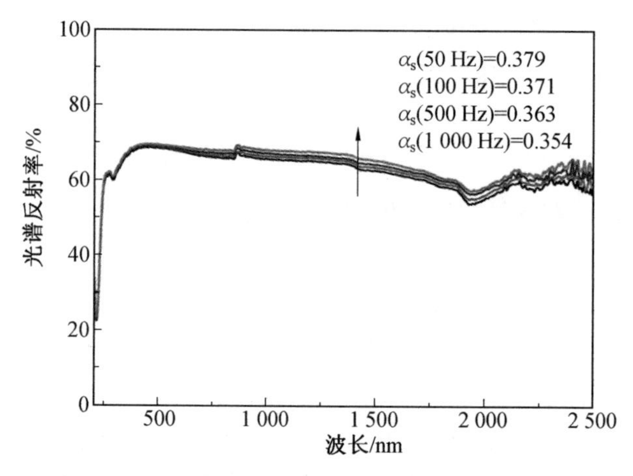

图7.21　电源频率对 $MgO-ZrO_2$ 膜层光谱反射率的影响

7.1.5　电源占空比对 $MgO-ZrO_2$ 膜层结构和性能的影响

电源占空比为单位脉冲周期中正向脉冲持续时间与整个单位脉冲时间之比,是 PED 氧化过程的主要影响因素之一。调节占空比能够改变阳极表面微等离子体放电特性,从而调控 PED 膜层的结构和性能。

1. 电源占空比对氧化过程中电压的影响

固定电源参数(10 A/dm^2、50 Hz 和 10 min),不同电源占空比下 PED 氧化过程中阳极电压-时间的变化曲线如图 7.22 所示,随着电源占空比的增加,阳极工作电压均随之降低,终止电压依次为 514 V、496 V、480 V 和 452 V,其原因为:脉冲电源的重要功能之一是将交流正弦波形转换为脉冲方波波形,在电流密度和频率固定时,即电流/电压峰值和单位脉冲宽度一定的情况下,按照面积等效原理[42],输出电压随着电源占空比增大而相对有所下降;且根据式(7.1)可知,随着电源占空比增大,其中输出电压的降幅相较电源占空比增幅较小,因而单位脉冲能量随之增大,单位脉冲周期内能量注入升高,膜层单位面积的火花能量强度增大,电解液与膜层界面的熔融产物产出增多,以致膜层生长速率和表面粗糙度增大,有利于增强膜层的发射性能。

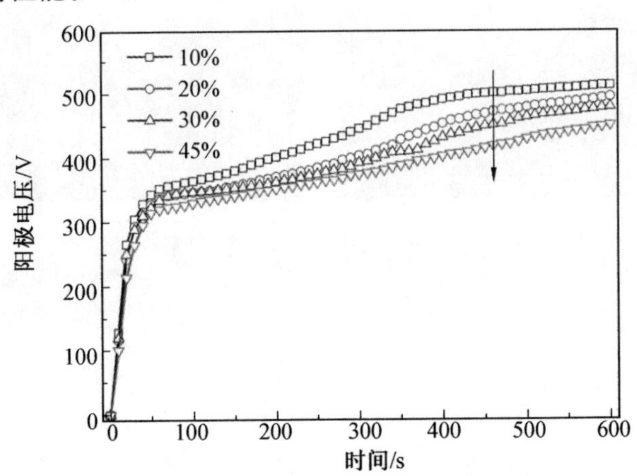

图 7.22　不同电源占空比下 PED 氧化过程中阳极电压-时间的变化曲线

2. 电源占空比对膜层微观形貌的影响

不同电源占空比下 $MgO-ZrO_2$ 膜层的表面形貌如图 7.23 所示,膜层表面无规律地分布有大小不均的微米孔洞,且相互之间互不连通,呈典型的网络状微孔镶嵌结构。从图 7.23 中可观察到,随着电源占空比增大,微孔数目逐渐减少,但其孔径增大,孔隙周围的凸起越加明显。电源占空比为单位脉冲电流导通时间占整个周期的比例,电源占空比增大说明同等时间内阳极反应时间延长,熔融产物受电解液冷淬而凝固过程的时间缩短,可降低PED过程中的能量损耗,相当于实际反应时效提高;较小电源占空比下的单位脉冲能量较低,给予熔融产物的固化时间延长可便于微孔愈合,较小的火花能量造成熔融产物产出较少以及微孔孔径减小,致使膜层生长速率和表面粗糙度下降;电源占空比较大时,单位脉冲能量较大且放电时间延长,阳极表面反应较为剧烈且放电通道较大,高的能量注入使得较多熔融产物生成并喷出放电通道,在冷电解液作用下凝固并堆积于通道周围,形成孔径较大的放电微孔和凹凸起伏较大的微观表面,造成膜层厚度和表面粗糙度增大,与图7.23测试结果相符,因而高电源占空比能够提高膜层发射率。

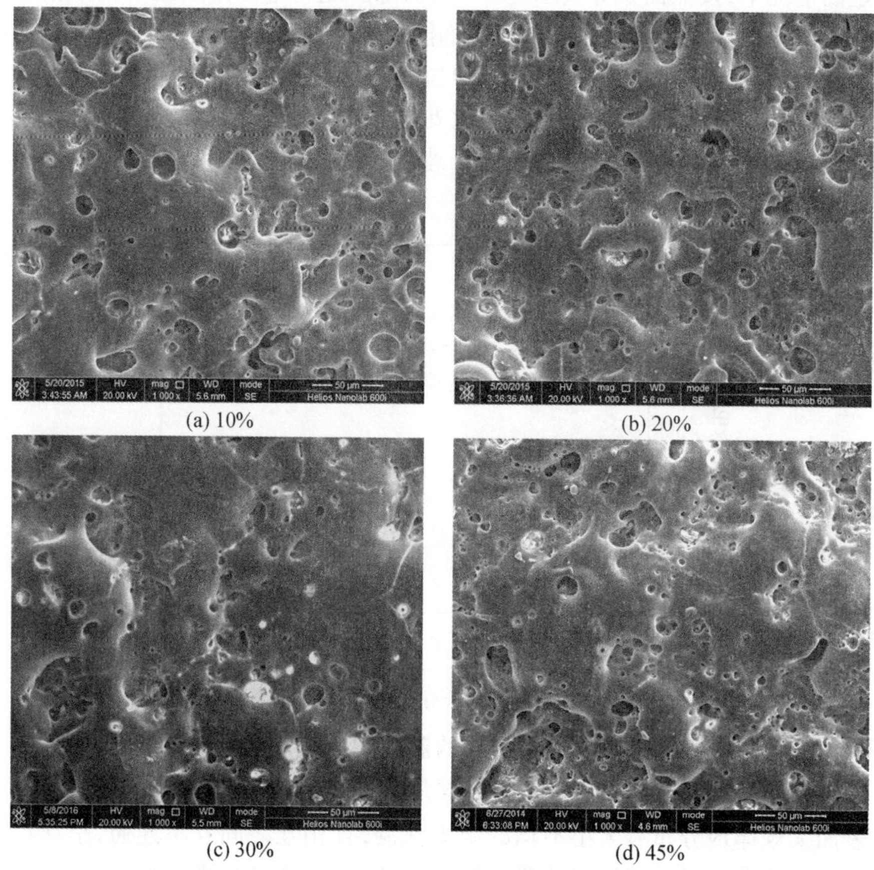

(a) 10%　(b) 20%　(c) 30%　(d) 45%

图7.23　不同电源占空比下 $MgO-ZrO_2$ 膜层的表面形貌(1 000×)

对于双极对称脉冲电源而言,其脉冲参数对膜层生长过程的影响归结为同等时间内的单位脉冲能量和宽度。不同电源占空比下 $MgO-ZrO_2$ 膜层的截面形貌如图 7.24 所示,膜层呈典型的双层结构,在其与基体界面处有明显的过渡层存在;随着电源占空比增大,单位脉冲能量增大,以致放电微孔较大,由其内部喷出的熔融产物增多,使膜层厚度和表面粗糙度增加。

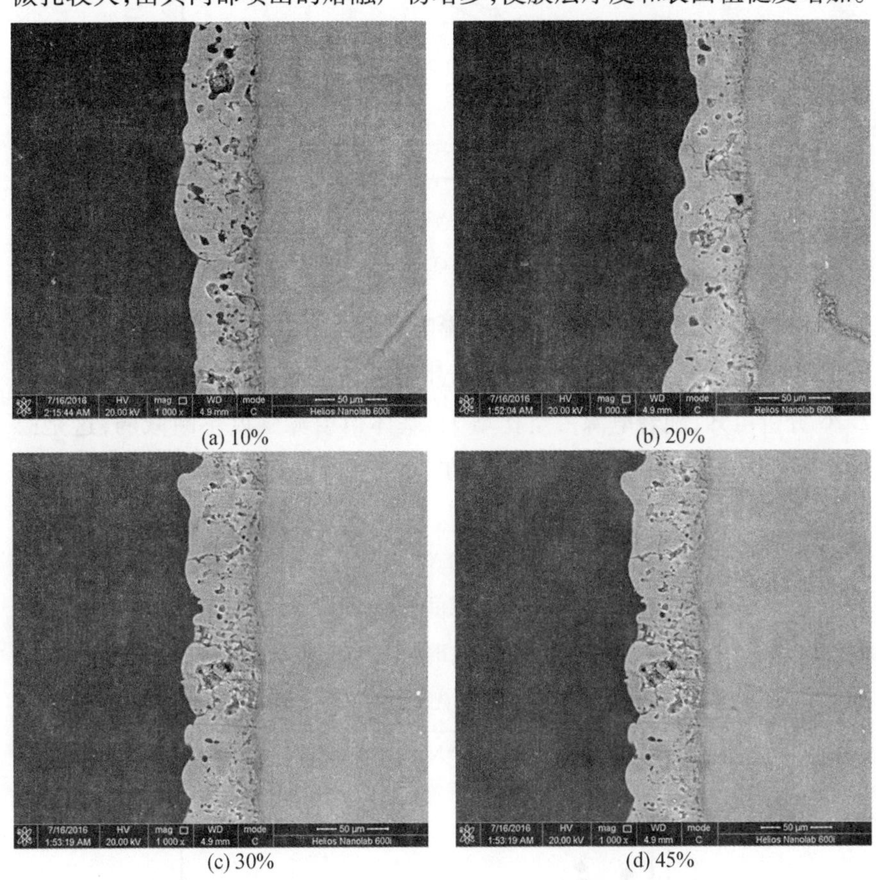

图 7.24　不同电源占空比下 $MgO-ZrO_2$ 膜层的截面形貌(1 000×)

由图 7.25 可知,膜层厚度和表面粗糙度随电源占空比增大而逐渐增加,其中厚度依次为 35.4 μm、41.3 μm、45.7 μm 和 52.2 μm,因而电源占空比增大可提高膜层的增厚效应,这是由于电源占空比增大可延长单位脉冲周期内的放电时间,以致单位脉冲能量增大,膜层生长速率提升,有助于膜层发射率的提高。

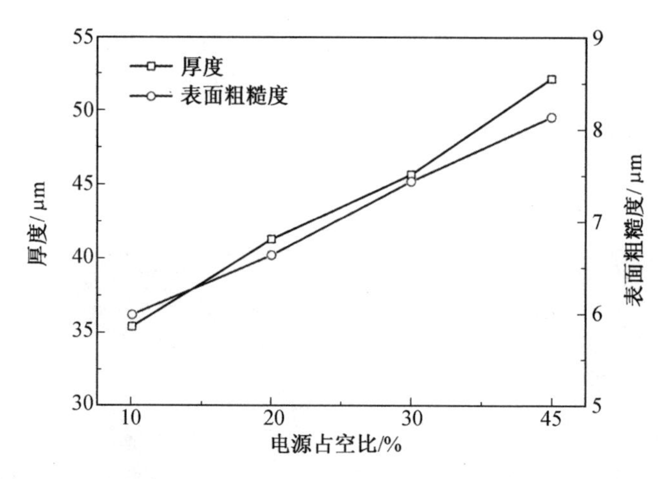

图7.25　电源占空比对 $MgO-ZrO_2$ 膜层厚度和表面粗糙度的影响

3. 电源占空比对膜层相组成的影响

电源占空比对 $MgO-ZrO_2$ 膜层相组成的影响如图7.26所示，从图7.26分析可知，随着电源占空比增大，基体衍射峰强度不断减弱，这是膜层厚度不断增加的缘故；且明显地，在30.3°和50.7°处的 ZrO_2 晶面(011)和(020)衍射峰强度和宽度随之下降，呈现出择优取向特征，这是由于较小电源占空比下在单位放电脉冲中的单位脉冲功率较大，正如图7.22所示，低电源占空比的输出电压较高，即瞬间放电能量较高，有利于膜层结晶性的增强。此外，低电源占空比的断电时间较长，使熔融产物能够完全冷凝固化，且放电所产生的热量可用于熔融产物充分的氧化结晶；反之，对于较

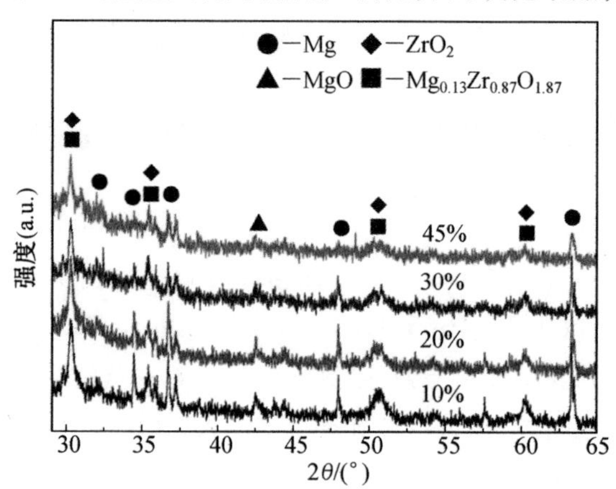

图7.26　电源占空比对 $MgO-ZrO_2$ 膜层相组成的影响

大的电源占空比，其单位脉冲能量较大但单位时间放电功率较小，断电时间较短，熔融产物凝固时间缩短，未能够完全结晶即被再次熔融或被后续熔融产物覆盖，不利于陶瓷相结晶度的增强，以致 $MgO-ZrO_2$ 复合陶瓷折射率下降，造成膜层 α_s 增大。

4. 电源占空比对膜层热控性能的影响

不同电源占空比下 $MgO-ZrO_2$ 的膜层发射率如图 7.27 所示，由图 7.27可以看出，随着电源占空比增大，膜层发射率随之增加，其增加趋势与厚度和表面粗糙度的变化规律相一致，相较于电源占空比为 10% 时的膜层发射率，电源占空比为 45% 时的膜层发射率增加了 0.028。根据膜层厚度和表面粗糙度与其膜层发射率的理论关系可知，随着电源占空比增大，膜层发射率增加主要是由于其厚度和表面粗糙度的上升，即厚的膜层有较高的辐射吸收能力，粗糙平面则能够增强其漫反射本领，进而造成膜层发射率提高。

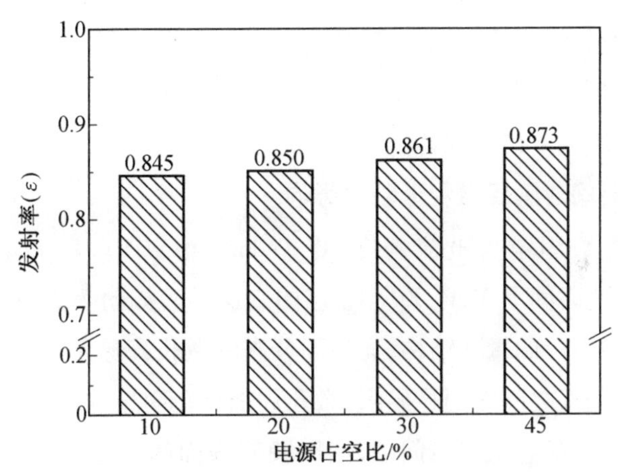

图 7.27 不同电源占空比下 $MgO-ZrO_2$ 的膜层发射率

根据 XRD 分析结果可知，随着电源占空比增大，膜层折射率降低，但其表面粗糙度随之增加，两者变化规律均不利于膜层太阳吸收率的提高。根据图 7.28 所示的漫反射光谱曲线，通过计算表明，随着电源占空比增大，膜层 α_s 依次为 0.379、0.395、0.399 和 0.403，其增大趋势与表面粗糙度变化规律相一致。根据热控原理可知，当电源占空比为 45% 时，$MgO-ZrO_2$ 膜层的热控性能较好。

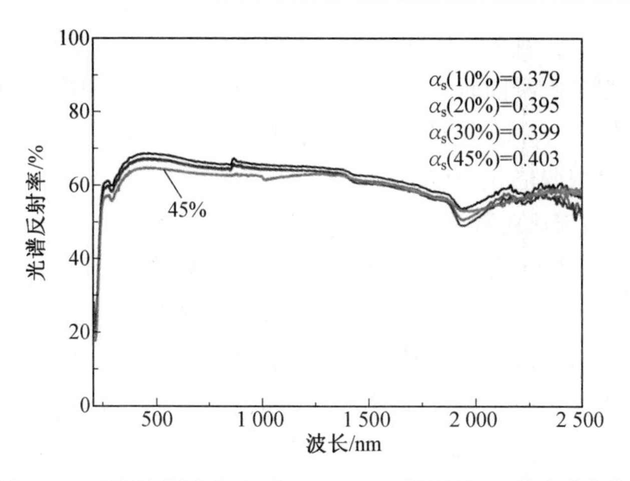

图7.28　不同电源占空比下 $MgO-ZrO_2$ 膜层的漫反射光谱曲线

7.1.6　氧化时间对 $MgO-ZrO_2$ 膜层结构和性能的影响

氧化时间直接决定阳极表面放电击穿时间的长短，在微弧放电终止前，氧化时间延长，则膜层生长时间延长，直接增加了膜层厚度和表面粗糙度，从而影响膜层的结构和性能。

1. 氧化时间对膜层微观形貌的影响

将电源参数固定为电流密度 10 A/dm²、频率 50 Hz 和电源占空比 45%，不同氧化时间下 $MgO-ZrO_2$ 膜层的表面形貌如图 7.29 所示，膜层表面均存在大小不一的微孔结构，无规则分布的微孔表现为搭接生长和层次覆盖现象，且相互之间无明显界限；微孔周围存在明显的熔融烧结痕迹，且相互覆盖咬合。随着氧化时间的延长，膜层表面的孔隙数量减少，但是孔径逐步增大。

不同氧化时间下 $MgO-ZrO_2$ 膜层的截面形貌如图 7.30 所示，膜层从外向内均主要由疏松、致密和过渡 3 层结构组成，微孔从基体向外逐渐增多和增大。随着氧化时间延长，膜层内部孔洞孔径相对增大，膜层厚度显著增加；在反应过程中，较厚的膜层造成依靠内部基体熔融来其维持生长受限，因而膜层生长后期以向外生长为主。

氧化时间对 $MgO-ZrO_2$ 膜层厚度和表面粗糙度的影响如图 7.31 所示，从图中可知，随着氧化时间的延长，膜层厚度依次为 19.6 μm、

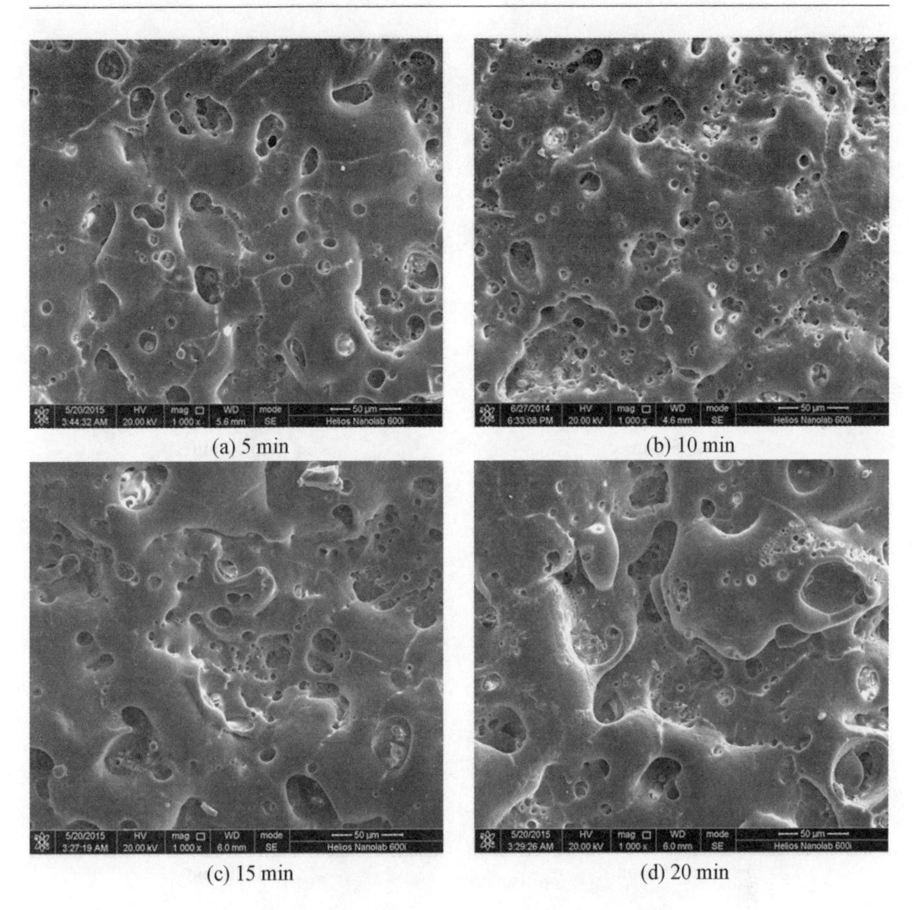

(a) 5 min　(b) 10 min　(c) 15 min　(d) 20 min

图 7.29　不同氧化时间下 $MgO-ZrO_2$ 膜层的表面形貌(1 000×)

52.2 μm、76.1 μm 和 86.9 μm,较长的氧化时间可显著地延长膜层的生长周期,随之增加的膜厚则有利于膜层发射率的提高。

同时,表面凹凸起伏越加显著,表面粗糙度逐步增大,相比于氧化 5 min时膜层的表面粗糙度,氧化 20 min 后其增幅高达 333%;随着氧化时间的延长,阳极膜层生长周期延长,放电通道中熔融产物喷出量不断增加,并不断凝固且填充封闭较小的放电通道,造成膜层厚度不断增加,阳极表面电阻逐渐增加,以至于放电击穿越加困难,所需击穿电压随之升高,造成阳极火花数量稀少及其尺寸增大,此时电击穿只能出现于膜层薄弱区域,造成膜层表面粗糙度逐渐增加,有利于提高膜层发射率。

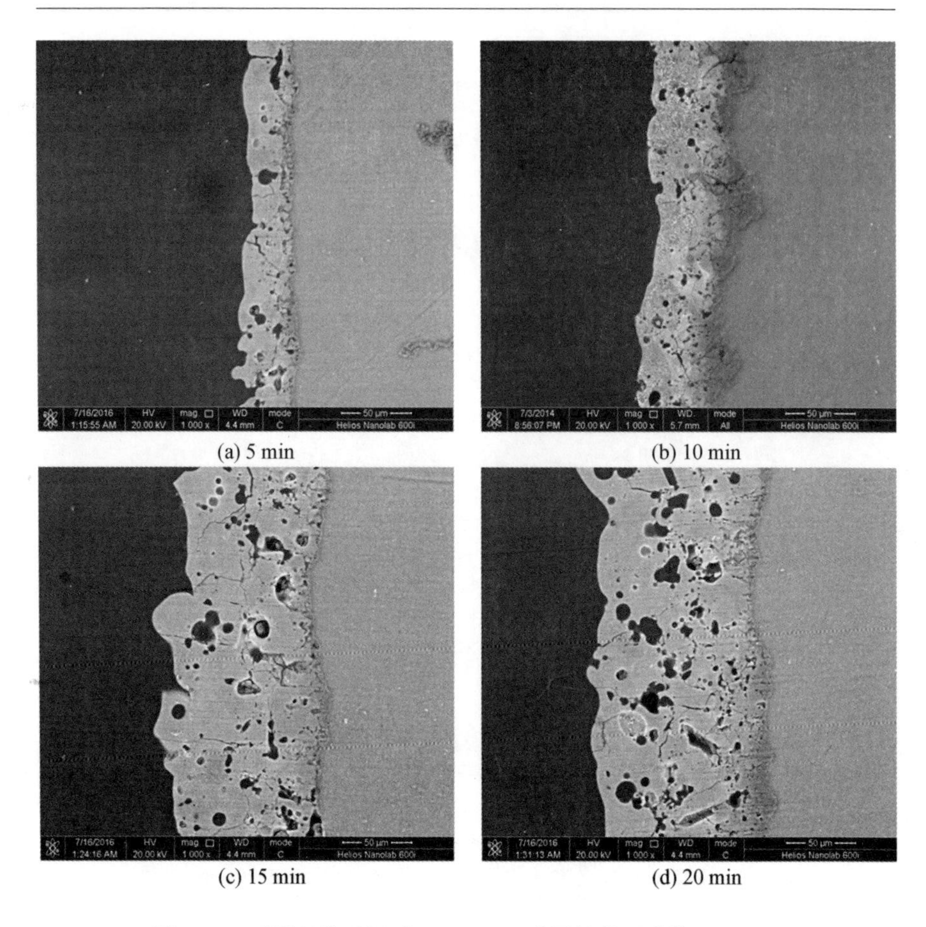

(a) 5 min　(b) 10 min

(c) 15 min　(d) 20 min

图 7.30　不同氧化时间下 $MgO-ZrO_2$ 膜层的截面形貌(1 000×)

2. 氧化时间对膜层相组成的影响

不同氧化时间下 $MgO-ZrO_2$ 膜层的 XRD 谱图如图 7.32 所示，随着氧化时间的延长，基体衍射峰强度不断降低，这是由于较厚膜层对 X 射线可起到一定阻碍作用；ZrO_2 相的衍射峰强度随着时间延长而呈现逐渐增强的趋势，且所检测到的 ZrO_2 相 4 个晶面具有明显的择优取向特征，究其原因是随着阳极表面微等离子体放电持续发生，在较长的膜层生长周期下，膜层在微弧放电持续击穿的高温高压作用下反复熔融烧结过程延长，膜层氧化程度随之越加充分，膜层结晶程度随之提高。

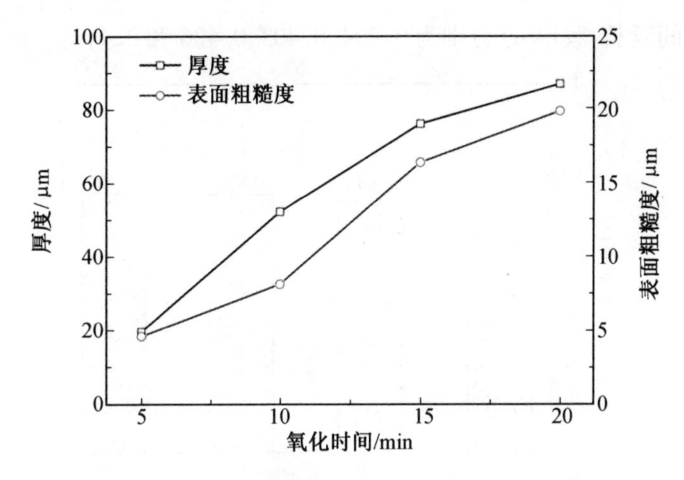

图 7.31 氧化时间对 $MgO-ZrO_2$ 膜层厚度和表面粗糙度的影响

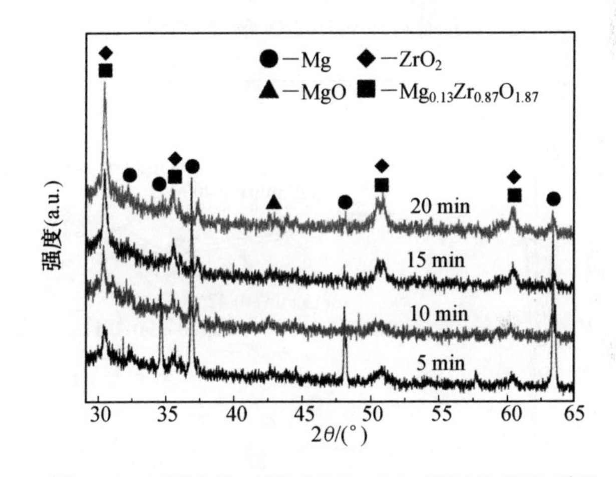

图 7.32 不同氧化时间下 $MgO-ZrO_2$ 膜层的 XRD 谱图

3. 氧化时间对膜层热控性能的影响

随着氧化时间延长，$MgO-ZrO_2$ 膜层的厚度和表面粗糙度随之增大，均有利于膜层发射率的提高，氧化时间对 $MgO-ZrO_2$ 膜层发射率的影响如图 7.33 所示，发射率增大趋势与厚度和表面粗糙度的变化规律一致。但是，氧化 20 min 时所得膜层的发射率相比于氧化 10 min 时的发射率增幅较小，只增加了 0.007，但是厚度增幅却较大，说明在氧化 10 min 时厚度可能达至临界值，为 59.2 μm，以致随着厚度继续增大，发射率基本保持稳定。不同氧化时间下 $MgO-ZrO_2$ 膜层的漫反射光谱曲线如图 7.34 所示，随着氧化时间延长,膜层 α_s 分别为 0.394、0.403、0.426 和 0.443。

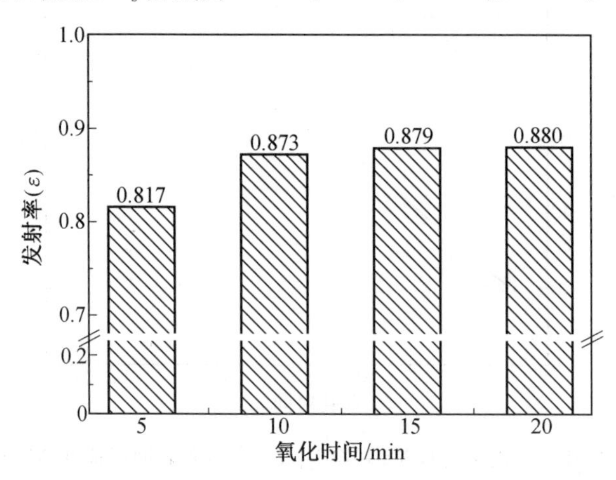

图 7.33 氧化时间对 $MgO-ZrO_2$ 膜层发射率的影响

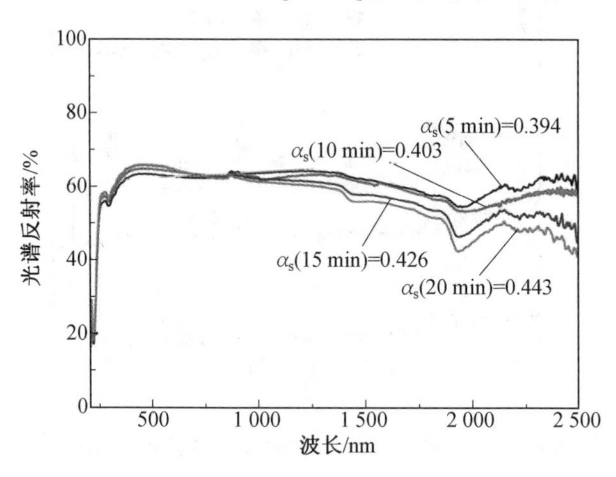

图 7.34 不同氧化时间下 $MgO-ZrO_2$ 膜层的漫反射光谱曲线

通过 XRD 分析可知,膜层折射率随时间延长而增大,有利于 α_s 降低,但是膜层 α_s 变化趋势与其表面粗糙度相一致,表面粗糙度随着时间延长依次为 4.59 μm、8.13 μm、16.42 μm 和 19.89 μm,其增幅较大,因而表面粗糙度增大是膜层 α_s 增加的主要因素,因此,氧化 10 min 时的 $MgO-ZrO_2$ 膜层的热控性能较好。至此,镁合金表面低吸收发射比 $MgO-ZrO_2$ 热控膜层最优技术参数为:电流密度为 10 A/dm^2、频率为 50 Hz、电源占空比为 45% 和氧化时间为 10 min。

将在最优技术参数下所得 $MgO-ZrO_2$ 膜层置于溴/甲醇混合溶液溶解，去除基体金属，获得不带有基体的陶瓷膜层，将其冲洗干燥后称重，而后将其放入装有特定体积蒸馏水的量筒，静置至无气泡为止，用移液管移去量筒中逸出的水量，其即为陶瓷膜层的体积，由此可得膜层密度为 2.231 g/cm^3；通过膜层表面 EDS 分析可知，其表面含有 Mg、O、Zr、Na、K 和 P 6 种元素，并分析了各元素相应的质量分数和原子数分数，如图 7.35 所示。假设膜层中 Zr 原子与 O 原子按标准化学计量，即每个 Zr 原子匹配两个 O 原子，根据膜层密度，则可得出 ZrO_2 体积分数约为 10%。

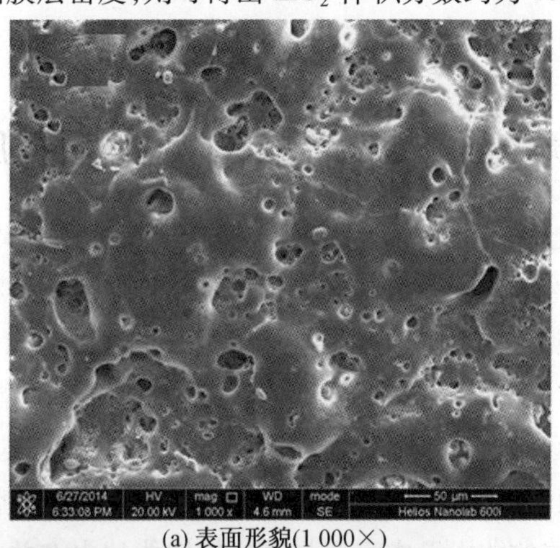

(a) 表面形貌(1 000×)

元素	质量分数/%	原子数分数/%
O	38.98	58.98
Na	3.01	3.17
Mg	14.93	14.87
P	21.23	16.59
K	1.71	1.06
Zr	20.13	5.34

P
Zr
Mg
O
Na
K
Zr
Zr
K
K
0 1 2 3 4 5 6 7
keV

(b) EDS分析

图 7.35　镁合金 $MgO-ZrO_2$ 热控膜层的表面形貌和元素分析

采用PED技术在镁合金表面原位构筑了低吸收发射比的热控膜层，锆盐体系中所制备的$MgO-ZrO_2$膜层的热控性能较好；通过正交优化试验确定了电解液组成：30 g/L的$Na_5P_3O_{10}$、10 g/L的$Zr(NO_3)_4$、1.5 g/L的KOH、1 g/L的Na_2EDTA和0.5 g/L的NaF。当电流密度为10 A/dm^2、频率为50 Hz、电源占空比为45%和氧化时间为10 min时，$MgO-ZrO_2$热控膜层性能最佳，其发射率为0.873，太阳吸收率为0.403；热控膜层呈典型的多孔结构，主要由MgO、ZrO_2和$Mg_{0.13}Zr_{0.87}O_{1.87}$组成，$ZrO_2$的掺杂增强了镁合金表面膜层的低吸收发射比特性。

7.2 镁合金表面热控膜层空间紫外效应研究

热控膜层在紫外辐照、原子氧和带电粒子辐射等空间环境作用下会产生损伤效应，其性能退化会影响航天器热控制管理系统的稳定可靠性，其中，空间紫外辐照是造成热控膜层热性能退化的主要因素[43]，为此，有必要针对性地对镁合金表面热控膜层在紫外辐照作用下的结构组成和热控性能的演化规律进行系统研究。本节主要讲述紫外辐照对镁合金表面热控膜层的外观颜色、质量损失率、微观结构、化学组成和热控性能的影响规律，分析热控膜层的结构组成演变与其热控性能的内在关系，探讨热控膜层紫外辐照损伤效应。

7.2.1 紫外辐照对热控膜层结构和性能的影响

1. 紫外辐照对膜层热控性能的影响

采用空间紫外辐照模拟设备对镁合金表面热控膜层进行辐照试验，原位测试了辐照前后热控膜层的热控性能，分别对不同紫外辐照时间下镁合金表面热控膜层的发射率和太阳吸收率进行了测试，如图7.36和图7.37所示。由图7.36可见，随着辐照时间的延长，膜层发射率略有增大，未出现较大波动，即紫外辐照对热控膜层发射率的影响较小。从图7.37可以明显看出，随着辐照时间增加，热控膜层α_s呈现先增大后放缓的趋势，紫外辐照初期热控膜层α_s退化得较快，但在辐照后期增长幅度较小，可能是由于热控膜层表面的色心浓度达到饱和。

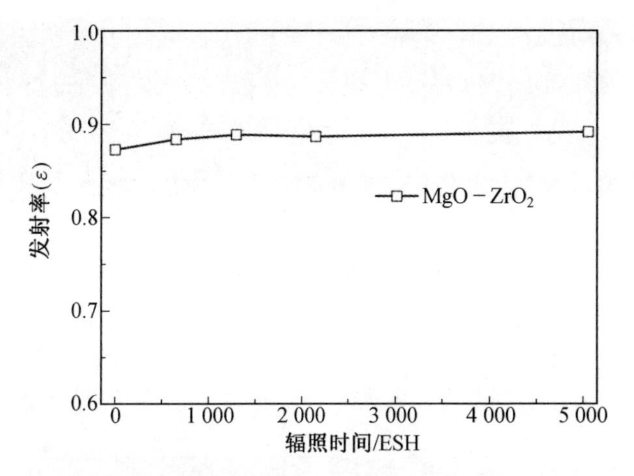

图 7.36　紫外辐照对镁合金表面热控膜层发射率的影响

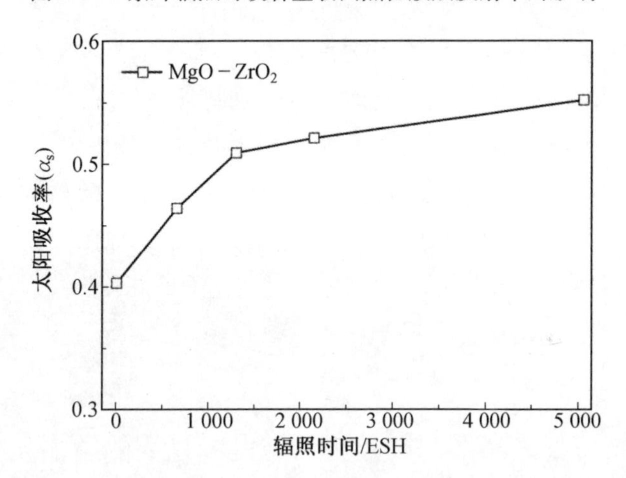

图 7.37　紫外辐照对镁合金表面热控膜层太阳吸收率的影响

2. 紫外辐照对膜层表面状况的影响

镁合金 $MgO-ZrO_2$ 热控膜层在紫外辐照作用下的表面颜色变化如图 7.38 所示，按辐照时间长短从左至右依次为 0 ESH、655 ESH、1 300 ESH、2 150 ESH和 5 062 ESH，随着紫外辐照时间增加，热控膜层表面着色显著加深，由初始的白色逐渐变为浅黄色、黄色直至较深的黄褐色，黄色表面颜色是试样吸收黄色补光(蓝紫光)的缘故[44]；从图 7.38 可知，$MgO-ZrO_2$ 膜层在可见光区理论上不产生光谱吸收，具有较高的光反射性能，其表面颜色呈现为白色，其在紫外辐照作用下产生了变色或暗化现象；且随着辐照时间延长，撞击膜层表面的紫外光子数目随之增多，致使膜层表面暗化作用加剧，使热控膜层温控能力发生退化。

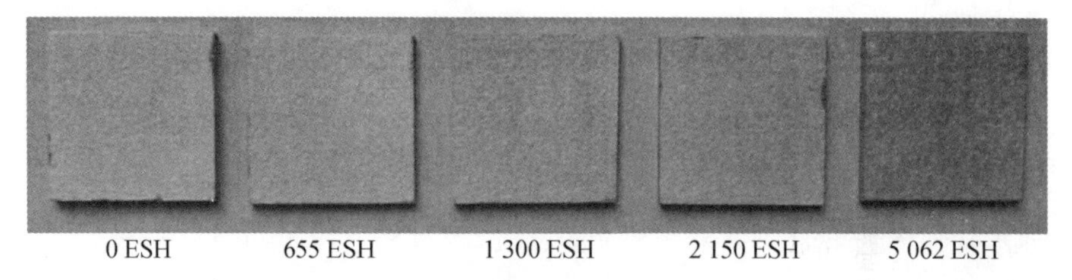

图7.38　镁合金 $MgO-ZrO_2$ 热控膜层在紫外辐照作用下的表面颜色变化

为了进一步了解紫外辐照对 $MgO-ZrO_2$ 热控膜层表面形貌的影响，采用扫描电镜对辐照前后热控膜层的微观形貌进行分析，如图7.39所示。

图7.39　不同紫外辐照时间下镁合金 $MgO-ZrO_2$ 热控膜层的微观形貌(30×)

辐照前热控膜层为典型的PED多孔形貌；通过观察辐照后热控膜层的表面形貌发现，辐照后的膜层表面形貌未出现明显的表面开裂和裂纹滋生，即辐照前后膜层表面形貌无较大差异，仍保留典型的多孔形貌结构，表明紫外辐照未对 $MgO-ZrO_2$ 热控膜层微观表面结构产生辐照损伤。

3. 紫外辐照对膜层质量损失率的影响

在紫外辐照试验后，采用高精度天平对辐照前后镁合金表面热控膜层的质量损失进行了测量,其质量损失率计算结果如图 7.40 所示,从质量损失率数值来看,膜层在紫外辐照作用下的质量损失率极小;随着紫外辐照时间延长,热控膜层质量损失率先增大后趋于平缓,且在辐照初期质量损失率增长较快,在辐照持续 2 150 ESH 后,膜层质量损失率基本维持不变。质量损失出现可能涉及 3 个方面[45]:①膜层表面所吸附的小分子物质(如 H_2O 等);②在 PED 氧化过程中,残留于膜层中痕量的电解液物质或者其内部的易挥发副产物;③在紫外辐照作用下,膜层表面的部分组分可能发生了分解,致使热控膜层产生了质量损失。随着紫外辐照时间达到一定数值(2 150 ESH)时,膜层表面易挥发物质挥发完毕,因而在紫外辐照后期的膜层质量损失率基本不变,综上所述,整体上紫外辐照对镁合金表面热控膜层质量损失率影响较小。

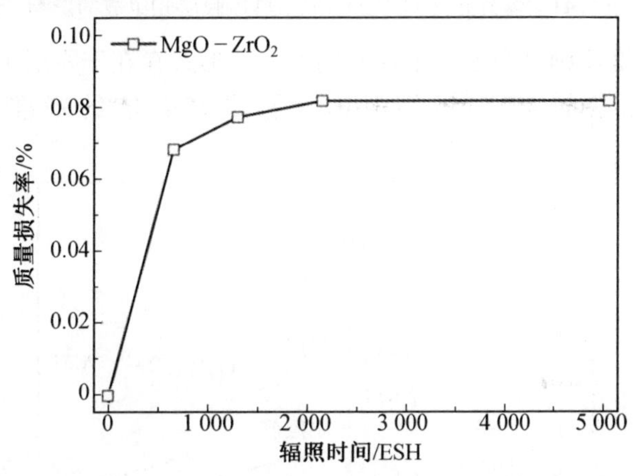

图 7.40　不同辐照时间下镁合金表面热控膜层的质量损失率

7.2.2　镁合金表面热控膜层的紫外辐照损伤效应分析

紫外辐照对 $MgO-ZrO_2$ 热控膜层相组成的影响如图 7.41 所示,从图 7.41 可以看出,紫外辐照试验后,相组成依旧有 MgO、ZrO_2 和 $Mg_{0.13}Zr_{0.87}O_{1.87}$,随着紫外辐照时间延长,膜层各物相衍射峰无较大变化。

为了能够检测紫外辐照对膜层组成的影响,采用 XPS 对紫外辐照前后 $MgO-ZrO_2$ 热控膜层进行电子能谱分析,以验证紫外辐照前后膜层中各元素的存在形式,紫外辐照前和辐照后(5 062 ESH)$MgO-ZrO_2$ 热控膜层的 XPS 全谱图如图 7.42 所示。从 XPS 分析结果可知,辐照前后膜层的元素并未改变,即 Mg、O、Zr、Na、P 和 K,其中,Mg 元素来自于镁合金基体,其他元素则来源于电解液。结合 XRD 分析结果可知,P 元素以非晶态形式

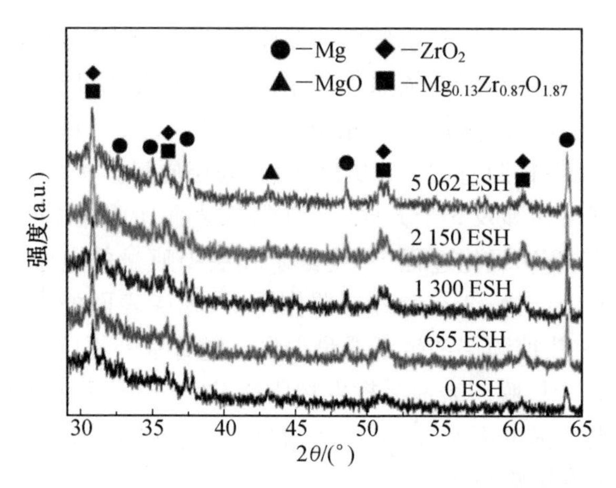

图7.41　紫外辐照对 $MgO-ZrO_2$ 热控膜层相组成的影响

存在,而 Na 和 K 则是遵循电中性原则以离子形式存在于膜层中,采用 C1s 峰校准各元素的结合能峰位,即其标准结合能的基准位置标定于284.60 eV。

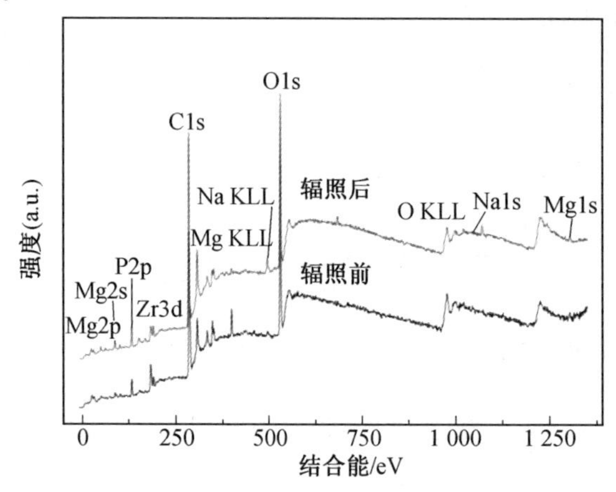

图7.42　紫外辐照前后 $MgO-ZrO_2$ 热控膜层的 XPS 全谱图

紫外辐照前后 Zr3d 峰的高分辨 XPS 谱图,如图 7.43 所示。

从图 7.43(a)可知,辐照后的 Zr3d 峰位强度较辐照前有所降低,是由于 Zr 元素在紫外辐照作用下产生了辐照损失,或者是 ZrO_2 晶格结构被紫外光子所破坏,即部分 Zr—O 键可能发生断裂,造成 Zr3d 峰位强度较低;且从图 7.43(b)的分析结果可知,辐照后的膜层中 Zr 元素的存在形式仍以 ZrO_2 为主[46]。

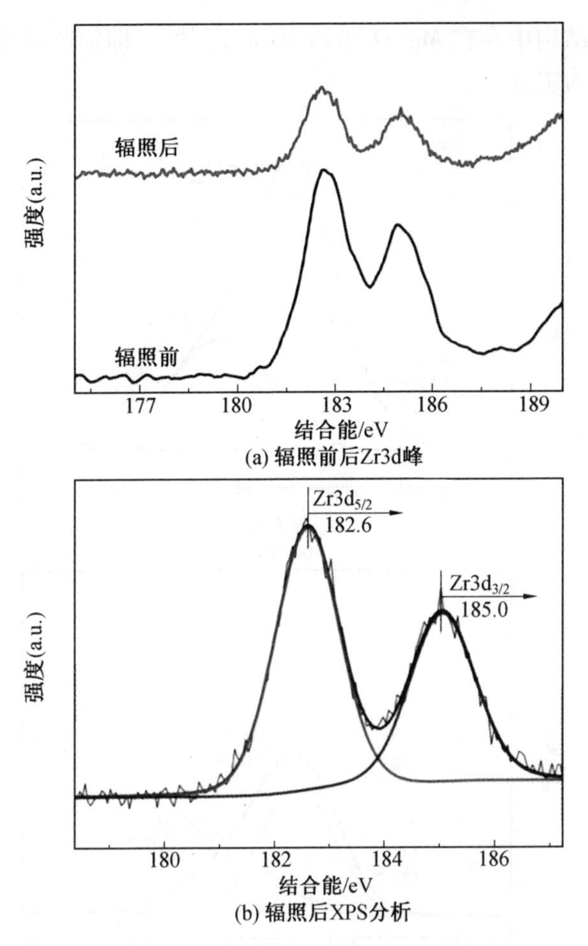

(a) 辐照前后Zr3d峰

(b) 辐照后XPS分析

图 7.43 紫外辐照前后 Zr3d 峰的高分辨 XPS 谱图

紫外辐照前后 O1s 峰的高分辨 XPS 谱图如图 7.44 所示，从峰位解析结果可知，紫外辐照后的 O1s 峰位强度出现了降低；同时在谱图的低结合能处存在缺氧状态的 O1s 子峰，即表示膜层中存在氧空位[47]，辐照前膜层的氧空位来源于 $Mg_{0.13}Zr_{0.87}O_{1.87}$ 的晶格结构，其峰面积绝对值为 3.81%；但在辐照后的氧空位子峰面积绝对值增至 10.33%，表明紫外辐照能够造成膜层表面氧空位的数目增加，这是由于在紫外光电离作用下，膜层中的 O 导致膜层晶格对其结构中的 O 束缚能力下降，造成 O 易以分子形式从膜层晶体中解析和逸出，从而造成晶体中出现氧空位[48]，空位缺陷会产生正电中心，可俘获相邻原子周围的弱束缚电子，形成色心，导致膜层在可见光或者其他波段光谱产生吸收，直接体现为膜层暗化变色（图 7.38）；此外,膜层价键结构中存在 Mg–O 和 Zr–O 形式[46,49],即辐照后膜层中仍以 MgO 和 ZrO_2 为主。

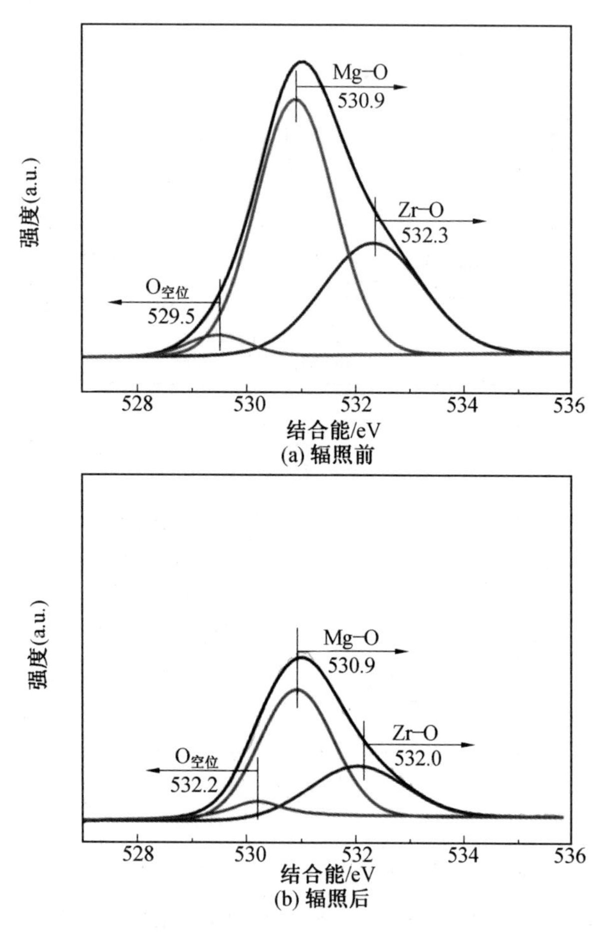

图 7.44 紫外辐照前后 O1s 峰的高分辨 XPS 谱图

同时,对紫外辐照前后 Mg2p 峰高分辨 XPS 谱图进行分析,如图 7.45 所示,辐照后的 Mg2p 峰位强度较辐照前有所升高,且辐照后 Mg2p 峰中出现了新的峰位,通过分析表明(图 7.45(b)),位于 50.5 eV 低结合能处的 Mg2p 子峰的峰位,说明辐照后部分 Mg 元素以 Mg^0 的价态存在[50];而处于高结合能峰位的 52.7 eV,对应于 MgO 中的 Mg^{2+} 价态信号[50],这表明在紫外辐照作用下膜层中的 MgO 会发生辐照分解[51-54],分解方程如下:

$$MgO \xrightarrow{UV} Mg+\frac{1}{2}O_2$$

紫外辐照作用下膜层中 MgO 的分解，即其晶格结构的 O 脱缚而 O_2 形成分子并解析出来，且同时可能产生填隙 Mg 原子，随着辐照继续进行，膜层表面产生 Mg 富集[52]，造成膜层变色及其 α_s 退化；相比于 Zr_3d 的分析结果，在其峰位中未检测出 Zr^0 的价态形式，这可能是膜层中 Zr 原子含量较少的缘故，致使紫外光子与膜层表面的 ZrO_2 晶体撞击概率较低，因此，在紫外辐照作用下镁合金 MgO-ZrO_2 热控膜层的 α_s 出现退化，主要是由于膜层中 MgO 紫外分解使膜层表面 Mg 富集。

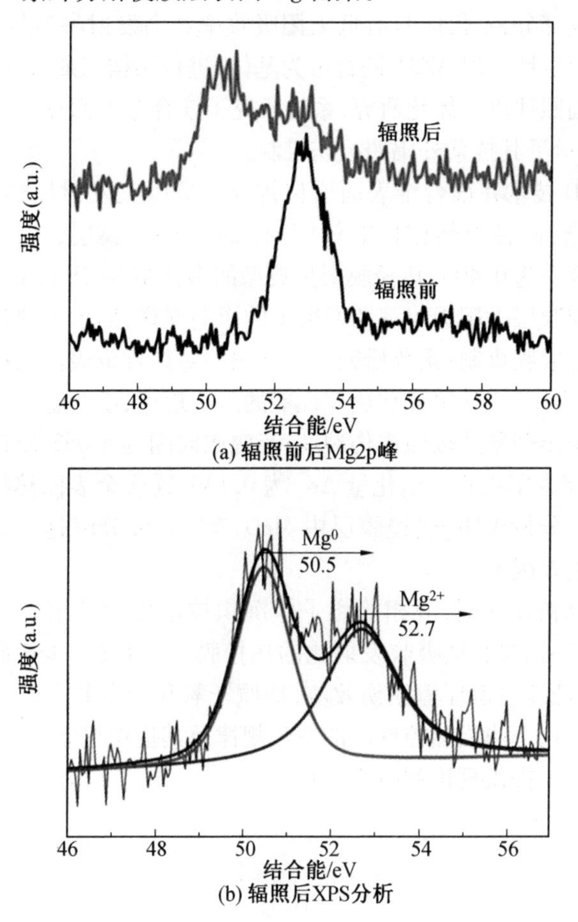

图 7.45　紫外辐照前后 Mg2p 峰的高分辨 XPS 谱图

本节研究了紫外辐照对镁合金表面热控膜层外观颜色、质量损失率、化学组成和热控性能的影响规律，随着紫外辐照时间延长，镁合金表面热控膜层的质量损失率和太阳吸收率先增大后趋于平缓，外观颜色变黄且逐渐加深至黄褐色，发射率则略有增加，镁合金表面热控膜层的微观结构未出现紫外辐照损伤裂纹，说明膜层具有较好的抗紫外辐照损伤能力。

7.3 本章小结

随着航天器向轻量化、长寿命和高可靠的方向发展，对其外露结构表面温度控制设计提出了更为严苛的要求。热控膜层作为航天器热控制系统重要的组成部分，不仅应具有低太阳吸收率和高发射率特性，还需具备较好的空间稳定性。以AZ31镁合金为基体，进行结构组成设计、膜层制备和空间紫外辐照评价一体化研究，系统研究了镁合金表面热控膜层的热辐射特性，并揭示了其抗紫外辐照损伤机制。

采用PED技术在镁合金表面原位构筑了低吸收发射比热控膜层，通过电解液筛选，制备出热控性能较好的 $MgO-ZrO_2$ 膜层，其发射率为0.873，太阳吸收率为0.403，热控膜层呈典型的多孔结构；研究了电解液和工艺参数对热控膜层太阳吸收率和发射率的影响规律，揭示了热控膜层原位构筑过程中的成膜机制；系统研究了紫外辐照对镁合金表面热控膜层外观颜色、质量损失率、化学组成和热控性能的影响规律，镁合金表面热控膜层的微观结构未出现紫外辐照损伤裂纹；当辐照时间为5 062 ESH时，$MgO-ZrO_2$ 热控膜层太阳吸收率退化量 $\Delta\alpha_s$ 为0.149；镁合金表面热控膜层紫外辐照损伤效应分析表明，热控膜层中MgO紫外光致分解是造成其太阳吸收率退化的主要因素。

以上研究初步证明，液相等离子体沉积技术可制备出与基体结合紧密、抗空间紫外辐照和低吸收发射比的热控膜层，为进一步拓展其空间应用，需要研究低地轨道环境损伤效应，如原子氧和带电粒子环境等单因素及综合辐照作用下膜层热控性能的变化规律及其损伤机制，为提高我国航天器热控制水平提供理论和技术支撑。

第8章 高吸高发热控膜层的制备及应用

8.1 铝合金表面高吸高发热控膜层的制备

8.1.1 $NaAlO_2$ 电解液体系中热控膜层的制备

1. 电解液体系筛选

电解液的成分对铝合金液相等离子体沉积具有很大的影响。不是任何的电解液都适用于铝合金的液相等离子体沉积。铝合金在水玻璃溶液中易发生液相等离子体沉积反应,而在$(NaPO_3)_6$体系中需经5~8 min才能产生火花,$(NaPO_3)_6$的质量浓度较低时容易反应,而提高$(NaPO_3)_6$的质量浓度则反应变得比较困难。由于所处理金属的不同及制备膜层的性能不同,电解液的配方也需要与其相匹配。

对铝合金液相等离子体沉积研究较多的电解液体系主要有$NaAlO_2$电解液体系、水玻璃电解液体系及磷酸盐电解液体系。虽然这些体系在铝合金表面获得了较高质量的陶瓷膜层,如其具有较高的硬度、较好的耐腐蚀性及较强的耐磨损性能等,但是并没有对此类陶瓷膜层的光学性能进行具体的研究。

分别选择8.2 g/L $NaAlO_2$溶液、10 g/L KH_2PO_4溶液和9 g/L Na_2SiO_3+3 g/L KOH溶液,确定电流密度为8 A/dm^2,频率为50 Hz,氧化时间都为60 min,正负向占空比(D_1和D_2)均选择为45%,在这3种电解液中,对铝合金试样分别进行液相等离子体沉积处理,初步研究所得膜层的光学性能,对电解液体系进行初步的筛选。

对这3种体系中所得到的膜层的太阳吸收率和发射率进行测试,测试结果见表8.1。从表8.1可以看出,在3种膜层中,$NaAlO_2$电解液中所得膜层的太阳吸收率和发射率均高于另外两种电解液体系中得到的膜层,其太阳吸收率可达0.80,发射率达0.6,具有较好的用作热控膜层的光学性能,而另外两种膜层的太阳吸收率和发射率相对较低,KH_2PO_4体系中得到的膜层的太阳吸收率和发射率分别为0.56和0.54，Na_2SiO_3+KOH体系中得到的膜层的太阳吸收率和发射率分别为0.65和0.66。

表8.1　不同体系中所得膜层的太阳吸收率和发射率

电解液体系	太阳吸收率(α_s)	发射率(ε)
8.2 g/L $NaAlO_2$	0.81	0.65
10 g/L KH_2PO_4	0.56	0.54
9 g/L Na_2SiO_3+3 g/L KOH	0.65	0.66

从上面的结果可以看出，$NaAlO_2$ 溶液用作制备高吸收高发射率热控膜层的潜力较大。因而，选择 $NaAlO_2$ 为电解液体系，研究电源参数和氧化时间对所得膜层结构和性能的影响规律。

2. $NaAlO_2$ 电解液体系中工艺参数的优化

在电解液体系筛选的基础上，选择以 $NaAlO_2$ 溶液用作制备高吸收高发射率热控膜层的电解液。在液相等离子体沉积过程中，影响所得膜层的性质的主要因素有基体材料的组成、电解液体系的成分、氧化时间的长短及电源参数（包括电流密度、电压、频率、占空比）等。基体采用的是LY12铝合金，其化学成分见表8.2。电解液体系选为 $NaAlO_2$ 溶液，即基体材料和电解液体系已确定，还有一个重要的因素就是处理时间。为了简化研究过程，其他参数（如电流密度、频率和占空比）则选择液相等离子体沉积过程中比较常用的数值，即电流密度为8 A/dm^2，频率为50 Hz，正负向占空比均为45%，进而研究氧化时间对所得膜层性能及结构的影响。

表8.2　LY12铝合金的化学成分

元素名称	Cu	Mg	Mn	Fe	Si	Zn	Ni	Ti	其他
质量分数/%	3.8~4.9	1.2~1.8	0.3~0.9	0.5	0.5	0.3	0.1	0.05	0.1

表8.3列出了不同氧化时间所得膜层的厚度，从表8.3可以看出膜层的厚度随着氧化时间的延长而增加。膜层厚度随氧化时间的变化如图8.1所示，可以看出膜层的厚度几乎随着氧化时间线性增加。液相等离子体沉积30 min所得到的膜层的厚度为24.5 μm，当氧化180 min时，所得膜层厚度增加到101 μm，说明氧化时间对所得膜层的厚度有重要影响，下面将对其太阳吸收率和发射率进行研究。

表 8.3 不同氧化时间所得膜层的厚度

氧化时间/min	30	60	120	180
平均厚度/μm	24.5	43.9	73.0	101.0
最大厚度/μm	26.9	47.9	75.6	103.0
最小厚度/μm	22.5	39.0	71.2	99.5
标准偏差	1.7	3.0	3.6	3.9

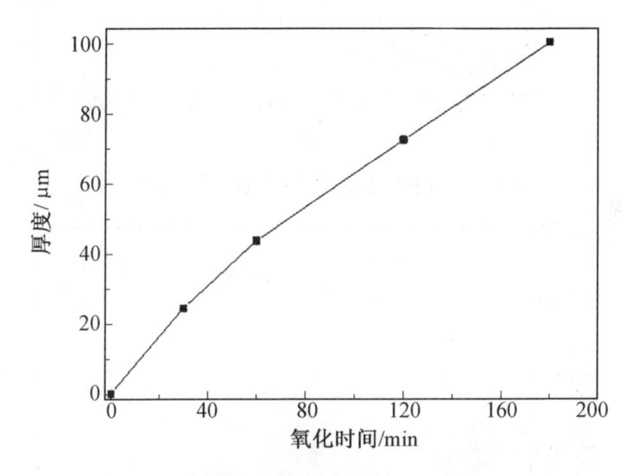

图 8.1 膜层厚度随着氧化时间的变化

在一定的电解液体系中,氧化时间对所得膜层的性能有着很重要的影响,对不同氧化时间所得膜层在 200 ~2 500 nm 光谱范围内的太阳反射率进行测试,如图 8.2 所示,不同氧化时间所得膜层的太阳反射率在整个测试的光谱波段内有着很大的区别,当氧化时间为 30 min 时,所得膜层的太阳反射率很高,特别是在波长 900 nm 后的波段内的反射率很高(都在40%以上)。随着氧化时间的延长,在整个测试波段内膜层的太阳反射率明显降低,当氧化时间为 180 min 时所得膜层反射率也降到了最低,特别是在可见光区内低于 10%,这也是此时膜层完全呈现黑色的原因。

氧化时间对膜层太阳吸收率的影响如图 8.3 所示。从图 8.3 可以看出,膜层的太阳吸收率随着氧化时间的延长而增加,特别是在 60 min 前这种增加的趋势很剧烈,而随后这种增加的趋势变得比较缓慢。没有液相等离子体沉积处理的铝合金试片的太阳吸收率为 0.45,当被处理 120 min 后,太阳吸收率就达到了 0.87,而当处理 180 min 时,其太阳吸收率可以达到 0.91。

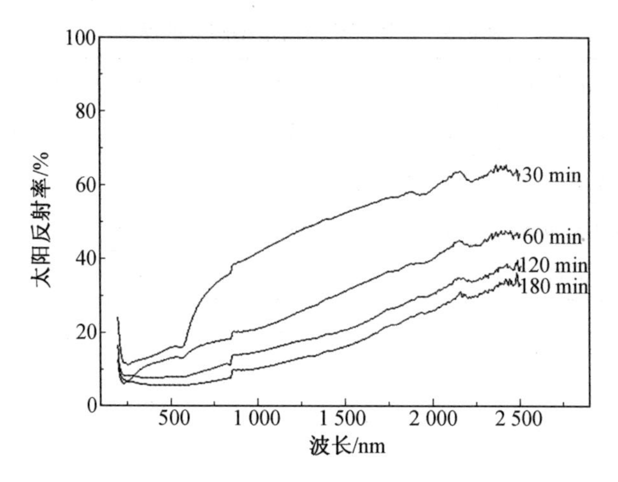

图 8.2　氧化时间对膜层太阳反射率的影响

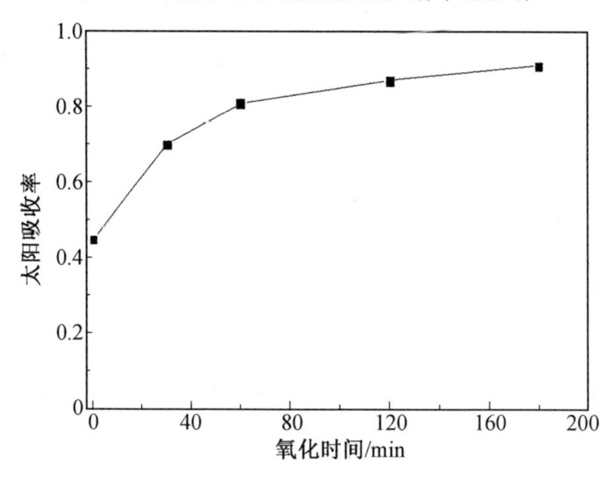

图 8.3　氧化时间对膜层太阳吸收率的影响

氧化时间对膜层发射率的影响如图 8.4 所示，从图 8.4 可以看出，膜层的发射率随着液相等离子体沉积时间的增加而增加，在60 min之前随着氧化时间的增加，膜层的发射率增加幅度很大，60 min 以后，发射率随着氧化时间增加的趋势比较缓慢。一般情况下金属的发射率是很低的，试验所用的铝合金基体试样的发射率为 0.08。当铝合金试样通过液相等离子体沉积处理后，表面被各种相的 Al_2O_3 膜层覆盖，因此其发射率性质发生改变。Al_2O_3 具有较高的发射率，当试样被处理 30 min 时，所得膜层的发射率从没有氧化前的 0.08 剧烈地增加到 0.56。但是此时所得膜层的表面还有大量的孔洞(这点可以从扫描电子显微镜图片中看出),因此铝合金试样基体并没有完全被 Al_2O_3 膜层所覆盖。此时由于这些通到基体的孔存在,低发射率的基体对所得膜层的发射率影响很大,因此所得膜层的发射率不高,只能达到0.56。随着氧化时间的增加,膜层的厚度随之增加,膜层对基体的覆盖也越来越完全,同时氧化时间的增加导致了覆盖在铝合金基体上的 Al_2O_3 的量增加,因此膜层的发射率随着氧化时间的延长而增大。当氧化时间达到 180 min 时,膜层的发射率达到了最大(0.76)。

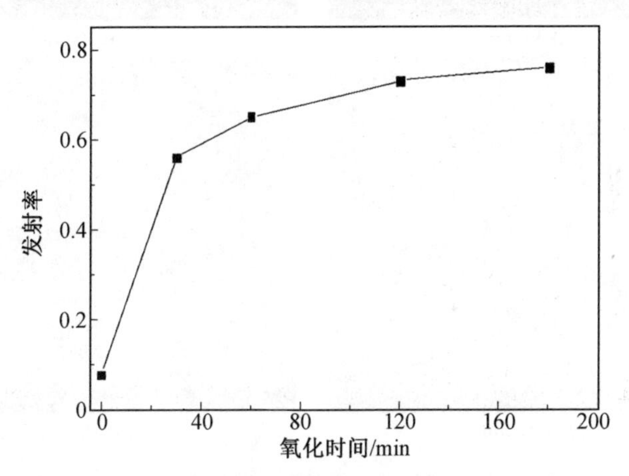

图 8.4 氧化时间对膜层发射率的影响

对不同氧化时间下所得膜层的表面形貌进行 SEM 测试,结果如图 8.5 所示。从图 8.5 可以看出,液相等离子体沉积所得膜层表面有大量的孔洞,图 8.5(a)中的孔洞明显比其他图中的孔洞多,但是这些孔的直径较小,所得膜层表面上孔的直径随着氧化时间的延长而增大。当氧化时间为 120 min 时,孔的直径明显比图 8.5(a)中孔洞的直径大,但是孔的数目比图 8.5(a)明显降低了很多。大量的微弧放电痕迹也可以从这些 SEM 照片看出,这都是由于氧化熔融后喷射出遇电解液冷却而形成的。这些放电痕迹连接在一起形成了膜层的表面。图 8.5 也说明氧化时间越长,所得到的膜层的表面越粗糙,这是由于这些放电通道形成的饼状物互相重叠。这些粗糙的表面将吸收更多的光线,因而有利于膜层太阳吸收率的提高。当氧化时间为 180 min 时,所得膜层的太阳吸收率达到 0.91。

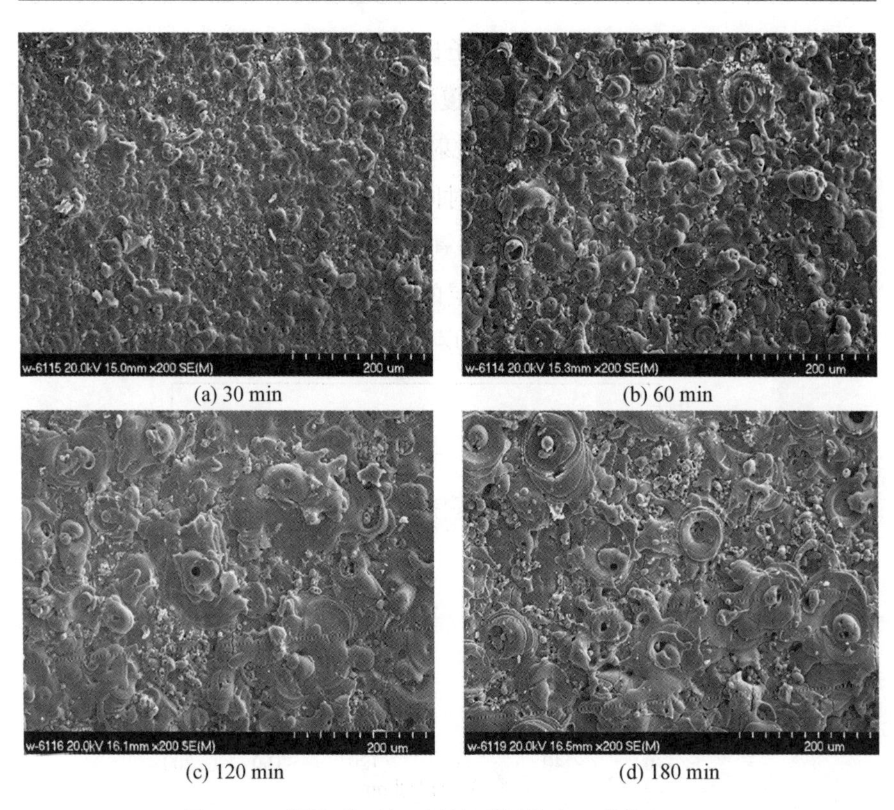

(a) 30 min　(b) 60 min

(c) 120 min　(d) 180 min

图 8.5　不同氧化时间下所得膜层的表面形貌(200×)

图 8.6 所示为不同氧化时间下所得膜层表面的 SEM 照片，从图中可以更加明显地看出液相等离子体沉积过程中的微弧放电痕迹及放电通道。氧化时间较短(30 min)时，所得膜层表面的放电痕迹及氧化物熔融后喷射出遇电解液冷却而形成的饼状物都较小，饼状物的直径大约为15 μm，在饼状物的中心有由于放电击穿而产生的孔洞，其直径为 1 ~ 2 μm。而随着氧化时间的延长，放电痕迹越来越明显，产生的饼状物也越来越大，孔径也随之变大。当氧化 120 min 后，饼状物的直径达到了 50 μm 左右，孔径也相应达到了 15 μm 左右；当氧化 180 min 后，饼状物直径达到了 80 μm 左右，孔径也达到了最大的 25 μm 左右。同时氧化时间延长的过程中也伴随着孔数量的减小，从图中可以明显地看出，随着氧化时间的延长，所测试的面上孔的密度发生锐减，对于同样大小的测试面积，氧化时间为 30 min 时，孔的数量很多(大约 30 个)，而当氧化时间为 180 min 时，在整个测试

面上只能看到很明显的两个大孔。这是由于随着氧化时间的延长,膜层的厚度增大,膜层的电阻也随之增大,在恒电流的情况下,电源输出的功率增大,施加在试样上的能量更高,因而膜层内层温度应该相应地升高,不断地发生膜层熔融和冷却,这样先前生成的饼状物及孔洞可能被后来更大的熔化后又冷却生成的饼状物覆盖,因而氧化时间延长所得膜层的孔密度降低且发生了更多的饼状物重叠。

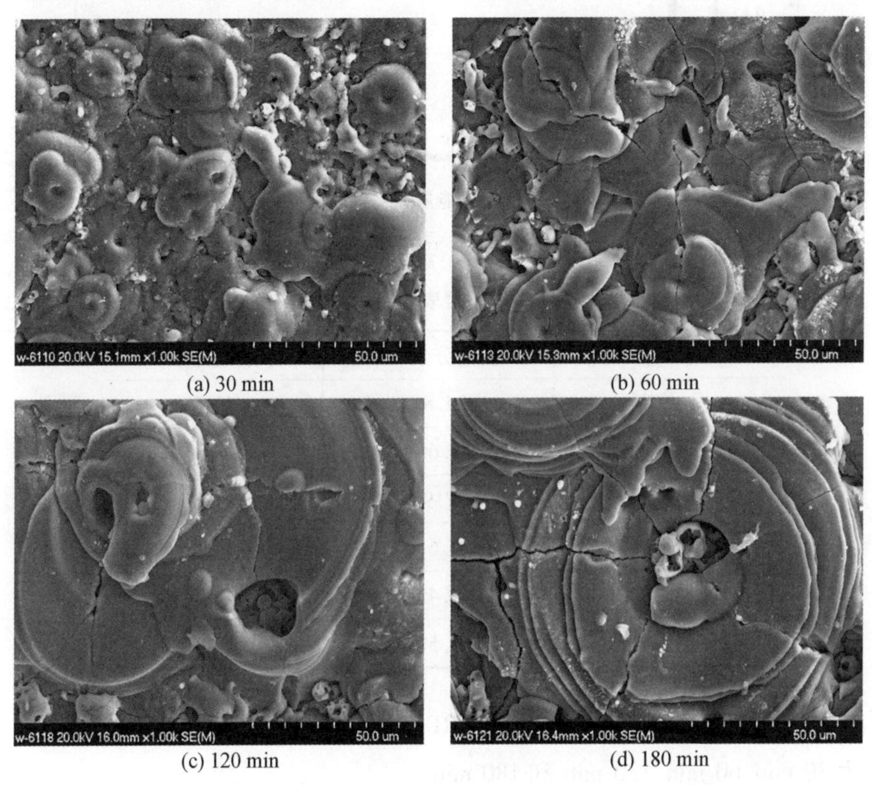

(a) 30 min (b) 60 min
(c) 120 min (d) 180 min

图 8.6 不同氧化时间下所得膜层表面的 SEM 照片(1 000×)

图 8.7 所示为氧化 180 min 所得膜层表面的 EDS 能谱图。从图中可以看出,膜层中含有大量的 Al 和 O 元素及少量的 Cu、Mg、Mn、Fe 等元素。膜层中各个元素的量列于表 8.4,从表 8.4 可以看出,Al 和 O 的质量分数分别为 57.93% 和 34.85%,膜层含有质量分数为 4.50% 的 Cu、质量分数为 1.66% 的 Mg 及很少量的 Mn 和 Fe 元素。从表 8.2 知道,LY12 铝合金基体中除了 Al 之外还含有 Cu、Mg、Mn、Fe 等元素,这说明液相等离子体沉

积使铝合金中的 Al 及其合金元素发生反应而进入膜层。

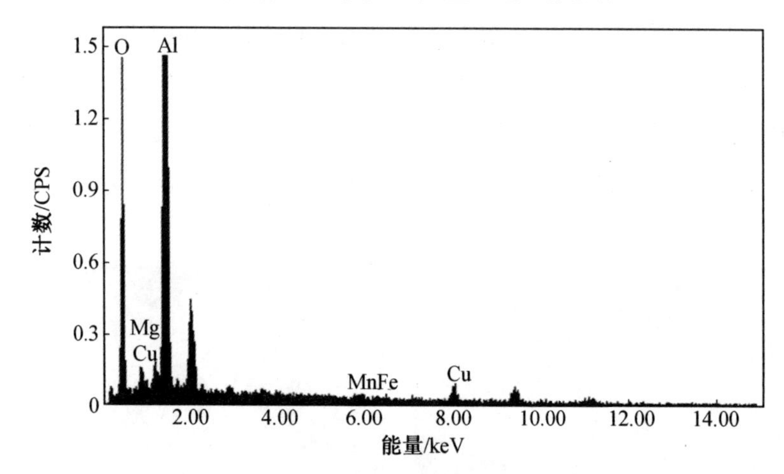

图 8.7　氧化 180 min 所得膜层表面的 EDS 能谱图

表 8.4　膜层表面元素分布

元　素	质量分数/%	原子数分数/%
$O(K_\alpha)$	34.85	48.58
$Mg(K_\alpha)$	1.66	1.52
$Al(K_\alpha)$	57.93	47.89
$Mn(K_\alpha)$	0.64	0.26
$Fe(K_\alpha)$	0.42	0.17
$Cu(K_\alpha)$	4.50	1.58

不同氧化时间下所得膜层的 XRD 谱图如图 8.8 所示，氧化时间依次为 30 min、60 min、120 min 和 180 min。

从图 8.8 可以看出，在铝合金表面通过液相等离子体沉积所得的膜层主要由 Al_2O_3 组成，同时有少量的 Al。从图 8.8 中还可以看出，液相等离子体沉积处理 30 min 所得的膜层主要由 $\alpha-Al_2O_3$、$\gamma-Al_2O_3$和 Al 组成，特别是 Al 对应的峰值特别明显，这是由于此时膜层有大量通到基体的孔洞，而这使得 Al 基体效应非常大，因此 Al 的峰值比较强。这些结果揭示出这种条件下得到的膜层厚度还不够而且膜层表面上孔的数量太大，因而基体并没有被完全覆盖，必须延长处理时间来减少基体效应的影响。当氧化时间超过 60 min 后,从图中可以看出 Al_2O_3 对应的峰的相对强度进一步增加,而 Al 对应的峰的相对强度降低了,特别是在当氧化处理 180 min 的膜层的曲线上 Al 对应的峰几乎消失了,此时主要是 $\alpha-Al_2O_3$ 和 $\gamma-Al_2O_3$ 的峰,表明此时膜层主要由 $\alpha-Al_2O_3$ 和 $\gamma-Al_2O_3$ 组成。从图 8.8 也可以看出另一个比较明显的趋势,即随着氧化时间的增加,膜层中 $\alpha-Al_2O_3$ 的量逐渐增加,而 $\gamma-Al_2O_3$ 逐渐减少。这个结果表明在液相等离子体沉积过程中所产生的温度足以使得 $\gamma-Al_2O_3$ 向高温稳定相 $\alpha-Al_2O_3$ 逐渐转变。通过这些 XRD 的数据分析,可以得出这样的结论,随着氧化时间的增加,膜层中 $\alpha-Al_2O_3$ 逐渐增加,并且 $\gamma-Al_2O_3$ 向高温稳定相 $\alpha-Al_2O_3$ 逐渐转变。

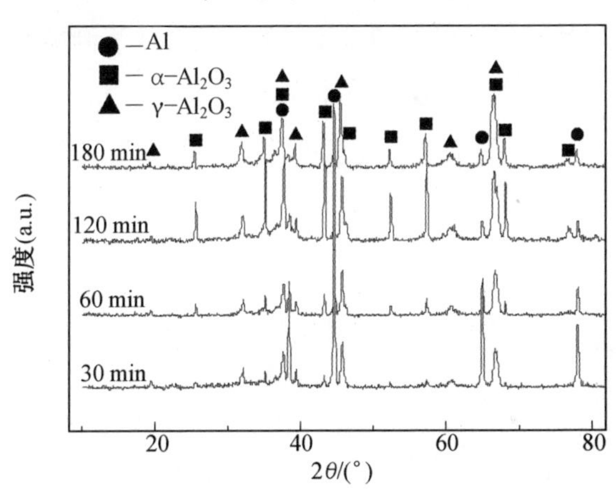

图 8.8 不同氧化时间下所得膜层的 XRD 谱图

8.1.2 磷酸盐电解液体系中热控膜层的制备

在 $NaAlO_2$ 溶液中所得的膜层具有较好的热控性能,证实了用液相等离子体沉积技术制备热控膜层的优势,且膜层中含有的 Cu、Mn、Fe 等陶瓷染色元素对膜层光学性能有重要影响,但是 $NaAlO_2$ 电解液体系中制备热控膜层需要的时间较长,且电解液的掺杂较困难,因而,采用磷酸盐体系,通过在电解液中加入含有陶瓷染色元素的电解质,进一步研究以液相等离子体沉积技术制备高性能的热控膜层。

采用磷酸二氢钾-醋酸铜体系制备热控膜层,同时尝试在电解液中加入铬酸钾,即使用 Cu 和 Cr 作为陶瓷染料元素制备热控膜层。本小节主要研究铬酸钾质量浓度、电流密度、电源频率及氧化时间对制备热控膜层的影响规律。

1. 铬酸钾质量浓度对膜层性能和结构的影响

选择电解液为80 g/L磷酸二氢钾,70 g/L醋酸铜,20 mL/L乙二胺;电流密度为5.0 A/dm^2;正负向占空比为45%;频率为50 Hz,以此条件研究铬酸钾质量浓度对膜层的影响。

图8.9所示为膜层厚度随铬酸钾质量浓度的变化曲线,从图中可以看出铬酸钾的加入对膜层生长有重要作用,膜层的厚度随着铬酸钾质量浓度呈现先增大后减小的趋势。在质量浓度3 g/L之前,膜层的厚度是增大的;当铬酸钾质量浓度继续增大时,膜层的厚度开始逐渐减小,当铬酸钾质量浓度达到5 g/L时所得膜层的厚度为9.5 μm。

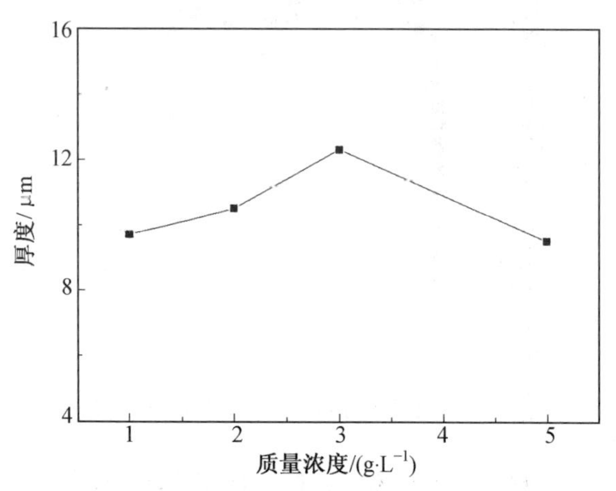

图8.9　膜层厚度随铬酸钾质量浓度的变化曲线

在试验过程中发现,当铬酸钾质量浓度很低时,在铝合金表面所得膜层的颜色较浅;当铬酸钾质量浓度增加时,所得膜层的颜色加深,质量浓度为3 g/L使所得膜层颜色最深且表面光滑;继续加大铬酸钾质量浓度时,膜层的表面开始变得粗糙,颜色也变得不均匀。

图8.10所示为不同铬酸钾质量浓度下所得膜层的表面SEM照片,从图8.10可以看出,膜层的表面较均匀,有大量的孔存在。当质量浓度为1 g/L时,所得膜层表面的孔的数量较少,孔径小于1 μm,当铬酸钾质量浓

度增大到3 g/L时，膜层表面的孔的数量增加，孔径也略有增大，当铬酸钾质量浓度进一步增大到5 g/L时，膜层表面孔洞的数量开始减少，而大部分孔的孔径却减小到0.5 μm以下。

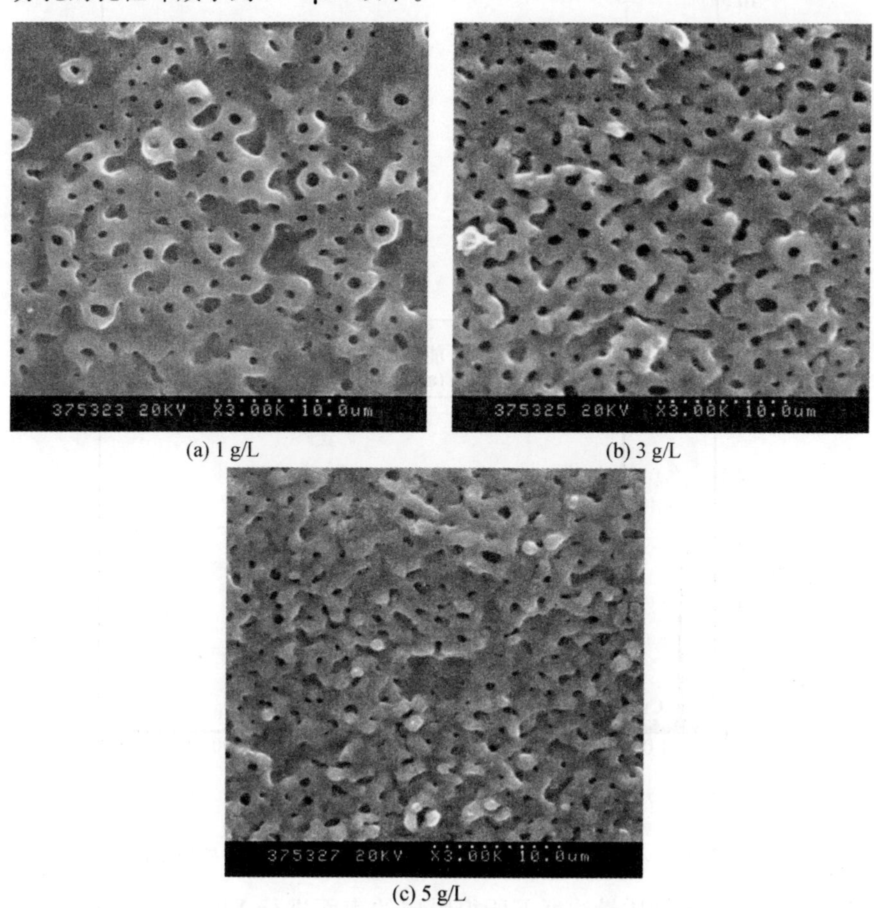

(a) 1 g/L　(b) 3 g/L　(c) 5 g/L

图8.10　不同铬酸钾质量浓度下所得膜层的表面SEM照片(3 000×)

对不同铬酸钾质量浓度下所得膜层的表面进行EDS能谱测试，分析其表面的元素组成，结果如图8.11所示。从图8.11可以看出，膜层表面有大量的Al和O，同时含有P、Cr、Cu等元素，这说明电解液中Cr和Cu参加了液相等离子体沉积反应并进入了膜层，达到了预期掺杂的目的。从图8.11还可以看出，当溶液中铬酸钾质量浓度加大时，所得膜层中Cr元素的含量有了大幅度的增加，同时使得Cu元素相对应的峰也增强了，因而，在适当的范围内,增加溶液中铬酸钾的质量浓度可以使得溶液中更多的 Cr 和 Cu 参加液相等离子体沉积过程中的反应而进入膜层。

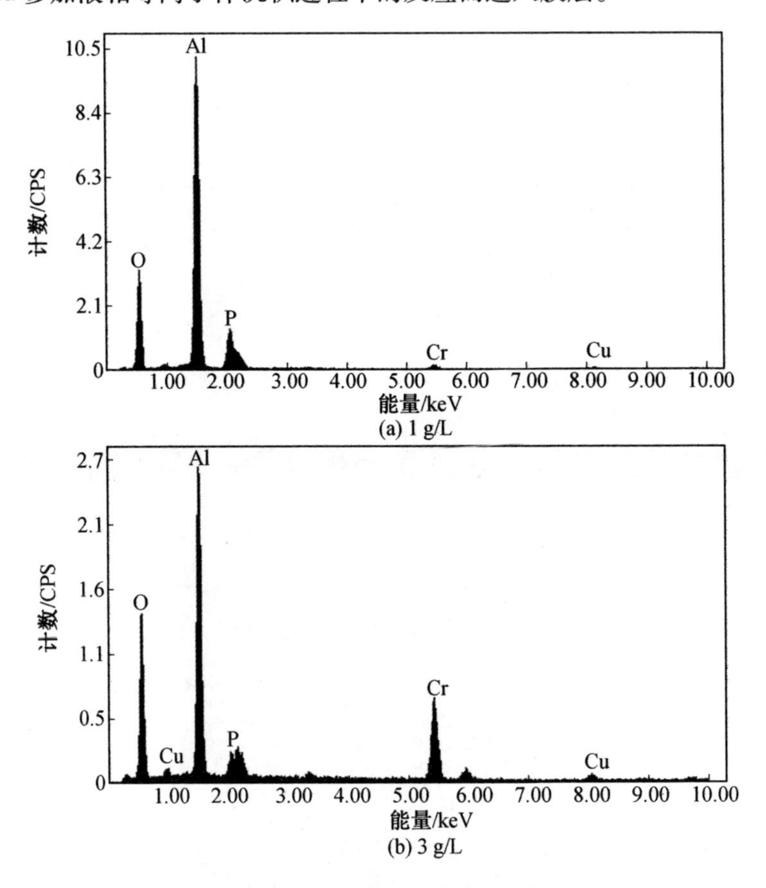

图 8.11　不同铬酸钾质量浓度下所得膜层表面的 EDS 能谱图

对不同铬酸钾质量浓度下所得膜层的表面进行 XRD 测试,分析其表面相组成,结果如图 8.12 所示。从图 8.12 可以看出,膜层表面的 XRD 谱图中主要是基体 Al 对应的吸收峰,其余相的峰的强度很小。对于低质量浓度铬酸钾(1 g/L)所得膜层的 XRD 谱图,只能看到 Al 基体对应的峰,而且峰的强度非常强,这可能是由于膜层厚度较小,X 射线直接穿透膜层而照射在铝合金基体上,也可能是由于膜层表面大量的孔洞使得基体暴露出来,因而只能测试到基体的峰而其他相的峰几乎没有被测试到,再者就是 P、Cr 和 Cu 由于在膜层中的含量很小,因此也不易检测到。在较高质量浓度铬酸钾(3 g/L)所得到膜层的 XRD 谱图中,Al 的峰依然很强,但是在 45.8°和66.9°处出现了很小的 $\gamma-Al_2O_3$ 衍射峰,说明此膜层中含有 $\gamma-Al_2O_3$ 相,这可能是由于此质量浓度下膜层的厚度相对增加,因而能测试到膜层中其他的组分。

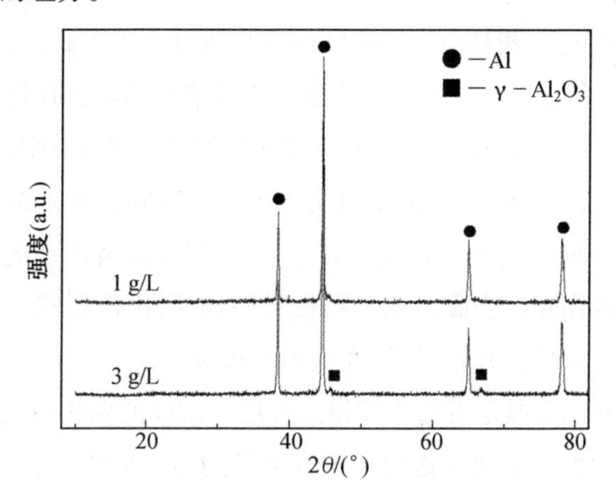

图 8.12 不同铬酸钾质量浓度下所得膜层的 XRD 谱图

对不同铬酸钾质量浓度下所得膜层的太阳吸收率和发射率进行测试,分别如图 8.13 和图 8.14 所示。

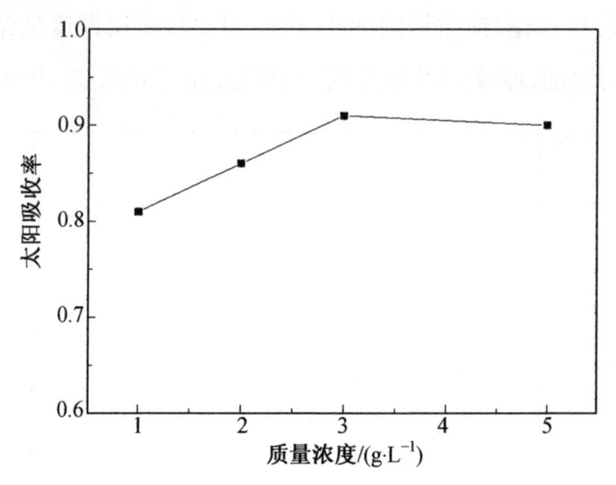

图 8.13 膜层太阳吸收率随铬酸钾质量浓度的变化

从图 8.13 可以看出,在整个铬酸钾质量浓度的变化范围内,膜层的太阳吸收率变化不大,只是在 0.8 ~0.9 之间变化,同时可以从图 8.13 看出,太阳吸收率在铬酸钾质量浓度变化的范围内,有一个先增大后减小的趋势,即随着铬酸钾质量浓度的增加,膜层的太阳吸收率先增大,当铬酸钾质量浓度增大到3 g/L时,膜层的太阳吸收率达到了最大,此时其值为0.91;当铬酸钾质量浓度继续增大到5 g/L时,其太阳吸收率较3 g/L时减小了,减小到了0.90,这可能是由于当铬酸钾质量浓度小于3 g/L时,由EDS能谱图(图8.11)分析可知电解液中铬酸钾质量浓度的增加有利于膜层中Cr元素和Cu元素含量的增加,从而有利于膜层对光的吸收,因而膜层的太阳吸收率在电解液中铬酸钾质量浓度为3 g/L之前随其质量浓度的增加而增加,而当铬酸钾质量浓度达到5 g/L时,膜层表面有严重的击穿现象而变得不均匀,且在膜层表面出现了颗粒状的物质,因而影响了其太阳吸收率,其太阳吸收率反而开始降低,降低到了0.90。

图8.14所示为膜层发射率随铬酸钾质量浓度的变化曲线。从图中可以看出,膜层的发射率随着铬酸钾质量浓度的增大而先增大后减小,铬酸钾质量浓度为1 g/L时膜层的发射率是0.69;当铬酸钾质量浓度为3 g/L时,发射率增大到了0.79;当铬酸钾质量浓度继续增大到5 g/L时,发射率开始减小到了0.78。这与膜层厚度随Cr质量浓度的变化具有相同的趋势,可以解释为当铬酸钾质量浓度小于3 g/L时,膜层厚度随铬酸钾质量浓度的增加而增加,厚度的增加有利于膜层发射率的提高,因而发射率逐

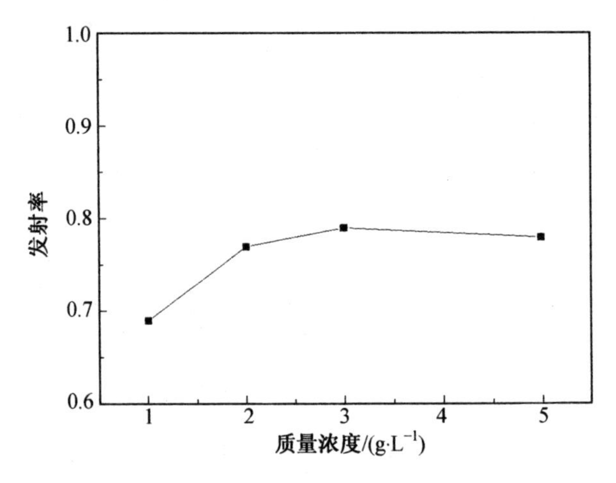

图8.14　膜层发射率随铬酸钾质量浓度的变化曲线

渐增加,而当铬酸钾质量浓度增加到 5 g/L 时,膜层的厚度变小,即覆盖在铝合金基体上的热控膜层减少,因而其发射率的值也就开始减小了。

2. 电源工艺参数对热控膜层性能及结构的影响

(1)电流密度的影响。

通过上文分析可知,当向电解液中加入 3 g/L 铬酸钾时所得膜层性能较好,在此确定的电解液体系下,采用正负向占空比为 45%、频率为50 Hz,研究电流密度对所得膜层性能的影响,如图 8.15 所示。从图 8.15 中可以看出,随着电流密度增加,膜层的厚度线性增加。电流密度的增加直接导致了反应过程中槽压的增加,这点可以从不同电流密度时反应过程中电压随着时间而变化的测试中得知。电流密度越大对应着正向电压也越高,即电源输出的功率也越大,相应的能量密度也越高,最终在铝合金表面生成的膜层厚度也越大。

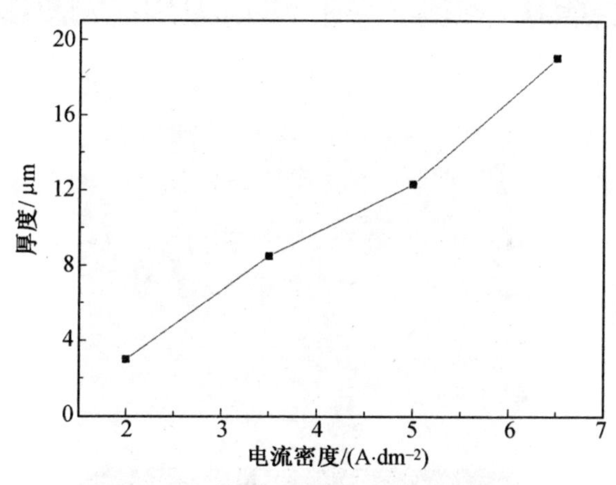

图 8.15 膜层厚度随电流密度的变化

试验中发现在电解液组成确定且其他条件一定的情况下,小电流密度下所得膜层的颜色较浅,随电流密度增加所得膜层颜色加深,当电流密度为5 A/dm^2 时,膜层完全呈深色;当电流密度为 6.5 A/dm^2 时,所得膜层表面开始有击穿斑点出现。

图 8.16 所示为不同电流密度下所得膜层的表面 SEM 照片,从图 8.16 中可以看出,膜层的表面较均匀,有大量的孔存在。电流密度为2.0 A/dm^2 时所得膜层表面有大量饼状物,饼状物的中心有孔洞,孔密度较小,孔径的

大小在0.5 μm以下；当电流密度为5.0 A/dm^{2}时，膜层表面没有了明显的饼状物，而被大量直径1 μm左右的孔所取代；当电流密度进一步增大到6.5 A/dm^{2}时，一些原来生成的孔被部分覆盖，从而使得膜层表面孔的孔径减小且孔数量也相应地减少。

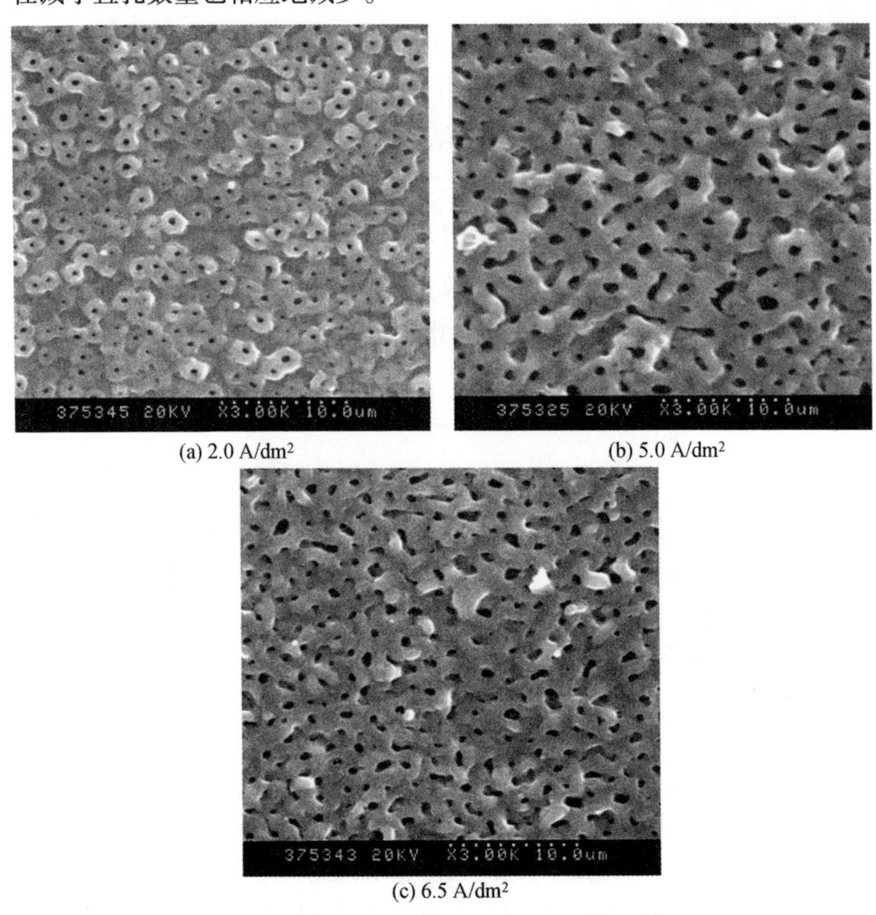

(a) 2.0 A/dm^2　(b) 5.0 A/dm^2　(c) 6.5 A/dm^2

图8.16　不同电流密度下所得膜层的表面SEM照片(3 000×)

对电流密度分别为2.0 A/dm^{2}和5.0 A/dm^{2}时所得膜层的表面进行EDS能谱测试，如图8.17所示。从图8.17可以看出，两种膜层都含有Al、O、P、Cr及Cu等元素。电流密度为2.0 A/dm^{2}时所得膜层中Cr和Cu元素的含量要较电流密度为5.0 A/dm^{2}中Cr和Cu元素的含量低，这表明适当增大电流密度可以使得更多的Cr和Cu进入膜层。这可能是由于采用较大电流密度时,在铝合金表面上施加了更高的电压和电流密度,即能量密度提高,导致在铝合金表面发生的液相等离子体沉积反应过程中微弧放电的瞬间温度及压强更大,可以使更多的元素参与反应而进入膜层。

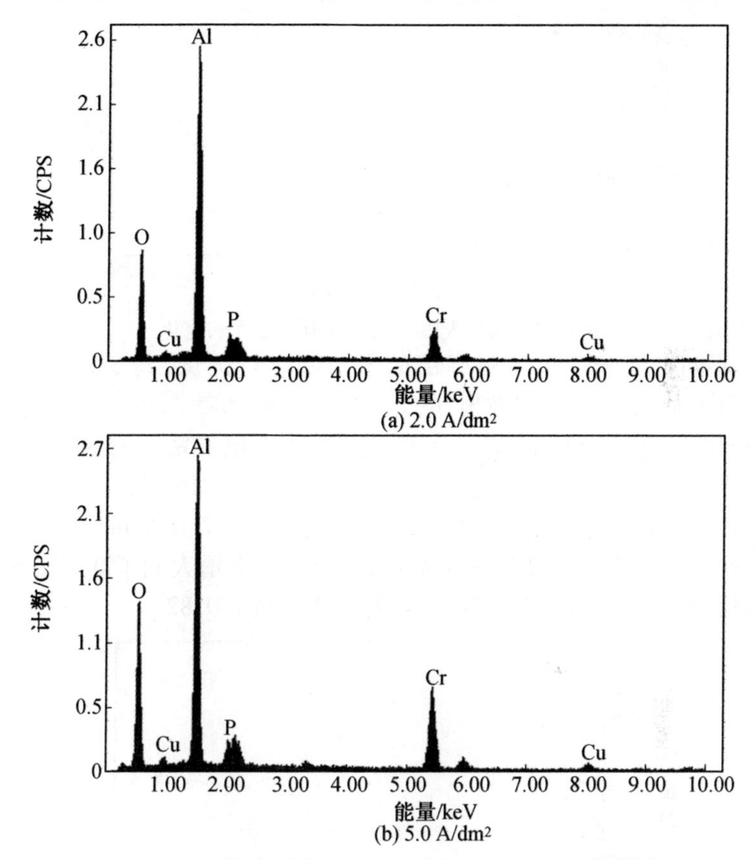

图 8.17　不同电流密度下所得膜层表面的 EDS 能谱图

对其他条件一定的情况下不同电流密度下所得膜层的太阳吸收率进行测试,如图 8.18 所示。从图 8.18 可以看出,电流密度在 2.0 ~ 6.5 A/dm^2之间变化时,膜层的太阳吸收率在 0.8 ~ 0.9 之间变化,随着电流密度的增加,膜层的太阳吸收率是逐渐增大的,开始阶段,增加的幅度较大,在电流密度大于 5.0 A/dm^2 之后,太阳吸收率增大的趋势变得平缓。当电流密度为 2.0 A/dm^2 时,膜层的太阳吸收率为 0.80;当电流密度增大到 5.0 A/dm^2 时,其太阳吸收率达到了 0.91;随后继续增大电流密度到 6.5 A/dm^2 时,其太阳吸收率仍可达 0.91。

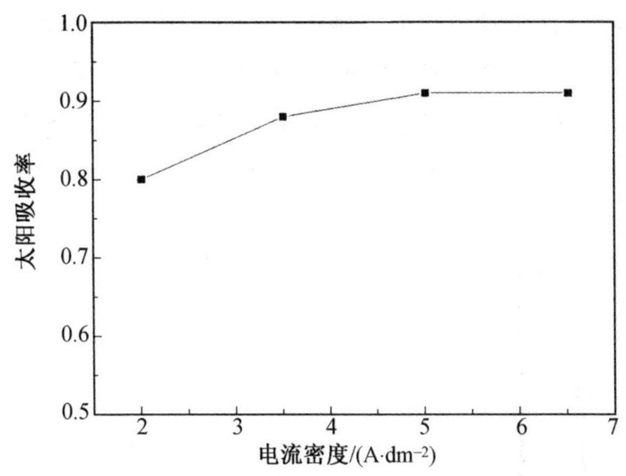

图 8.18　膜层太阳吸收率随电流密度的变化

对不同电流密度下所得膜层的发射率进行测试，其变化曲线如图 8.19 所示。从图 8.19 可以看出，电流密度在 2.0 ~ 6.5 A/dm^2 之间变化时，膜层的发射率在 0.56 ~ 0.82 之间变化。在整个电流密度的变化范围内，膜层的发射率随着电流密度的增大而逐渐增大，开始阶段其增加幅度较大，随后其增加的趋势变得较平缓。当电流密度为 2.0 A/dm^2 时，膜层发射率是 0.56；当电流密度为 5.0 A/dm^2 时，发射率增大到了 0.79；当电流密度增大到 6.5 A/dm^2 时，膜层的发射率增大到了 0.82。

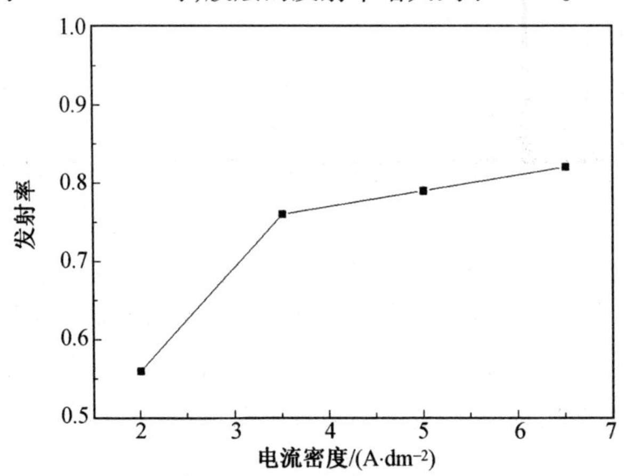

图 8.19　膜层发射率随电流密度的变化曲线

(2) 电源频率的影响。

在一定的电解液组成和电流密度下，电源频率对所得膜层的性能也具有重要影响，在选定电解液体系为 80 g/L 磷酸二氢钾，70 g/L 醋酸铜，3 g/L 铬酸钾，20 mL/L 乙二胺；电流密度为 5 A/dm^2；氧化时间为 5 min

时,研究电源频率对膜层性能的影响。

图 8.20 所示为所得膜层厚度随电源频率的变化曲线,从图 8.20 可以看出,随着电源频率的增加,膜层的厚度逐渐变小,特别是在电源频率从 50 Hz 开始的变化阶段,膜层厚度的变小程度很大,随后,膜层厚度变小的趋势较缓。

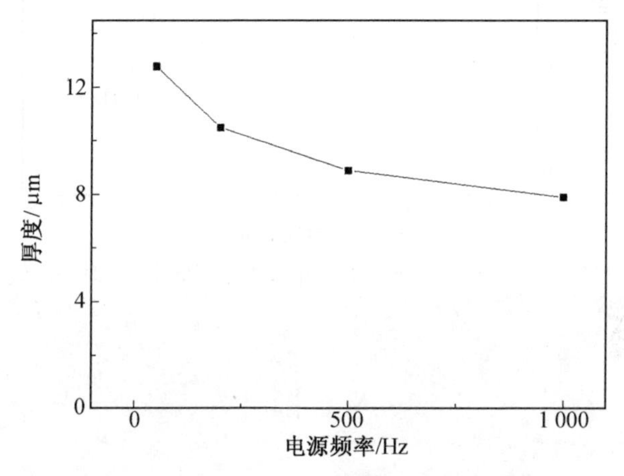

图 8.20 膜层厚度随电源频率的变化曲线

为了解释这种厚度变小的趋势,依旧从能量密度的角度进行考虑。在氧化过程中,不同频率的液相等离子体沉积过程中分别记录了过程中正向电压随时间的变化,如图 8.21 所示。从图 8.21 可以看出,在恒电流密度的情况下,增大电源频率,正向电压降低,因而电源相应输出的功率就小,在铝合金片上的能量密度也较小,最终使得在铝合金表面生成的陶瓷膜层的厚度减小,因此膜层的厚度随着电源频率的增加而逐渐减小。

在试验过程中发现,在电解液体系一定,电流密度为 5 A/dm^2,氧化时间为 5 min 时,电源频率不同时所得膜层的表面颜色略有变化,但是电源频率对膜层表面颜色的影响不是很明显。

图 8.22 所示为不同电源频率下所得膜层表面的 SEM 照片,从图 8.22 可以看出,高频(1 000 Hz)下获得的膜层表面较均匀,膜层表面有大量的饼状物均匀分布,在每个饼状物的中心有直径大约为 0.2 μm 的孔洞。随着电源频率的降低,膜层表面的孔洞越来越多且孔的直径也变大。当电源频率为 500 Hz 时,获得的膜层表面孔的数量增加,孔洞的直径也增大到了 0.5 ~1 μm 之间。随着电源频率的进一步降低,膜层的表面变得具有较高的孔密度,大部分孔的直径大于 1 μm。在适当范围内,增加膜层表面孔的密度及孔径可以使得更多的光线被膜层吸收,因而有利于膜层太阳吸收率的提高。

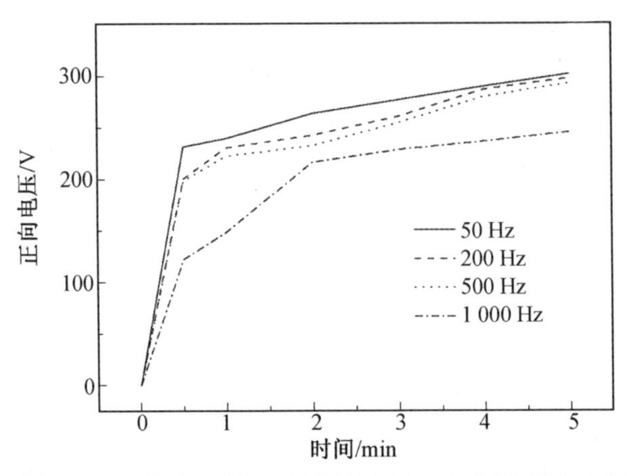

图 8.21　不同电源频率下氧化过程中正向电压-时间曲线

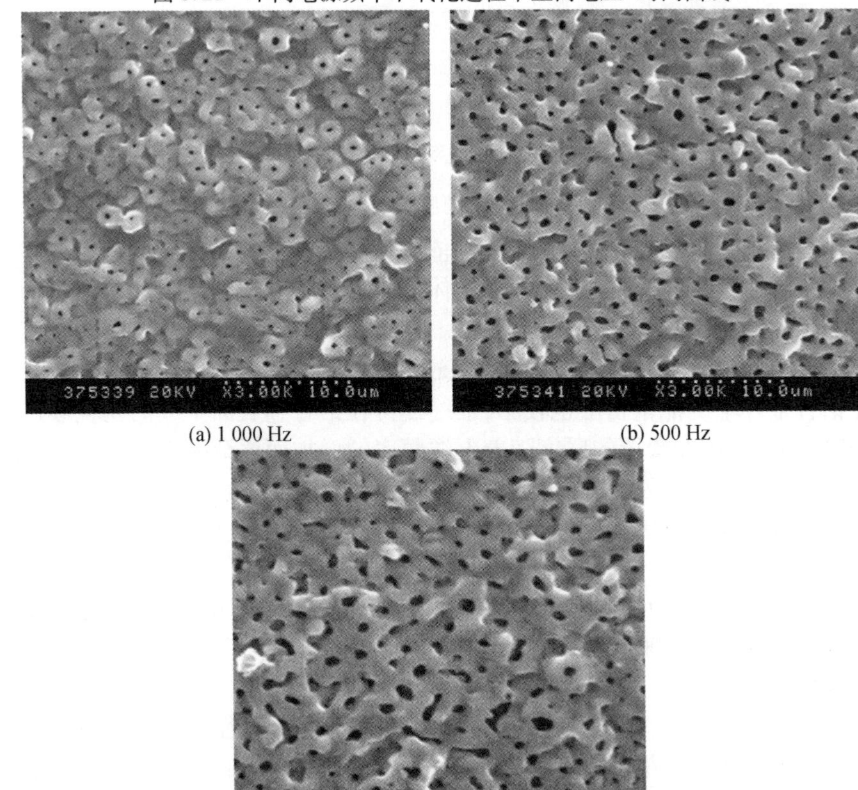

(a) 1 000 Hz　　(b) 500 Hz

(c) 50 Hz

图 8.22　不同电源频率下所得膜层表面的 SEM 照片(3 000×)

对电源频率分别为 1 000 Hz 和 50 Hz 时所得膜层表面进行 EDS 能谱分析。从图 8.23 可以看出,两种膜层都含有 Al、O、P、Cr 及 Cu 等元素,但是高频率和低频率所得膜层中 Cr 和 Cu 元素相对应的峰的强度大小不同,高频率(1 000 Hz)时所得膜层中 Cr 和 Cu 元素的含量要比较低频率(50 Hz)时所得膜层中相应元素的含量少很多,这说明低频有利于膜层中 Cr 和 Cu 元素的进入。而更多的 Cr 和 Cu 进入膜层将有利于膜层太阳吸收率的提高。

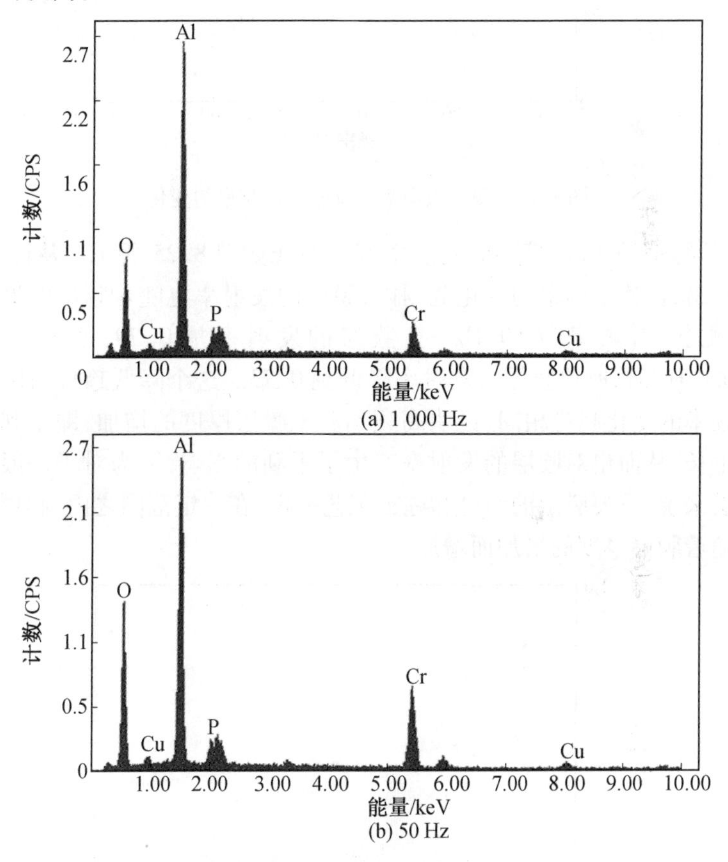

图 8.23 不同电源频率下所得膜层表面的 EDS 能谱图

不同频率下所得膜层的太阳吸收率变化曲线如图 8.24 所示,从图 8.24 可以看出,随着电源频率的增加,膜层的太阳吸收率是逐渐降低的。当频率为 50 Hz 时,膜层的太阳吸收率为 0.91,当频率增大到 1 000 Hz 时,其太阳吸收率也相应降低到了 0.87,这说明较高电源频率不利于提高膜层的太阳吸收率。

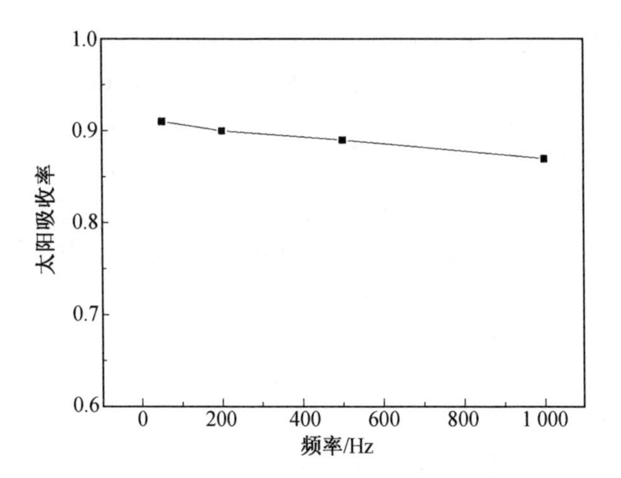

图8.24 膜层太阳吸收率随电源频率的变化

不同频率下所得膜层的发射率变化曲线如图8.25所示。从图8.25可以看出,在整个频率的变化范围内,膜层的发射率也随着频率的增大而逐渐减小,当频率为50 Hz时,膜层的发射率是0.79;当频率增大到1 000 Hz时,所得膜层的发射率降低到0.73。这个降低趋势与膜层厚度随频率的变化趋势相同,说明高频不利于膜层厚度的增加,即不利于膜层的生长,从而也对膜层的发射率产生了不利的影响,因为对于一般的热控膜层来说,只要膜层的组分和施工工艺一定,在一定范围之内,膜层的发射率随着膜层厚度的增加而增加。

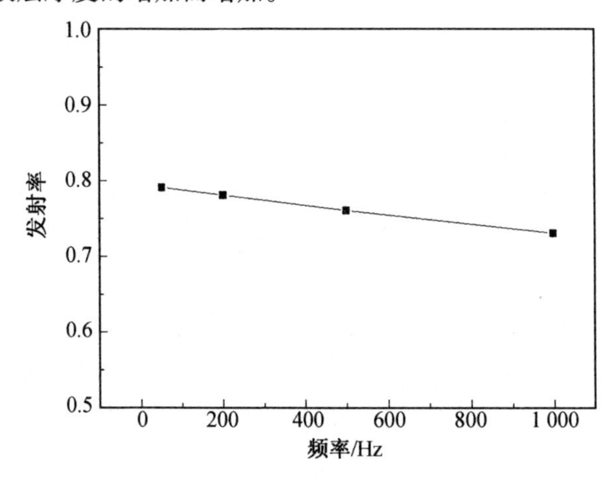

图8.25 膜层发射率随频率的变化曲线

(3)氧化时间的影响。

在电解液为 80 g/L 磷酸二氢钾,70 g/L 醋酸铜,3 g/L 铬酸钾,20 mL/L 乙二胺;电流密度为 5.0 A/dm^2;正负向占空比为 45%;频率为 50 Hz 的条件下,研究氧化时间对膜层性能的影响,液相等离子体沉积时间在 2 ~ 30 min 内变化,研究其对膜层的影响。一般情况下,在液相等离子体沉积过程中所得膜层的厚度随氧化时间的延长而逐渐增加,且在开始阶段膜层厚度随氧化时间的延长而增长较快,随着反应的进行,陶瓷膜层的生长速率逐渐变缓。

图 8.26 所示为所得膜层厚度随氧化时间的变化曲线,从图 8.26 可以看出,在液相等离子体沉积过程中,膜层的厚度随着氧化时间几乎成线性增加,反应 2 min 后膜层厚度仅为 2 μm;反应 5 min 后膜层厚度增加到了 12.3 μm;当反应 8 min 后,膜层厚度可达 17.6 μm;反应 30 min 后,膜层厚度为 36.2 μm。

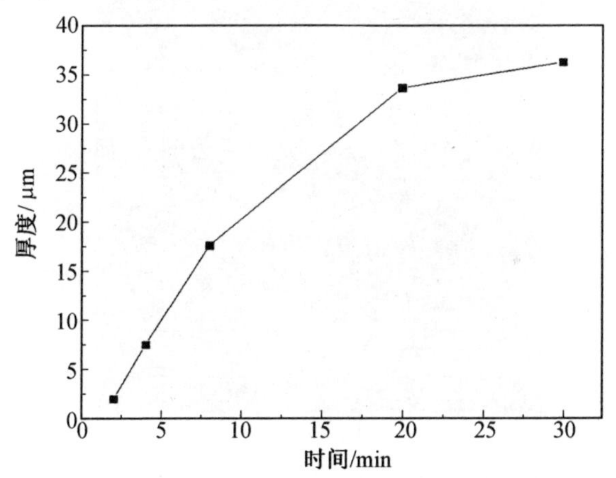

图 8.26 膜层厚度随氧化时间的变化曲线

试验过程中发现随着液相等离子体沉积时间从短到长,膜层的颜色是依次加深的,特别是当氧化时间超过 20 min 后膜层的颜色最深,几乎达到了完全的黑色。

对氧化时间分别为 4 min、5 min 和 20 min 时所得膜层的表面进行 SEM 测试,如图 8.27 所示。从图 8.27 可以看出,每个膜层的表面都比较均匀,且都有大量的孔存在。当氧化时间短时(4 min),所得膜层表面的孔的孔径较小,大约为 0.5 μm,延长处理时间到 5 min 时,孔径变大,孔径可达 1 μm 以上,但孔的数量减少,当进一步延长处理时间时,一些原来生成的孔被部分覆盖,从而使得膜层表面的孔的孔径减小且孔的数量也相应地减少。

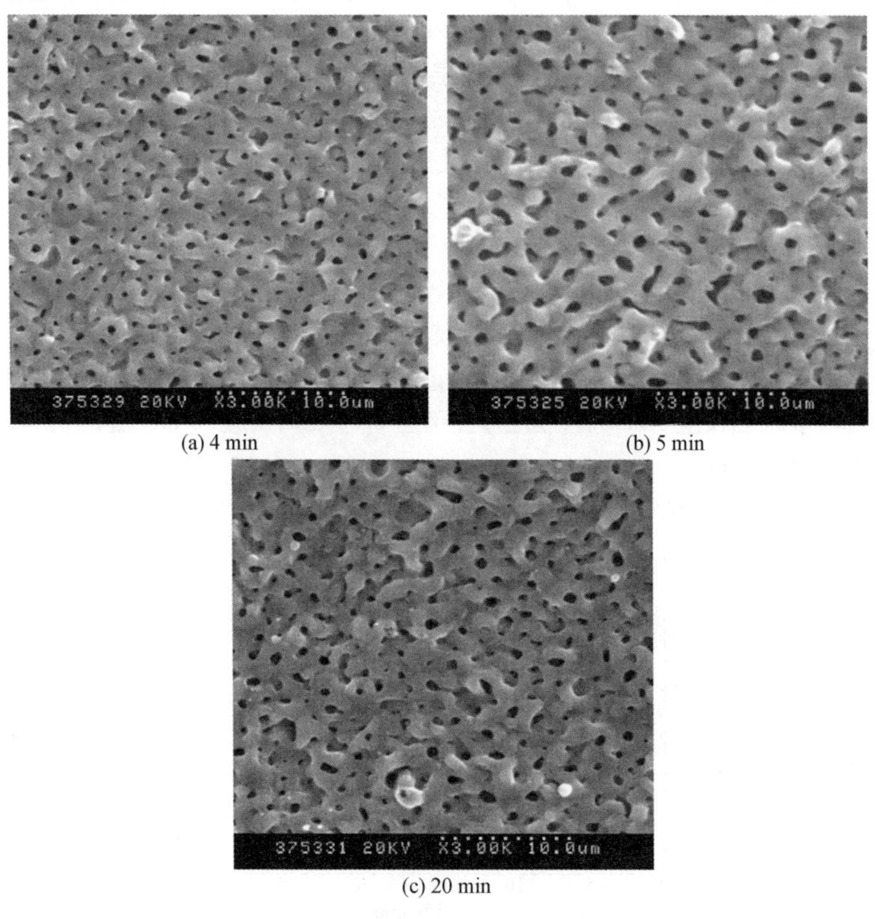

(a) 4 min　(b) 5 min　(c) 20 min

图 8.27　不同氧化时间下所得膜层的表面 SEM 照片(3 000×)

对氧化时间分别为4 min 和5 min 时所得膜层的表面进行 EDS 能谱分析,如图 8.28 所示。从图 8.28 可以看出,氧化时间分别为 4 min 和 5 min 时所得膜层均含有 Al、O、P、Cr 及 Cu 等元素,但是液相等离子体沉积时间为5 min 所得膜层中 Cr 和 Cu 元素的对应峰的强度要比其在较短氧化时间下所得膜层中对应峰的强度高,这说明较长氧化时间(5 min)所得膜层中 Cr 和 Cu 元素的含量比其在短时间(4 min)所得膜层中的含量高,EDS 测试的这些结果说明延长液相等离子体沉积时间,可以使得更多的 Cr 和 Cu 发生反应而进入膜层。

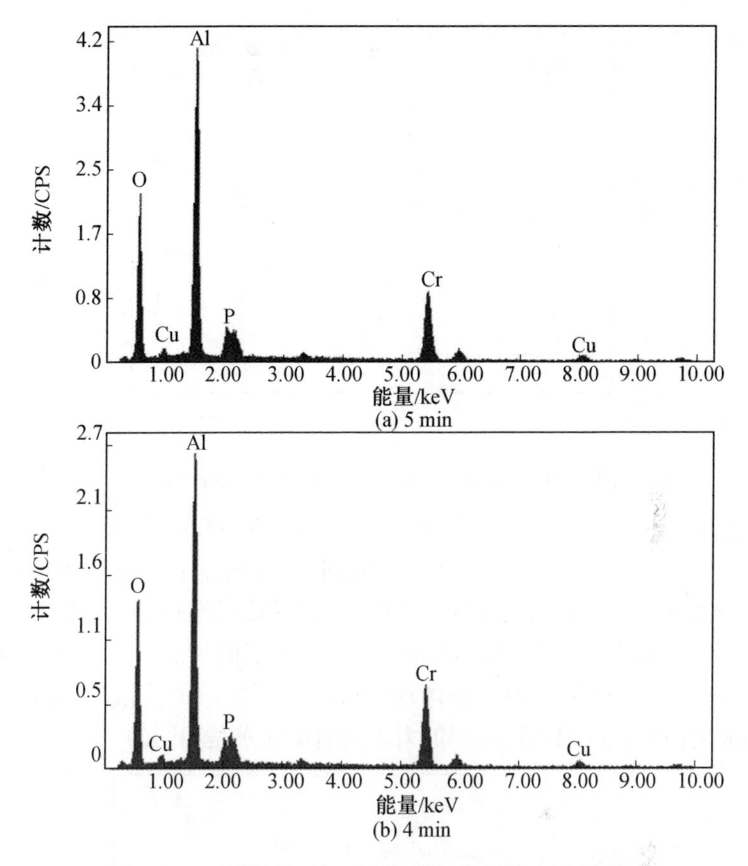

图 8.28 不同氧化时间下所得膜层表面的 EDS 能谱图

对不同氧化时间下所得膜层表面进行 XRD 测试,分析结果如图 8.29 所示。从图中可以看出,膜层表面的 XRD 谱图中主要是基体 Al 对应的吸收峰,其余相的峰强度很小。对于短氧化时间(4 min)下所得膜层的 XRD 谱图,只能看到 Al 基体对应的峰,而且峰很强,这可能是由于氧化时间短则膜层厚度较薄,X 射线直接穿透膜层而照射在铝合金基体上,也可能是由于膜层表面大量的孔洞使得基体暴露出来,这可以从其 SEM 照片中得到证实,因而只能测到基体的峰而其他相的峰几乎没有;再者就是由于 P、Cr 和 Cu 在膜层中的含量很小,因而也不易检测到含有这些元素的相。对于氧化 5 min 所得到的膜层的 XRD 谱图,Al 对应的峰的强度依然很大,但是在 45.8°和 66.9°处出现了很小的 $\gamma-Al_2O_3$ 对应的峰,说明此膜层含有 $\gamma-Al_2O_3$ 相,这可能是由于此时膜层相对变厚且膜层中生成了 $\gamma-Al_2O_3$ 相。

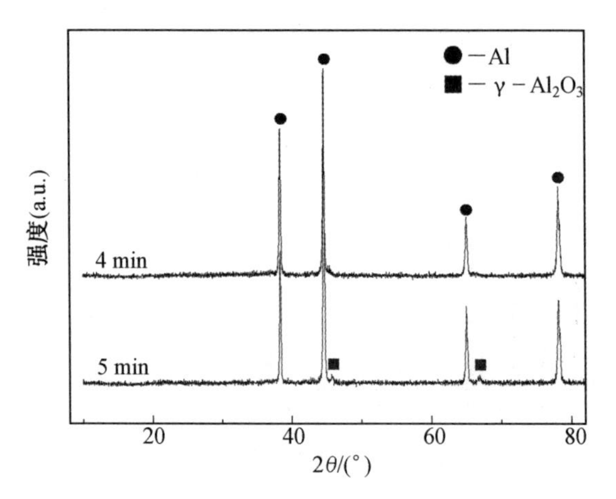

图 8.29　不同氧化时间下所得膜层的 XRD 谱图

选择氧化 4 min 和 5 min 得到的膜层,对其在 200 ~ 2 500 nm 波长范围内的太阳反射率进行测试,测试结果如图 8.30 所示。从图 8.30 可以看出,氧化 5 min 后得到的液相等离子体沉积热控膜层的太阳反射率在整个测试的波长区间内明显比氧化 4 min 得到的膜层的测试结果低,即吸收更多的光线。但是这种差别主要体现在可见光区以后的阶段里,在波长为 800 nm 之前的光区内两种膜层的太阳反射率几乎是相同的。

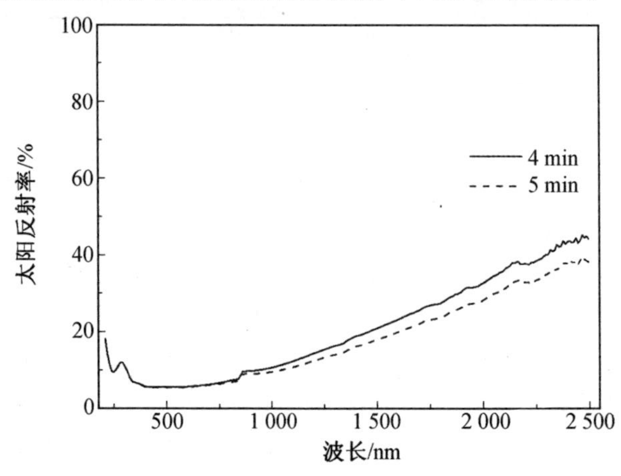

图 8.30　不同氧化时间下所得膜层的太阳反射率变化曲线

对这两个膜层在整个波段(200 ~ 2 500 nm)和可见区(300 ~ 800 nm)的太阳吸收率进行测试,结果见表 8.5。从表 8.5 可以进一步看出,两种膜层在可见光区的太阳吸收率几乎相等。

表 8.5 不同氧化时间下膜层在整个波段和可见光区的太阳吸收率

样品号	1#	2#
反应时间/min	4	5
整个波段的太阳吸收率	0.90	0.91
可见区的太阳吸收率	0.939	0.941

对其他氧化时间下膜层的太阳吸收率进行测试,得到各个氧化时间下得到膜层的太阳吸收率,如图 8.31 所示,从图 8.31 可以看出,随着氧化时间的延长,膜层的太阳吸收率是增大的,当氧化时间为 5 min 时,膜层的太阳吸收率达到了最大的 0.91,随后如果氧化时间继续延长到 20 min,其太阳吸收率为 0.92,变化不大。

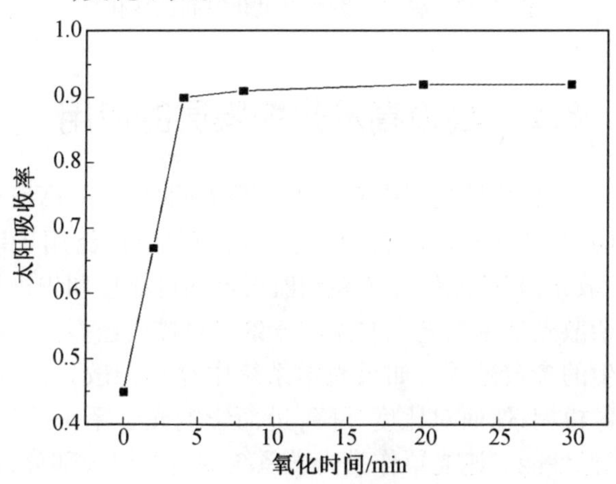

图 8.31 膜层太阳吸收率随氧化时间的变化

对这一系列膜层的发射率也进行了测试,测试结果如图 8.32 所示。从图 8.32 可以看出,膜层的发射率随着氧化时间的延长是逐渐增大的,氧化 2 min 时得到的膜层的发射率是 0.42;当氧化时间延长到 8 min 时,发射率增大到了 0.80;氧化 20 min 后,膜层的发射率增大到了 0.86。

膜层在可见光区内的吸收率直接反映了膜层对可见光的吸收程度,可见光吸收率越高说明膜层吸收的可见光越多,膜层呈现很深的颜色(也就是越黑),反之,结果则相反。因而,氧化时间短所得到膜层的可见光吸收率低,因而颜色较浅,氧化时间越长所得的膜层越黑。但是氧化时间也不能太长,在此体系下,氧化时间达到一定数值后,得到膜层的太阳吸收率和发射率变化不大。

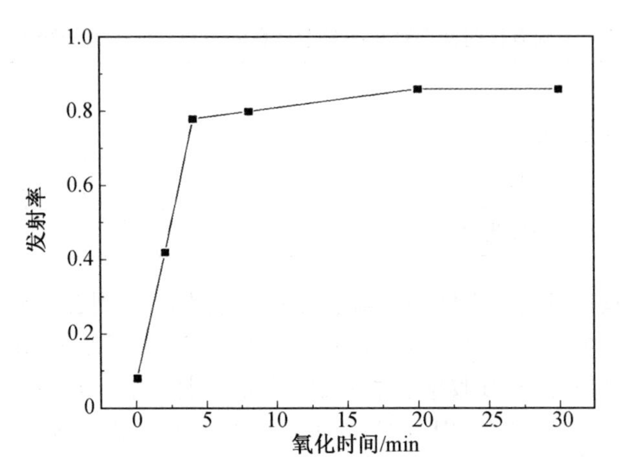

图 8.32　膜层发射率随氧化时间的变化

8.2　高吸高发热控膜层的应用

铝合金阳极氧化热控膜层中有一类是高太阳吸收率、高发射率的黑色膜层,此种膜层的太阳吸收发射比接近于1,该膜层广泛用于航天器设备散热和消除杂散光,其性能好坏关系到航天器的可靠性和先进性。在光学成像系统中,杂散光是由亮光源的光或背景光直接或经多次反射照射到系统像面时,产生的多余光线。如果光学系统中存在杂散光,会造成目标信噪比下降,成像模糊,像面对比度下降,进而影响光学系统的目标识别、探测能力以及成像性能。遮光罩作为光学系统的重要组成部分,已经得到了普遍应用,所以为了使杂散光有效抑制,光学系统中的结构件和遮光罩表面必须涂覆高太阳吸收率的黑色膜层。

传统黑色膜层是首先通过阳极氧化在铝合金表面获得一层较厚的并有较高表面活性的阳极氧化膜层,然后使用黑色染料对其进行染色处理来获得高太阳吸收率。该膜层具有与有机黑色热控膜层相近的光学性能,特别是在可见光区具有0.98以上的太阳吸收率,可用于消除可见光,已得到了一定的应用,但由于空间环境恶劣,随着航天器向着长寿命和高可靠的方向发展,该膜层存在染料结合力和耐空间辐照性能差等缺点,已不能满足需要。由于液相等离子体沉积技术在制备热控膜层方面具有诸多优势,通过正确选择电解体系及适合的工艺参数,在铝合金表面可控制备出高结合强度、高太阳吸收率、高发射率和高空间稳定性的黑色热控膜层具有实际意义。采用液相等离子体沉积技术在铝合金遮光罩表面得到高太阳吸收率的热控膜层,太阳吸收率达0.92,如图8.33所示。该膜层制备工艺简单,所得膜层与基体结合力强,且具有较好的空间环境稳定性,已用于我国航天器光学系统的结构件,并起到了良好的消杂光作用。

图8.33　遮光板照片

电子机箱作为航天器中重要的设备,对电子器件起到支撑和保护作用。为了保证电子设备适宜的工作环境,在空间真空环境下,需要对其设备表面涂覆高发射率膜层。因此,传统高吸高发热控膜层也被广泛涂覆于铝合金电子机箱。镁合金密度比铝合金的密度低,以镁代铝是航天器减重的有效手段之一。但是由于镁合金活泼,其表面会形成疏松的镁-氧化合物膜,其机械性能差,采用现有阳极氧化和喷涂技术在镁合金表面制备功能膜层时,其结合力弱,易脱落,且在地面装配与转运工程中存在易污染难清洁等难题,降低了系统的在轨运行可靠性。在镁合金机箱表面涂覆同时具有高发射率和高结合强度的热控膜层已成为其应用的技术瓶颈。

利用液相等离子体沉积过程中电解液成分参与成膜的特性,在电解液中引入过渡金属离子,在镁合金表面可控制备高发射率的陶瓷膜层,陶瓷膜层发射率大于0.85。该技术已应用于镁合金电子机箱,如图8.34所示,且具有较好的空间环境稳定性,处理后电子机箱已在卫星中得到应用。

图8.34　镁合金电子机箱

液相等离子体沉积技术制备高吸高发热控膜层不但在铝合金和镁合金构件表面获得成功应用,在钛合金表面也已成功实施,图 8.35 所示为钛螺钉发黑处理后的照片。因此,基于不同基体、不同功能需求,液相等离子体沉积技术通过电解液体系和电源参数的设计,可控制备出满足不同性能需求的热控膜层,这对于丰富热控膜层种类和制备技术具有重要意义。

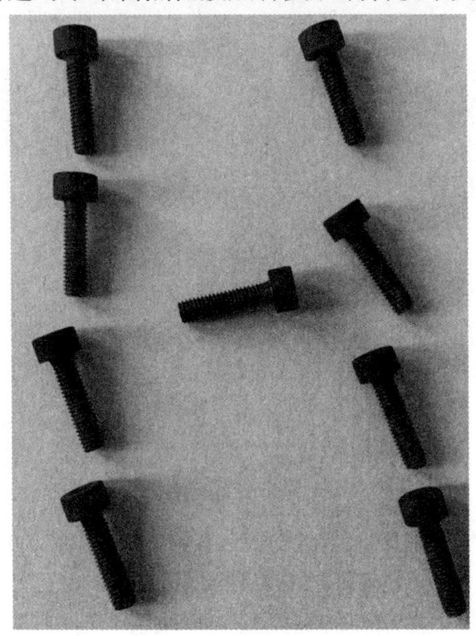

图 8.35　钛螺钉

本篇参考文献

[1] 范含林. 航天器发展对热控制技术的需求分析[J]. 航天器工程, 2010, 19:7-11.

[2] SWANSON T D, BIRUR G C. NASA thermal control technologies for robotic spacecraft[J]. Applied Thermal Engineering, 2003, 23: 1055-1065.

[3] STAFF M D D. Small spacecraft technology state of the art[J]. NASA/TP,2014(1):216648.

[4] WIJEWARDANE S, D. GOSWAMI Y. A review on surface control of thermal radiation by paints and coatings for new energy applications[J]. Renewable and Sustainable Energy Reviews, 2012, 16(4): 1863-1873.

[5] LIU T, SUN Q, MENG J, et al. Degradation modeling of satellite thermal control coatings in a low earth orbit environment[J]. Solar Energy, 2016, 139: 467-474.

[6] YE H, WANG H, CAI Q. Two-dimensional VO_2 photonic crystal selective emitter[J]. Journal of Quantitative Spectroscopy and Radiative Transfer, 2015, 158: 119-126.

[7] 谭威. 星敏感器光学系统的温度分布及其对像面位移的影响研究[D]. 长沙: 国防科技大学, 2008: 29-31.

[8] 江经善. 热控膜层[J]. 宇航材料工艺, 1993, 6: 1-7.

[9] PHAN M H, YU S C. Review of the magnetocaloric effect in manganite materials[J]. Journal of Magnetism and Magnetic Materials, 2007, 308(2): 325-340.

[10] 张蕾, 严川伟. 原子氧对金属银及表面 TiO_2 有机硅热控膜层的侵蚀[J]. 金属学报, 2003, 39(9):984-988.

[11] DEVER J. Evaluation of thermal control coatings for use on solar dynamic radiation in low earth orbit[J]. AIAA Paper, 1991,1327:1-11.

[12] 闵桂荣. 航天器热控制技术[M]. 北京: 宇航出版社, 1998.

[13] 闵桂荣, 郭舜. 航天器热控制[M]. 北京:科学出版社, 1985.

[14] 谭必恩，曾一兵，石苏星，等. 有机硅热控膜层在模拟空间环境下的原位性能[J]. 中国空间科学技术，2001，4：50-56.
[15] 许峰. 无机涂料与涂装技术[M]. 北京：化学工业出版社，2002.
[16] 翁如琴，王振红，陈新彪. 通信卫星隔热膜层的研制及应用[J]. 中国空间科学技术，1996，2：53-57.
[17] 张蕾，严川伟，屈庆，等. 有机硅热控膜层的空间环境行为[J]. 腐蚀科学与防护技术，2003，15:21-23.
[18] ZERLAUT G A. Pigment-binder relationships in ultraviolet irradiated paints in vacuum[J]. American Chemical Society，1961，41:2.
[19] LEE A L，RHOADS G D. Prediction of thermal control surface degradation due to atomic oxygen interaction[J]. AIAA Paper，AIAA-85-1065:1-4.
[20] DEVER J，SLEMP W. Evaluation of thermal control coatings for use on solar dynamic radiators in low earth orbit[J]. AIAA Paper，AIAA-91-327:1-11.
[21] 曾一兵，张廉正，胡连成. 俄罗斯空间有机热控膜层发展的现状及动向[J]. 宇航材料工艺，1999，6:57-59.
[22] PERRY S J. Hard anodizing deserves wider use[J]. Product Finishing，1983，36(7)：12
[23] 廖义佳. 铝和铝合金的阳极氧化[J]. 腐蚀与防护，1991，112:254.
[24] 董首山. 化学转化膜[J]. 腐蚀科学与防护技术，1990，4:56.
[25] MOSTAFAEI A，NASIRPOURI F. Epoxy/polyaniline-ZnO nanorods hybrid nanocomposite coatings：synthesis，characterization and corrosion protection performance of conducting paints[J]. Progress in Organic Coatings，2014，77(1)：146-159.
[26] HU R，ZHANG S，BU J，et al. Recent progress in corrosion protection of magnesium alloys by organic coatings[J]. Progress in Organic Coatings，2012，73(2-3)：129-141.
[27] POLI T，PICCIRILLO A，ZOCCALI A，et al. The role of zinc white pigment on the degradation of Shellac resin in artworks[J]. Polymer Degradation and Stability，2014，102：138-144.
[28] JOHNSON J A，HEIDENREICH J J，MANTZ R A，et al. A multiple-scattering model analysis of zinc oxide pigment for spacecraft thermal control coatings[J]. Progress in Organic Coatings，2003，47：432-442.

[29] XIAO H, SUN M, LI C, et al. Formation and evolution of oxygen vacancies in ZnO white paint during proton exposure [J]. Nuclear Instruments and Methods in Physics Research B, 2008, 266: 3275-3280.

[30] HE J, JIANG B, XU J, et al. Effect of texture symmetry on mechanical performance and corrosion resistance of magnesium alloy sheet [J]. Journal of Alloys and Compounds, 2017, 723: 213-224.

[31] KUMAR C S, MAYANNA S M, MAHENDRA K N, et al. Studies on white anodizing on aluminum alloy for space applications[J]. Applied Surface Science, 1999, 151: 280-286.

[32] BARATI N, YEROKHIN A, GOLESTANIFARD F, et al. Alumina-zirconia coatings produced by plasma electrolytic oxidation on Al alloy for corrosion resistance improvement [J]. Journal of Alloys and Compounds, 2017, 724: 435-442.

[33] SILLEKENS W H, AGNEW S R, NEELAMEGGHAM N R, et al. Effects of oxidation time on micro-arc oxidized coatings of magnesium alloy AZ91D in aluminate solution[J]. Magnesium Technology, 2011, 6(49): 537-541.

[34] BORUCINSKY T, RAUSCH S, WENDT H. Smooth raney nickel coatings for cathodic hydrogen evolution by chemical gas phase reaction of nickel electrode surfaces[J]. Journal of Applied Electrochemistry, 1997, 27: 762-773.

[35] KRITSKII V G, BEREZINA I G, MOTKOVA E A. Simulating the corrosion of zirconium alloys in the water coolant of VVER reactors[J]. Thermal Engineering, 2013, 7(60): 457-464.

[36] GAO H, ZHANG M, YANG X, et al. Effect of Na_2SiO_3 solution concentration of micro-arc oxidation process on lap-shear strength of adhesive-bonded magnesium alloys [J]. Applied Surface Science, 2014, 314: 447-452.

[37] ZHAO J, XIE X, ZHANG C. Effect of the graphene oxide additive on the corrosion resistance of the plasma electrolytic oxidation coating of the AZ31 magnesium alloy[J]. Corrosion Science, 2017, 114: 146-155.

[38] BARATI DARBAND G, ALIOFKHAZRAEI M, HAMGHALAM P, et al. Plasma electrolytic oxidation of magnesium and its alloys:

mechanism, properties and applications[J]. Journal of Magnesium and Alloys, 2017, 5(1): 74-132.

[39] BEHERA S, SARKAR R. Sintering of magnesia: effect of additives[J]. Bulletin of Materials Science, 2015, 38(6): 1499-1505.

[40] WU G, YU D. Preparation and characterization of a new low infrared-emissivity coating based on modified aluminum[J]. Progress in Organic Coatings, 2013, 76(1): 107-112.

[41] BABAEI M, DEHGHANIAN C, VANAKI M. Effect of additive on electrochemical corrosion properties of plasma electrolytic oxidation coatings formed on CP Ti under different processing frequency[J]. Applied Surface Science, 2015, 357: 712-720.

[42] 陈玲，纪萍，朱虹. 基于脉冲阻塞原理的多功能交交变频系统的PWM研究[J]. 华北电力大学学报, 2014, 41(6): 39-45.

[43] 雍青松，马国政，王海斗，等. 材料空间环境效应研究方法与展望[J]. 润滑与密封, 2017, 42(5): 123-129.

[44] 李春东，施飞舟，杨德庄，等. ZnO粉末质子辐照损伤效应[J]. 航天器环境工程, 2008, 25(5): 441-443.

[45] SULIGA A, JAKUBCZY K, HAMERTON I, et al. Analysis of atomic oxygen and ultraviolet exposure effects on cycloaliphatic epoxy resins reinforced with octa-functional POSS[J]. Acta Astronautica, 2018, 142: 103-111.

[46] CUBILLOS G I, BETHENCOURT M, OLAYA J J. Corrosion resistance of zirconium oxynitride coatings deposited via DC unbalanced magnetron sputtering and spray pyrolysis-nitriding[J]. Applied Surface Science, 2015, 327: 288-295.

[47] ZHANG C, GENG X, LI J, et al. Role of oxygen vacancy in tuning of optical, electrical and NO_2 sensing properties of ZnO_{1-x} coatings at room temperature[J]. Sensors and Actuators B: Chemical, 2017, 248: 886-893.

[48] 宋英，王福平，姜兆华. 真空紫外和质子辐照对 $BaO\text{-}TiO_2$ 系微波介质陶瓷介电性能的影响[J]. 硅酸盐学报, 2003(1): 36-40.

[49] WANG L, SHINOHARA T, ZHANG B. XPS study of the surface chemistry on AZ31 and AZ91 magnesium alloys in dilute NaCl solution[J]. Applied Surface Science, 2010, 256(20): 5807-5812.

[50] BORNAPOUR M, MAHJOUBI H, VALI H, et al. Surface characterization, in vitro and in vivo biocompatibility of Mg-0.3Sr-0.3Ca for temporary cardiovas-cular implant [J]. Materials Science and Engineering C, 2016, 67: 72-84.

[51] MOZAFFARI S A, SAEIDI M, RAHMANIAN R. Bio-inspired route for the synthesis of spherical shaped MgO: Fe^{3+} nanoparticles: structural, photoluminescence and photocatalytic investigation [J]. Spectrochimica Acta Part A: Molecular and Biomolecular Spectroscopy, 2015, 149: 703-713.

[52] 牟永强，沈自才. 空间太阳近紫外辐照对 ACR-1 白漆表面导电性能的研究[J]. 真空与低温，2014(6)：328-331.

[53] OLIVEIRA M, LIANG D, ALMEIDA J, et al. A path to renewable Mg reduction from MgO by a continuous-wave Cr: Nd: YAG ceramic solar laser[J]. Solar Energy Materials and Solar Cells, 2016, 155: 430-435.

[54] LUNDIN S B, PATKI N S, FUERST T F, et al. Reduction of Mg from a MgO/$MgAl_2O_4$ support by atomic hydrogen permeation through thin-film Pd membranes [J]. Journal of Membrane Science, 2017, 541: 312-320.

名词索引

K

L

M

N

O

P

Q

R

S

T

W

X

Y

Z